초등 수업을 살리는 실과 레시피 101

글·그림 같이교육

구성과 특징

1 실과 활동에 대한 정보를 담은 인포그라픽

활동을 함께하면 좋은 학년, 활동하는 데 걸리는 시간, 활동 장소를 먼저 확인하여 필요한 레시피를 찾아보고 적용할 수 있습니다.

4 활동 내용과 방법 안내

순서에 따라 활동 내용의 핵심만 골라 담았습니다. 활동을 쉽게 이해할 수 있도록 구성하였고, 활동의 순서를 알 수 있습니다.

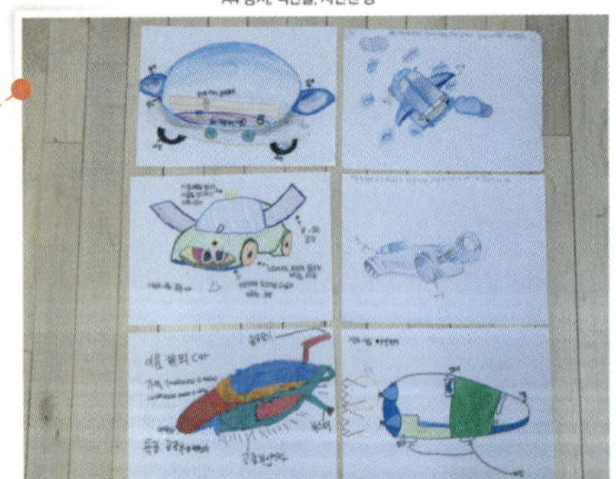

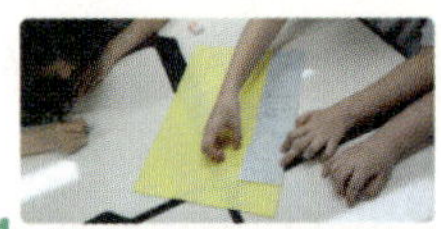

2 활동 방법이나 작품을 한눈에!!

초등학교 학생들이 실제 활동하는 모습을 담은 사진으로 활동 방법을 한눈에 알아볼 수 있습니다. 활동 전에 학생들에게 설명하는 자료로 활용할 수 있습니다.

3 활동의 대표 이미지 보기

이 레시피는 어떤 활동인지 대표적인 사진을 보며 활동의 취지를 이해할 수 있습니다.

5 자세한 레시피와 실제 활동 사진으로 더욱 친절한 설명

활동 방법을 자세하게 기술하였습니다. 레시피만 읽어도 어떻게 활동을 하는지 이해할 수 있도록 구성하였고, 과정에 따라 실제 학생들이 활동하는 모습을 담은 사진으로 활동 방법을 한눈에 알아볼 수 있습니다.

차례

1. 인간 발달과 가족

1. 나의 성장 그래프 · 12
2. 성 고민 우체국 · 16
3. 임산부 체험하기 · 20
4. 긍정과 희망 붙임 딱지 놀이 · 24
5. 자존감 런닝맨 · 28
6. 양성평등! 모두가 행복한 세상 · 32
7. 내 마음을 보여 주는 배지 · 36
8. 2차 성징 노래자랑 · 40
9. 가족과 산다 · 44
10. 교실 가족회의 · 48
11. 아기 달걀 돌보기 · 52
12. 가족 곡선 온도계 · 56
13. 가족 역할극 · 60
14. 우리 가족 문패 만들기 · 64
15. 소중한 내 이름, 소중한 가족 · 68

2. 음식 및 생활소품 만들기

16. 달걀말이 초밥 만들기 · 74
17. 동그랑땡밥 만들기 · 78
18. 스팸 하트 김밥 만들기 · 82
19. 밥버거 만들기 · 86
20. 감자 피자 만들기 · 90
21. 해시 브라운 만들기 · 94
22. 달걀빵 만들기 · 98
23. 달걀말이 김밥 만들기 · 102
24. 치킨 샐러드 라면 만들기 · 106
25. 한 그릇 음식 할리갈리 게임 · 110
26. 펠트지 안내판 만들기 · 114
27. 토끼 양말 인형 만들기 · 118
28. 펠트지 티매트 만들기 · 122
29. 코바늘로 리본 머리핀 만들기 · 126
30. 고장 난 우산으로 장바구니 만들기 · 130
31. 카네이션 브로치 만들기 · 134
32. 펠트 천연 가습기 만들기 · 138
33. 파라코드 팔찌 만들기 · 142
34. 스트링아트 액자 만들기 · 146
35. 속이 보이는 열쇠고리 만들기 · 150
36. 한복 방향제 만들기 · 154

차례

3. 자원 관리와 가정일 하기

37. 만 원의 행복 160
38. 반소매 옷 정리 왕 164
39. 분리배출 대결 놀이 168
40. 가정일 나누어 갖기 가위바위보 172
41. 분리배출 잡기 놀이 176
42. 고물상 프로젝트 180
43. 앞치마로 변신한 청바지 184
44. 간이 캠핑용품 만들기 188

45. 물 아껴 쓰기 192
46. 나누어 쓰기: 내 물건 경매하기 196
47. 바꿔 쓰기: 우리 반 랜덤 박스 200
48. 다시 쓰기: 재탄생한 내 물건 204
49. 시간 쿠폰으로 하루 계획하기 208
50. 가사 분담 즉흥 역할극 212
51. 시간 낭비 왕 변신하기 216
52. 가정일, 나만의 비법 공개 220

4. 기술 시스템

53. 내 꿈은 펫시터(1) 226
54. 내 꿈은 펫시터(2) 230
55. 텃밭 가게(1) 234
56. 텃밭 가게(2) 238
57. 김장하기 242
58. 시드페이퍼 가꾸기 246
59. 농촌 사랑 현수막 만들기 250
60. 마리모 키우기 254
61. 무순 토피어리 인형 키우기 258
62. 미래 자동차, 6색 사고 모자 기법으로 그리기 262
63. 사제 동행 자전거 여행 266
64. 잠수함 만들기 270
65. 하늘을 나는 열기구 만들기 274

66. 고무 동력 자동차 만들기 278
67. 수송 수단의 새로운 변신 282
68. 수송 수단 딩고 게임 286
69. Cospaces로 쉽게 만드는 VR 290
70. Code.org 나만의 게임 만들기 294
71. 엔트리-라인레인저스와 샐리 구하기 298
72. 엔트리-핑크빈과 함께 신나는 메이플 월드로! 302
73. Mixital-나만의 게임 만들기 306
74. 이진수로 놀기 310
75. 카드 뒤집기 묘기 314
76. 순차 놀이-학교에 가면 318
77. 반복 놀이-도형 그리기 322
78. 선택 놀이-스무고개 326

 ## 5. 기술 활용

79. 직업, 몸으로 말해요   332
80. 직업인이 되어 보아요   336
81. 도전, 직업 골든벨!   340
82. 장점 텔레파시, 내 장점은?   344
83. 오늘은 나도 선생님   348
84. 현재의 나, 그리고 미래의 나   352
85. 퀴즈로 알아보는 직업 빙고   356
86. 단점보다는 장점 생각   360
87. 나만의 진로를 JOB아라!   364
88. 롤지에 30년 후 동창회 모습 그리기   368
89. 나도 발명왕   372
90. 감정 배제 로봇 놀이   376

91. 창의 기법 활용 아이디어 생성   380
92. 난 수건 정리 왕   384
93. 나만의 캐릭터 저작권   388
94. 페트병 전구 만들기   392
95. 친구 그림 빼앗기 놀이   396
96. 로봇 손 만들기   400
97. 리코타 치즈 만들기   404
98. 오렌지 마멀레이드 만들기   408
99. 태양열 조리기 만들기   412
100. 콩 고기 만들기   416
101. 친환경 녹차 비누 만들기   420

• 활동지   424

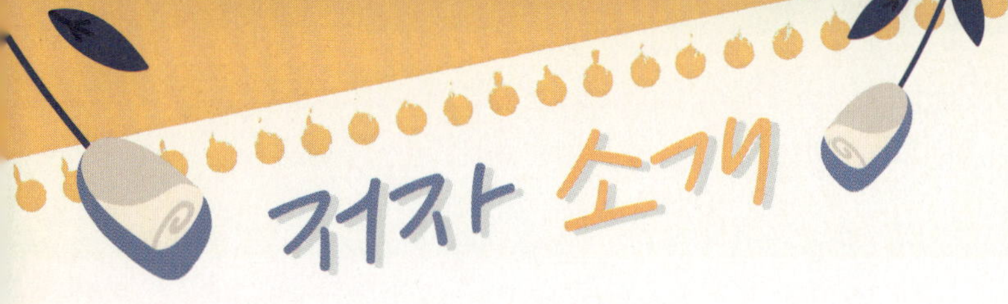

저자 소개

유철민 (인천신현초등학교)

'같이교육'에서 선생님들과 함께 가치 있는 교육 활동을 하고 있습니다. 우리 아이들의 얼굴에서 항상 웃음꽃이 피어나는 수업을 하고 싶습니다. 웃음과 나눔이 꽃피는 교실. '뚝딱뚝딱' 만들기와 나눔의 즐거움으로 서로를 이해하는 행복한 교실이 되기를 바랍니다.

김종완 (인천석남서초등학교)

같이 하는 교육, 가치 있는 교육을 지향하는 '같이교육' 교사 연구회 회원입니다. 실과 교육 중 진로 교육, 소프트웨어 교육에 대한 관심이 많습니다. 학생들이 스스로 생각해 보고 문제를 해결하는 실과 수업을 구상하기 위해 노력하고 있습니다.

황대명 (인천연성초등학교)

같이교육 일원으로 '같이하는 교육, 가치 있는 교육'이라는 교육 목표 아래 학생들이 더불어 살아갈 수 있는 마음가짐을 지니도록 노력하고 있는 교사입니다. 아이들이 서로 배려하고 함께 도우며 사랑하는 마음으로 즐거운 학교생활을 할 수 있기를 바랍니다.

손경호 (인천신현초등학교)

같이 교육의 일원이며 집단지성을 통해 교육의 가치를 창출하고 있습니다. 놀이와 교육을 접목한 활동으로 행복한 교실을 만들기 위해 노력하고 있습니다. 행복한 교실을 위한 실과 레시피! 아이들과 같이 한 번 해 보실까요?

신진규 (인천명현초등학교)

아이들과 함께 즐겁게 놀이하는 가운데 배움이 더 잘 일어난다고 믿으며 수업을 하고 있습니다. 아이들이 '실과'를 통해 배우고 가꾼 예쁜 마음으로 더 나은 세상을 만들어 가는 어른으로 성장하길 소망합니다.

김선영 (인천서림초등학교)

'같이교육'에서 즐겁고 의미있는 교육 활동을 선생님들과 나누고 있습니다. 아이들과 함께 웃고 배우며 생활하는 소중한 시간을 매일 기다립니다.

정영찬 (인천간재울초등학교)

'같이교육'에서 학생들 삶의 힘이 자라는 콘텐츠를 개발하고 있습니다. 우리 아이들이 배움의 주인공이 되어 역량을 키워 갔으면 합니다. 누구나 즐겁게 소통하고 협력하며 공동체적 가치를 함께 만드는 모두의 교실이 되길 바랍니다.

조성호 (평택 부용초등학교)

옆 반 선생님 입장으로 "이런 활동해 봤는데 의미 있고 재미있었어!" 라고 이야기해 주듯 집필했습니다. 집필하며 '즐겁게 수업하는 선생님들, 의미 있고 즐거운 실과 활동이 이렇게 많구나.'라는 생각을 하게 됐습니다. 책을 보시는 분들께서도 저와 같은 마음이길 바랍니다.

김태범 (인천송원초등학교.))

저와 보낸 한 해를 학생들이 행복하고 따뜻하게 기억하길 바라며 오늘보다 내일 더 나아지기 위해 노력합니다. 이 책이 실과 수업을 하시는 선생님들께 작은 도움이 되길 바랍니다.

서정현 (인천간석초등학교)

교사와 학생이 함께 성장하는 행복한 교실을 만들기 위해 노력하고 있습니다. 학생들이 실과 교과를 통해 흥미롭고 다양한 활동들을 직접 체험하며 지혜롭게 살아가는 힘을 기를 수 있기를 바랍니다.

이진성 (인천석남서초등학교)

'같이교육'에서 선생님들과 같이 가치 있는 교육 활동을 하고 있습니다. 아이들이 혼자 잘 사는 사람이 아닌, 함께 잘 살기 위해 노력하는 사람으로 성장하고 학교라는 제한된 환경 속에서 최대한 실천적인 경험을 하고 느껴 실생활 문제 해결 능력을 기르는 데 도움이 되기를 바랍니다.

◇ **캐릭터 그림: 강세라**(청주 상봉초등학교 교사)

어떻게 하면 보다 즐겁고 의미 있는 실과 수업이 될까?

실과 수업은 다른 과목에 비해 실생활 중심의 교육 성향이 강한 과목입니다. 직접 요리도 해 보고 바느질도 해 보고, 식물이나 동물을 키우기도 합니다.

실과는 삶을 영위함에 있어서 실질적으로 필요한 지식과 기능을 익히는 과목으로 그 중요성이 점점 커지고 있습니다. 그러나 학교 여건상 또는 전문 지식의 부족으로 인하여 그 수업을 제대로 하기 어려운 경우가 많습니다.

이 책은 학교 현장에서 더욱 알찬 실과 수업을 만들어 줄 학생들의 '삶의 힘'을 자라게 해주는 보물 같은 책입니다.

학생들의 평소 생활 눈높이에서 바라본 실과 교과의 내용, 실생활에 꼭 필요한 역량을 키워 주고자 하는 선생님들의 노력이 고스란히 깃들여져 있습니다.

실생활의 내용을 한 권의 책에 담아낸 느낌이었습니다.

'수업을 살리는 실과 레시피 101'을 곁에 두고, 실생활에 필요한 내용이 있을 때 꺼내어 읽어 보면 좋겠습니다. 분명 멋지고, 기분 좋은 친구 같은 책이 될 것입니다.

이 책이 나올 수 있도록 애써 주신 선생님을 비롯한 모든 분들께 감사드립니다.

인천광역시교육감 도성훈

추천사

　'Thinkering'은 Michael Ondaatje가 그의 소설 'The English Patient'에서 만든 단어로, 눈에 보이지 않는 마음속의 개념을 손을 통한 보수(tinkering: 팅커링) 행위를 통해 눈에 보이는 형태의 사물로 구체화하거나 이해하는 것을 뜻합니다. 놀랍게도 인간 두뇌의 상당 부분은 손을 제어하는 데 전념합니다. 우리가 '손으로 생각할 때' 우리 뇌에서는 더욱 많은 뉴럴 연결이 발생함으로써 창조적인 에너지와 사고가 발휘됩니다. 그 결과 손을 통한 다양한 신체 활동을 수행하는 '팅커링' 과정에서 마음속에 다양한 감각 이미지가 각인되며 지능적 추론만으로는 발견할 수 없는 통찰력과 학습 능력을 이끌어냅니다.

　초등학교 '실과'는 실천적이고 창의적인 노작 활동을 통하여 일상생활에 필요한 지식, 기초생활 능력, 가치 판단력 등을 함양하여 스스로 생활을 개선하는 것을 목표로 합니다. 창의적인 노작 활동이야말로 '팅커링'의 대표적인 사례로서 '만드는 것에 의한 학습(learning by making)' 또는 '손으로 생각하기(thinking by your hands)'라는 개념을 통하여 문제에 대한 창의적인 솔루션을 찾아가는 탐구의 총체적인 행위로 정의할 수 있습니다.

　초등교육 현장에서 실과 교과는 아이들에게는 설레는 마음으로 다가가지만 이를 전달하기 위한 교사에게는 상당한 고민과 어려움을 주기도 합니다. 창의적인 노작 활동은 분명 창의적인 아이디어와 동시에 수많은 재료와 전략을 필요로 하며 이것을 교육 활동에 적용하기 위해서는 다양한 이론 습득 및 수많은 경험을 요구하기 때문입니다.

　'실과 레시피'는 팅커링 전략을 철저히 분석하여 실과 교육과정에서 요구하고 있는 핵심역량을 이룰 수 있도록 고민하였습니다. 실천적 문제 해결 능력을 키우기 위하여 생활 속의 다양한 문제들을 선별하여 '팅커링-디자인-공유'의 모델을 개발하였으며 어떠한 환경에서도 적용 가능한 최적의 레시피를 제공합니다. '팅커링' 전략을 통해서는 누구나 쉽게 창의적 메이킹 활동 중심의 'learning by making' 및 'thinking by your hands' 학습 전략을 구현할 수 있는 활동 레시피를 제공합니다.

　팅커링을 통한 문제 해결 역량을 얻기 위해서 본 도서에서는 디자인 전략을 적용하여 문제 정의 및 해결을 위한 프로토 타입 제작 활동과 점검 활동을 위한 레시피를 제공합니다. 이러한 과정을 통하여 학습자들은 주입식 교육으로는 얻을 수 없는 통찰력을 함양할 수 있는 다양한 경험을 얻게 될 것입니다.

　본 교재의 모든 활동에는 소통과 공유의 경험을 제공합니다. 이것은 단순한 따라하기 레시피가 아닌 다양한 응용 전략을 제공하고 학습자들로부터 원활한 피드백을 얻을 수 있도록 하였습니다.

　우리가 SW 교육을 위한 알고리즘을 설명할 때에 '레시피'를 대표적인 사례로 소개합니다. 레시피는 절차와 반복 등의 논리를 포함하며 이것을 따라 하였을 경우 출력 결과를 도출하기 때문입니다. 또한 레시피는 단순히 따라하기만을 위한 절차가 아닌 응용 및 변형이 가능한 논리입니다. 이 책을 사용하시는 선생님들은 현장에서 쉽게 구할 수 있는 재료를 이용하여 누구나 쉽게 창의적인 실과 수업을 수행할 수 있는 동시에 레시피의 요소를 응용하고 개선하여 본인만의 새로운 레시피를 창조하게 될 것입니다.

　본 도서를 집필하신 선생님들의 창의적인 아이디어와 열정에 존경과 응원을 보내드리며 실과 교육 현장의 새로운 변화를 기대합니다.

경인교대 교수 손원성

선생님, 실과 시간에 뭐 해요?

초등학교 5학년이 되면 아이들은 처음으로 '실과'라는 과목을 접하게 됩니다. 새로운 과목이 생기면서 아이들은 설렘 반, 걱정 반으로 선생님께 여쭈어 봅니다.

"선생님, 실과 시간에 뭐 해요?"

아이들에게 어떻게 답하시겠어요? 생활 속에서 아이가 자립하고 일과 가정생활의 중요성을 깨닫는 것은 매우 중요합니다. 스스로 생활용품을 만들어 보고, 바느질해 보고, 간단한 음식을 조리해 보는 실습을 통해 아이는 책에서 찾을 수 없는 소중한 지식과 경험을 얻을 수도 있습니다.

학교에서 실과를 가르치다 보면 학교 여건이나 시기 등에 따라 교과서 활동이나 실습을 지도하는 데 여러 가지 어려움에 부딪히기도 합니다. 이 책에서는 그러한 선생님의 고민을 조금이나마 덜어드리고자 쉬운 방법으로 할 수 있는 다양한 활동과 실습을 소개하였습니다.

이 책의 특징은 다음과 같습니다.

첫째, 옆 반 선생님께서 바로 알려 주실 것 같은 '즐거운 활동'을 중심으로 구성하였습니다. 또한, 활동은 학교나 가정에서 쉽게 할 수 있는 것으로 선별하였습니다. 선생님이 실과 수업의 조리사가 되어 다양하고 맛있는 실과 수업을 조리할 수 있습니다.

둘째, 실과 교육과정의 대영역인 인간 발달과 가족, 가정생활과 안전, 자원 관리와 자립, 기술 시스템, 기술 활용의 내용을 고르게 구성하였습니다. 교과서를 재구성하거나 몇 가지 활동만 골라 창의적 체험 활동과 연계하여 수업할 수도 있습니다.

셋째, 친절하고 자세한 활동 방법, 응용할 수 있는 활동 레시피, 수업 후기를 담아 활동 목표에 쉽게 도달할 수 있도록 생생하게 꾸몄습니다.

실과 수업 때 다양한 활동을 하고 싶은데 마땅한 자료가 없어 아쉬우셨나요? 눈을 돌려 보면 함께 할 수 있는 실과 수업 방법이 무궁무진합니다. '수업을 살리는 실과 레시피'와 함께 놀이하다 보면 아이들이 환하게 웃으며 선생님께 다가오는 것을 확인할 수 있을 것입니다. 실과 수업에 자신이 없는 새내기 선생님을 비롯하여 현장 경험이 풍부하신 선생님까지 아이들과 재미있게 수업을 하고 싶으신 모든 선생님께 이 책이 행복한 선물이 되었으면 합니다. 또한, 이 책으로 공부한 모든 학생이 행복하게 웃음 지을 수 있기를 바랍니다.

저자 일동

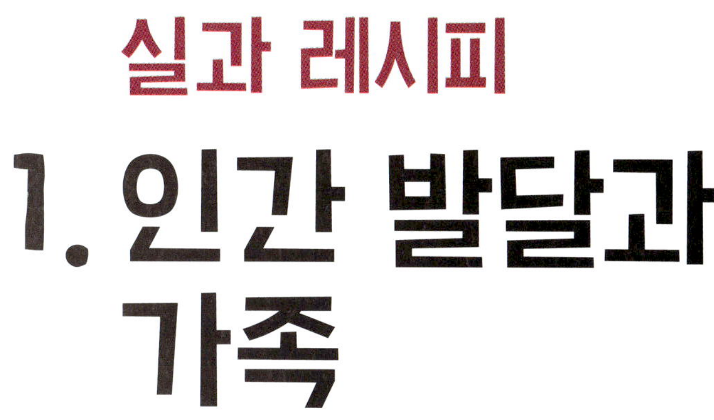

실과 레시피
1. 인간 발달과 가족
다양하고 즐거운 놀이 활동으로
아동기 발달의 특징과
가족의 소중함을 체험해요!

아버지
어머니

나의 성장 그래프

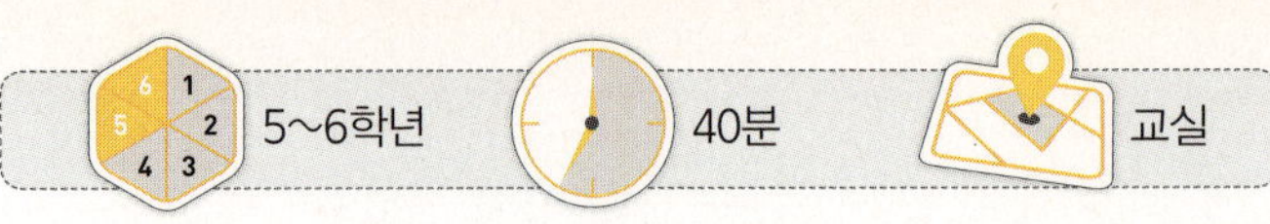

나의 성장 그래프를 그리고,
인상 깊었던 장면을 친구와 재현하며
사진을 찍어 그래프를 완성하는 활동입니다.
('관계 형성 능력' 향상을 위한 활동)

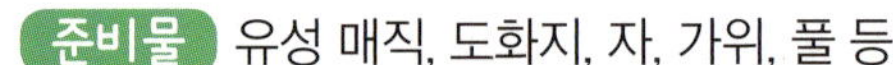
 유성 매직, 도화지, 자, 가위, 풀 등

1 매직과 네임펜, 도화지 등의 재료를 준비하고 그래프의 밑바탕을 그립니다.

2 나이를 가로축에 적고, 기억에 남는 일을 차례대로 표시하여 선으로 이어 봅니다.

3 나에게 뜻깊었던 일을 재현하여 사진으로 찍습니다.

4 교사는 사진을 인쇄해 주고, 학생은 사진을 잘라 붙여 그래프를 완성합니다.

5 의미 있었던 사건 위주로 나의 성장 그래프를 친구들 앞에서 발표합니다.

6 성장 그래프를 전시하여 친구들의 성장 과정을 살펴보며 가까워질 기회를 제공합니다.

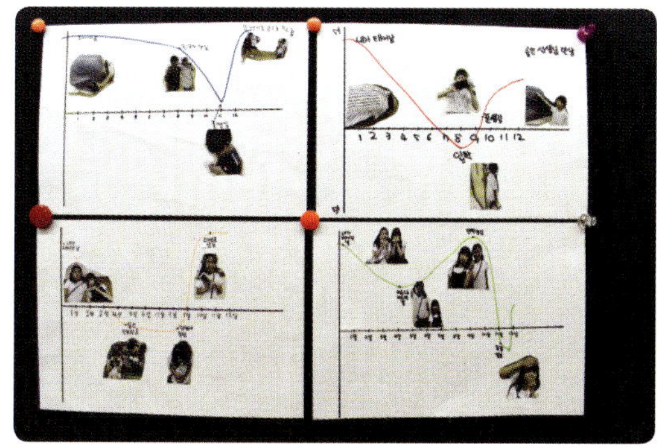

1 짧지만 다양한 일이 있었던 나의 성장 과정을 돌아보며 친구들에게 소개하는 것이 활동의 목표입니다.

2 자신의 성장 과정을 돌아보는 것에서 그치는 게 아니라, 친구들과 자신의 성장 과정을 공유하며 가까워지는 관계 형성까지 이어질 수 있도록 지도합니다.

3 활동의 특성상, 학기 초에 학급 내 친밀도를 높이기 위해서 실시하면 많은 도움이 됩니다.

4 나를 돌아보고 현재의 나를 지칭하는 몇 학년 몇 반 누구와 같은 단순한 수식어가 아닌, 나의 지나온 인생을 친구들에게 소개하는 활동입니다. 이는 관계 형성 능력을 성장시키는 데도 큰 도움이 될 수 있습니다.

활동 모습

좋은 선생님을 만난 것이 기분 좋은 일이군요.

친구와 함께 어떤 사진을 찍을지 의견을 나눠요.

다른 친구의 성장 과정을 듣는 것은 재미있어요.

발표하며 나의 성장 과정을 돌이켜 볼 수도 있어요.

1 레시피 변형하기 1

– 사진을 직접 찍고 인쇄하는 것이 쉽지 않은 상황이라면 그림을 그려도 됩니다. 관계 형성을 돕고 싶다면 짝끼리 그려 주기를 해도 좋습니다.

2 레시피 변형하기 2

– 사진을 직접 찍고 인쇄하는 것이 쉽지 않은 상황이라면 사건을 표현 활동으로 보여 주고 모둠별로 맞추기 퀴즈를 진행해도 좋습니다.

레시피를 안전하게!

✓ 자신의 과거를 친구들에게 이야기하는 것은 많은 용기가 필요합니다. 친구를 비웃거나 업신여기지 않게 특별히 주의시켜 주세요.

✓ 일회성 활동으로 끝날 것이 아니라, 학기 초에 실시하고 교실 내에 전시하여 꾸준히 친구들에 대해 알아갈 수 있도록 도와주세요.

레시피 후기

선생님

선생님: 학기 초 활동으로 매우 좋았습니다. 고학년이 되면 이미 간단한 신상 정도는 서로 아는 경우가 많아 자기 소개에 흥미가 없는데, 서로의 성장 그래프를 보며 자연스럽게 관심을 보이는 친구들이 많았습니다.

학생 1: 나의 예전 모습을 친구들과 함께 사진으로 찍어서 표현하는 것이 재미있어요. 놀이 활동을 하는 것 같아요.

학생 2: 서로 아는 친구들이 많아서 어디 유치원 나온, 어디 사는 누구라고 소개하는 것은 재미없었을 텐데, 이렇게 하니까 잊고 있던 제 모습을 알 수 있어서 재미있어요.

학생

성 고민 우체국

자신의 성에 대한 고민을 익명 편지로 써서 다른 학급 부모님께
조언을 얻는 활동입니다. 학생의 성 고민을 부모님의 조언을 통해
해결하는 즐거운 실과 수업을 만들어 보세요.
('실천적 문제 해결 능력' 향상을 위한 활동)

준비물 편지지, 편지 봉투 등

1 2개의 학급이 각각 시험 대형으로 앉아 종이를 펼치고 자신의 성 고민을 적습니다.

2 성 고민을 적을 때 꼭 성적인 것만이 아닌, 사춘기로 인한 고민도 적습니다.

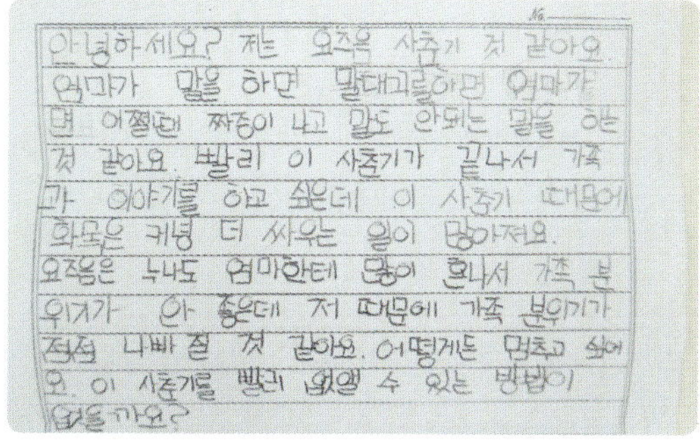

3 편지지와 편지 봉투에 자신만 아는 표시를 합니다.

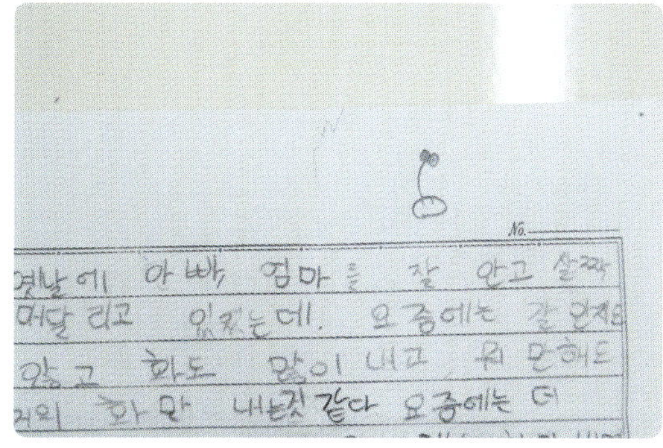

4 다른 학급도 같은 내용의 편지를 써서 서로 바꾼 후 받은 편지를 부모님과 함께 읽어 봅니다.

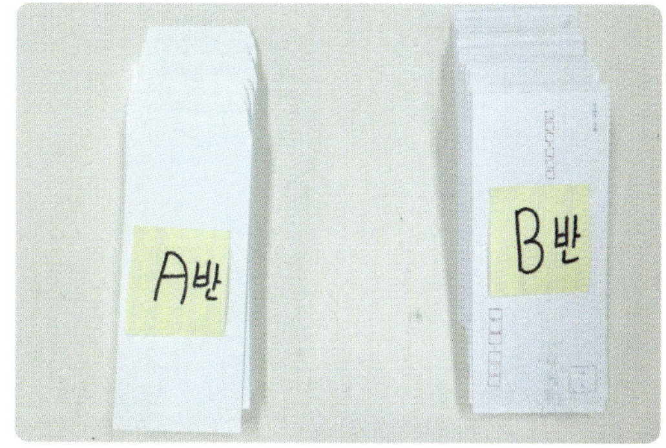

5 가정에서 부모님과 함께 읽어 보고 어떠한 조언이 필요한지 상의한 다음 부모님이 직접 답장을 써 줍니다.

6 다른 부모님이 써 준 편지를 가져와서 자신이 표시한 편지를 읽어 본 후 느낌과 생각을 이야기합니다.

1 성 고민이나 사춘기를 겪으면서 드는 생각을 적도록 해 주세요.

2 이성 문제, 부모님과의 문제, 친구와의 문제 등 다양한 고민을 적도록 해 주세요.

3 만약 성에 대한 고민이 없다면 다른 고민도 좋으니 적을 수 있도록 격려를 해 주세요.

4 다른 학급과 교환할 때 반드시 선생님께서 읽어 보고 민감한 사항이 없는지 꼭 확인하세요. 어떤 반과 교환하는지 알려 주지 마세요.

5 가정에서 편지를 읽어 보고 상의를 하되 반드시 부모님이 조언을 적을 수 있도록 해 주세요.

활동 모습

다른 학급의 부모님께 쓰는 익명의 편지라고 미리 말해 주세요.

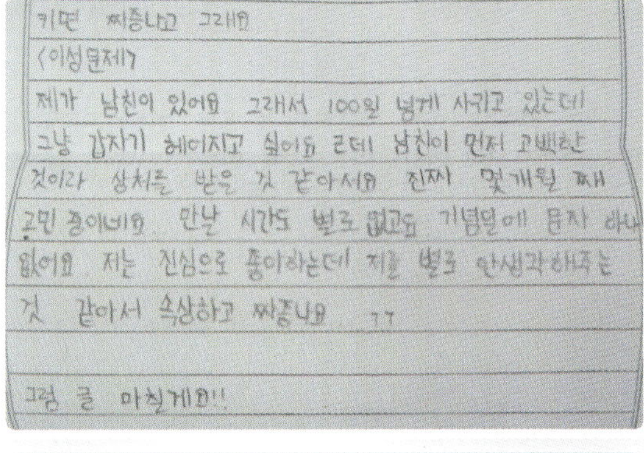

고민거리를 구체적으로 쓸 수 있도록 해 주세요.

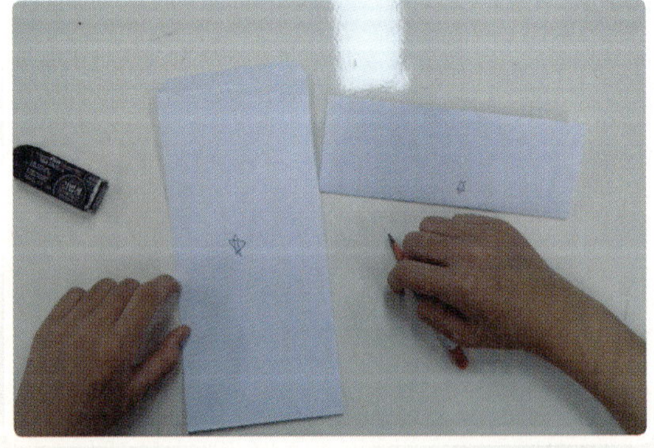

편지지와 편지 봉투에 자신만 아는 표시를 합니다.

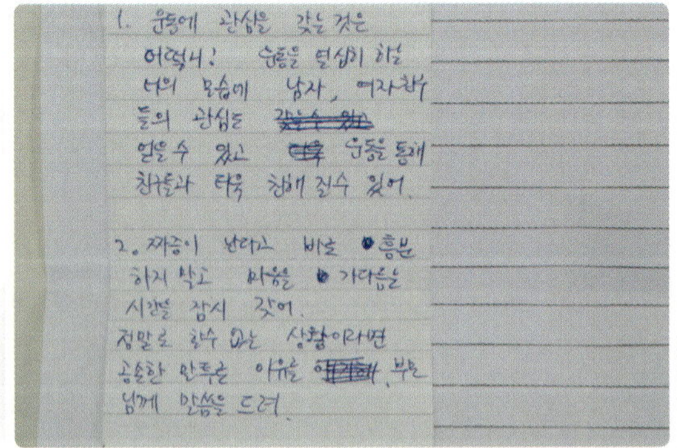

부모님이 직접 써 주시도록 해 주세요.

1 레시피 변형하기 1

– 같은 학년이 아닌 다른 학년과 바꾸어 활동할 수 있습니다. 예를 들면, 5학년 1반과 6학년 3반이 서로 편지를 바꿉니다. 서로의 입장과 처지에서 생각하고 부모님과도 함께 이야기할 수 있어서 좋습니다.

2 레시피 변형하기 2

– 주제를 성으로 하지 않고 다양한 주제로 고민을 쓰도록 합니다. 가벼운 고민을 쓰도록 하여 다양한 고민을 학급 친구들끼리 편지를 바꾸어 보면서 활동할 수 있습니다.

레시피를 안전하게!

안전한 활동을 위한 안내 지침 제시

✔ 다른 학생의 고민을 소문 내지 않도록 주의시켜 주세요.

✔ 익명의 고민 편지라 민감한 사항이 있을 수 있으니 선생님이 꼭 보세요.

✔ 편지에 적힌 내용이 심각한 고민이라면 윤리부장 선생님 및 학년부장 선생님과 상의하세요.

레시피 후기

- **선생님**: 학생의 고민은 자신뿐만 아니라 주변 친구도 비슷한 고민을 한다는 사실을 알게 해 주고 싶었습니다. 비록 친구의 고민이지만 부모님과 이야기하고 해결해 나감으로써 자신의 고민도 부모님께 이야기할 수 있는 기회가 될 것입니다.

- **학생 1**: 고민이 많았었는데 다른 부모님께서 써 주신 말씀을 읽고 힘이 났어요,

- **학생 2**: 다른 친구도 나와 비슷한 고민을 하고 있다는 것을 알게 되었어요.

1. 인간 발달과 가족
아동기 성의 발달

임산부 체험하기

간이로 임신 체험복 만들어서 하루 동안 체험해 보는 활동입니다.
긴 천과 공만으로 임산부 체험을 해 보아요.
('실천적 문제 해결 능력' 향상을 위한 활동)

준비물 긴 천, 축구공 등

1 긴 천과 공을 준비합니다.

2 공을 배에 대고 긴 천을 덮어 줍니다.

3 긴 천을 뒤에서 묶어 줍니다.

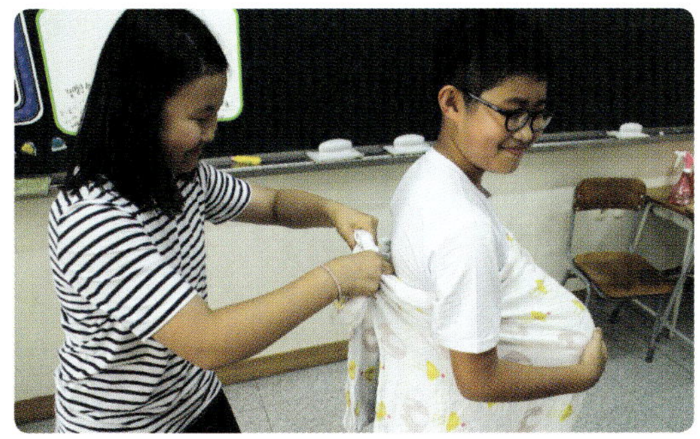

4 공이 빠지지 않게 꽉 매여 있는지 확인합니다.

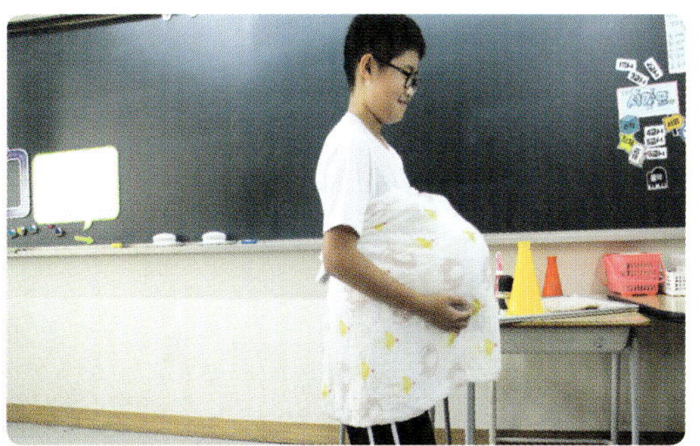

5 계단 등을 오르내리며 체험합니다.

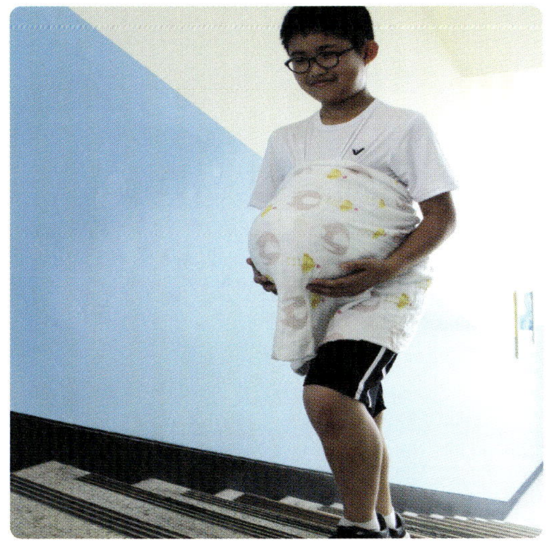

6 화장실에서는 어떠한 불편함이 있는지 체험합니다.

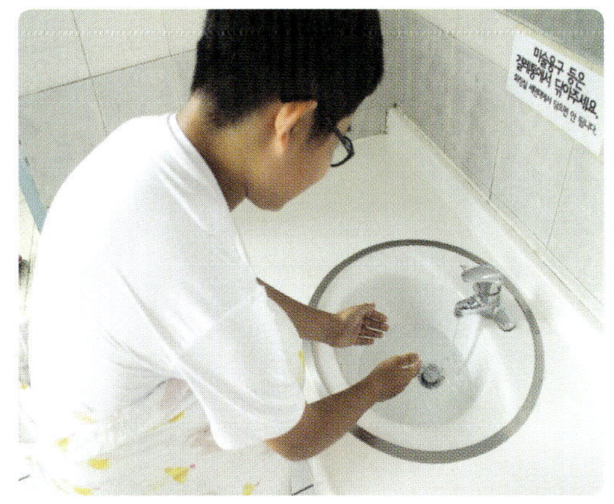

1 임산부 체험으로 생명의 소중함을 느낄 수 있도록 합니다.

2 부모님의 어렵고 힘든 과정을 통해 내가 태어났다는 사실을 알 수 있도록 합니다.

3 임산부 체험을 하면 어떠한 어려움이 있을지 예상해 보고, 체험 후에는 어떠한 어려움이 있었는지 비교해 보도록 합니다.

4 주변의 다양한 소품을 활용하여 체험할 수 있도록 합니다.

활동 모습

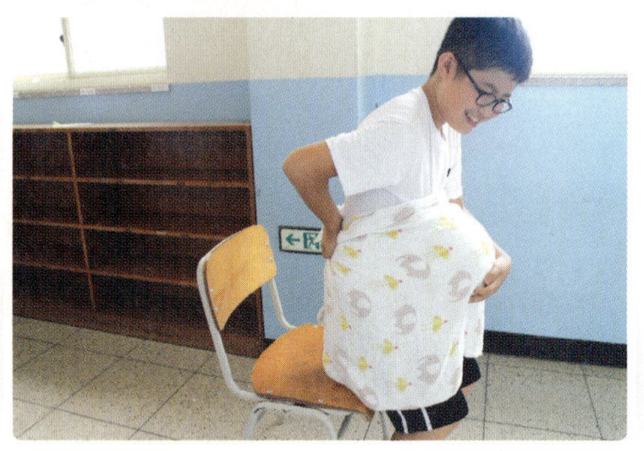

의자에 앉을 때에는 얼마나 불편할까?

물을 먹을 때에는 무엇이 어떻게 불편할까?

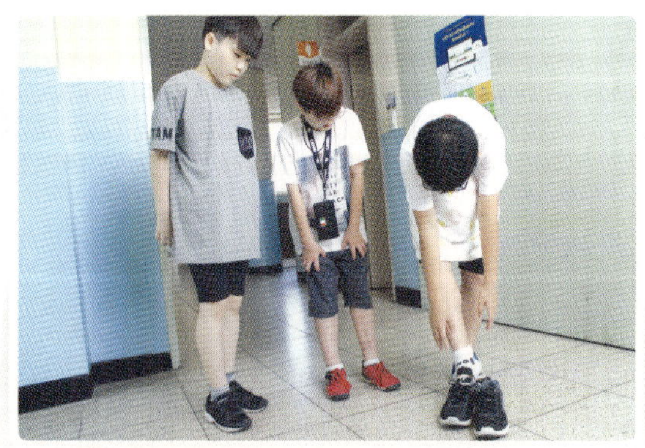

신발을 제대로 신을 수 있을까?

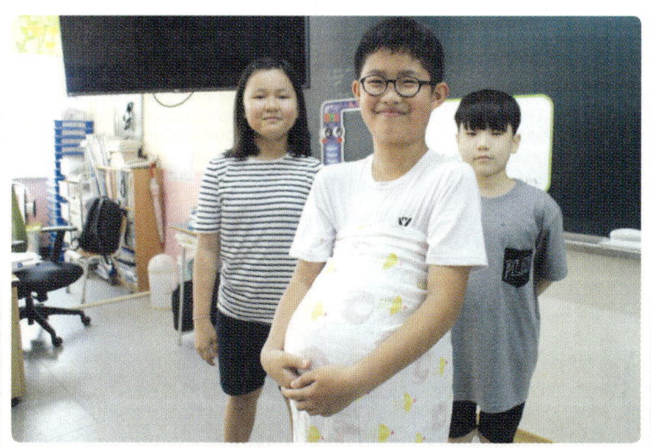

임산부 체험을 하면서 느꼈던 점을 이야기해 보자.

1 레시피 변형하기 1

– 공뿐만 아니라 학교 체육 창고에 있는 다양한 물건을 사용해서 임산부 체험을 어렵지 않게 할 수 있습니다.

2 레시피 변형하기 2

– 임산부 체험에서 발전하여 일상생활에서 불편한 점을 해결하기 위해서는 어떻게 변화해야 할지를 이야기하는 토론 대회를 열 수 있습니다.

레시피를 안전하게!

✔ 계단을 오르내릴 때 앞이 보이지 않을 수 있으므로 꼭 2인 1조로 활동하도록 해 주세요.

✔ 화장실 체험 시에는 바닥이 미끄러우면 넘어질 수 있으므로 주의해 주세요.

레시피 후기

• 선생님: 임신이 쉬운 일이 아니고, 한 생명이 태어나기 위해서는 어머니가 힘든 과정을 겪었다는 것을 학생 스스로 느꼈던 것 같아요.

• 학생 1: 저를 낳기 위해 고생하신 어머니가 가장 먼저 떠올랐어요.

• 학생 2: 대중교통을 이용할 때 임산부를 보면 자리를 양보해야겠다고 생각했어요.

5~6학년　40분　교실

긍정과 희망 붙임 딱지 놀이

긍정적 의미의 말을 붙임 딱지로 만들어 몸짓으로 표현해 보는 활동입니다. 친구들에게 긍정과 희망의 기운을 주세요.
('관계 형성 능력' 향상을 위한 활동)

준비물 종이, 연필, 양면 테이프 등

1 친구에게 해 주고 싶은 긍정의 말이나 친구가 되고 싶은 직업을 종이에 적습니다.

2 친구의 등에 종이를 붙여 줍니다.

3 친구와 만나 인사합니다.

4 그리고 자신의 등에 붙은 단어의 뜻을 물어봅니다.

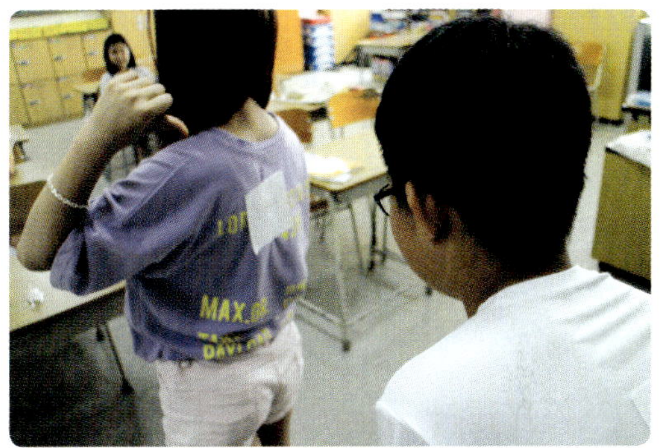

5 그 친구는 말은 할 수 없고 몸짓으로만 표현하여 알려 줄 수 있습니다.

6 친구가 붙여 준 단어를 이마에 붙이고 단어의 뜻을 몸짓으로 표현해 봅니다.

1 긍정적 의미의 언어 표현을 꼭 확인합니다.

2 친구가 나에 대해 생각해 준 의미를 추측할 수 있습니다.

3 자신의 장점을 자연스럽게 생각할 수 있습니다.

4 학생의 자존감을 향상시킬 수 있고, 자신의 단점도 장점으로 변화시킬 수 있는 놀이입니다.

활동 모습

종이에 긍정적인 말을 적어 주세요.

긍정적인 말을 이마에 붙이고 맞히기 게임을 할 수도 있어요.

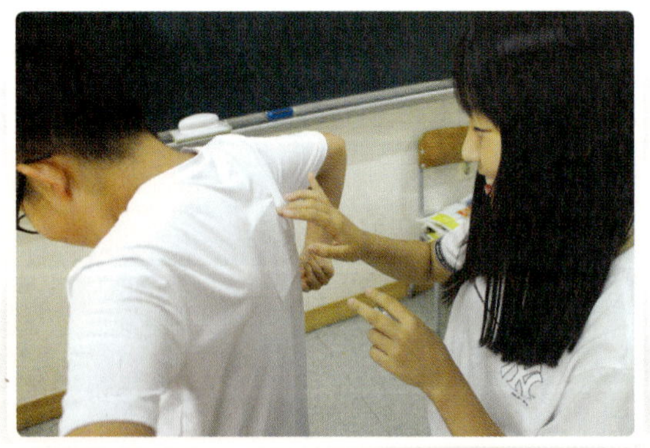

친구의 등에 긍정적인 말을 붙여요.

친구들 앞에서 내가 가지고 있는 긍정의 에너지를 나누어 줍니다.

1 레시피 변형하기 1

– 진로 활동과 연계하여 친구의 특성에 어울리는 직업을 적어 활동할 수 있습니다.

2 레시피 변형하기 2

– 친구와 닮은 유명인을 적고 그 특성을 연계하여 학생들의 흥미와 이해도를 높일 수 있습니다.

레시피를 안전하게!

✔ 종이는 등이나 이마에 붙이고, 다른 부위에는 장난스럽게 붙이지 않도록 합니다.

✔ 교사가 다니며 학생들이 적은 단어를 확인합니다.

레시피 후기

● **선생님**: 다른 친구들에게 긍정의 말이나 어울릴 것 같은 직업을 종이에 쓰고 붙여 주면서 자기 자신 이해하기 활동을 하여 좋았습니다.

선생님

● **학생 1**: 내가 이러한 긍정적인 면을 가지고 있다니 뿌듯했어요.

● **학생 2**: 내가 친구들에게 어떻게 보여지는지 궁금했어요.

학생

1. 인간 발달과 가족
아동기 발달의 특징

자존감 런닝맨

나의 긍정적인 가명을 적어 등에 붙이고, 친구들이 그 장점에 관한
댓글 쪽지를 붙여 주고 공유하는 활동입니다.
('관계 형성 능력' 향상을 위한 활동)

준비물 종이, 펜, 양면 테이프 등

1 종이에 나의 가명을 적습니다.

2 양면 테이프를 이용해 종이를 등에 붙입니다.

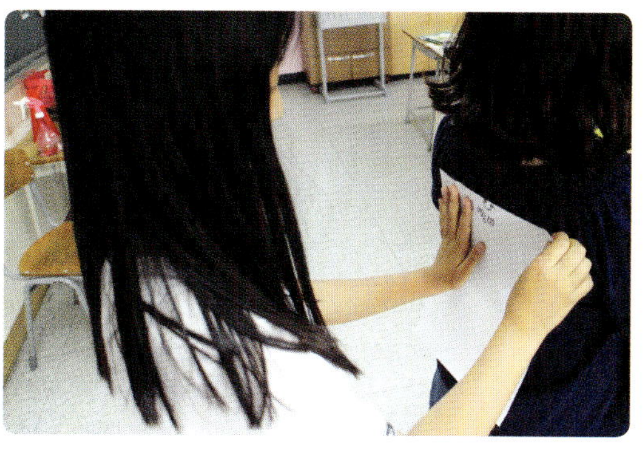

3 친구들은 댓글 쪽지에 그 친구의 장점을 적습니다.

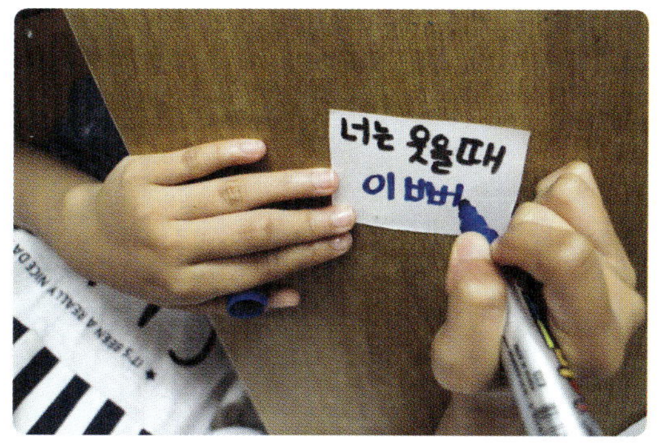

4 친구가 지나갈 때 등에 자신이 쓴 댓글 쪽지를 붙여 줍니다.

5 자신에게 댓글 쪽지를 붙여 준 친구와 다양한 포즈를 취합니다.

6 자존감이 올라가는 칭찬이 가득!

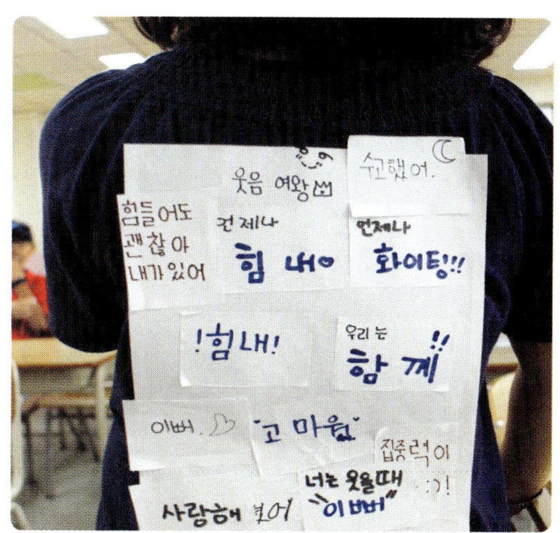

1 국어 수업과 연계해도 좋은 활동입니다.

2 학생의 자존감도 향상하고 다양한 창의적인 생각을 이끌어 낼 수 있습니다.

3 칭찬받는 학생의 특징을 반영하여 장점을 적을 수 있도록 유도합니다.

4 장점을 붙일 때 눈 맞춤, 악수, 가벼운 포옹 등도 함께 할 수 있습니다.

활동 모습

장점을 붙여 준 친구와 포옹도 하고!

장점을 붙여 준 친구와 하이파이브도 하고!

친구들이 나를 이렇게 보고 있어요.

내가 쓴 장점은 여기 있어!

1 레시피 변형하기 1

　- 친구의 장점을 글 대신 그림으로 표현하여 활동할 수 있습니다.

2 레시피 변형하기 2

　- 진로와 연계하여 학생에게 어울리는 직업을 붙이는 활동으로 변형할 수 있어요.

✔ 친구들과 부딪치지 않도록 해 주세요.

✔ 댓글 쪽지를 장난스럽게 적지 않도록 해 주세요.

- **선생님**: '이것도 장점이 될까?' 하고 고민하는 학생들이 즐거워하는 표정을 보고 선생님도 즐거웠습니다.

- **학생 1**: '내 장점이 이런 것이 있구나!' 하고 알게 되었어요.
- **학생 2**: 친구를 자세히 살펴보고, 친해지게 되었어요.

양성평등!
모두가 행복한 세상

성 역할에 관한 고정 관념과 편견을 없애고 서로를 배려하고 함께하는
세상을 만들기 위해 양성평등의 중요성을 인식하는 활동입니다.
서로를 이해하고 함께 살아가는 세상의 중요성을 느껴 보세요.
('관계 형성 능력' 향상을 위한 활동)

준비물 롤 종이, 색연필, 사인펜, 필기구 등

1 남성, 여성이 주로 하는 활동과 일을 자유롭게 적어 봅니다.

2 남녀 차별이나 불평등한 상황에 관한 경험을 적은 종이비행기를 날립니다.

3 무작위로 종이비행기를 줍고 내용을 읽은 후 대화하며 공감, 소통합니다.

4 양성평등의 뜻을 알아보며 그 의미를 잘 이해합니다.

5 양성평등의 의미에 '양성평등은 OO이다.'라는 자신의 생각을 적고 발표합니다.

6 각자 양성평등에 관한 홍보 문구를 작성하여 서로 확인합니다.

7 모둠별로 양성평등 홍보 문구 중 마음에 드는 것을 정하여 롤 종이에 그립니다.

8 모둠별로 완성한 양성평등 홍보 문구를 교실 안팎에 붙여 모두가 볼 수 있도록 합니다.

1 활동 시작에서 학생들이 생각하고 있는 성 역할에 관한 고정 관념, 편견 등을 이야기하며 양성평등에 관심을 가질 수 있도록 합니다.

2 종이비행기에는 자신의 경험, 생각을 익명으로 써서 날리고 모두 하나씩 사연을 읽으며 경험과 생각을 이야기하는 시간을 가집니다.

3 고정된 성 역할, 서로에 대한 배려 등을 이해하고 가능한 한 모든 학생들이 단점, 장점, 소감을 발표할 수 있도록 합니다.

4 홍보 문구를 만들어 교실 주위에 붙이고 다른 학급 학생들도 볼 수 있도록 합니다.

활동 모습

남자, 여자가 하는 활동, 일에 관한 고정 관념과 편견이 심했던 것 같아!

이 종이에는 '여학생은 축구보다는 피구를 하라는 친구 말에 화가 난다.'가 적혀 있어.

우리가 정한 홍보 문구가 잘 보이도록 그리자!

여기에 붙이면 친구들이 잘 볼 수 있을 거야.

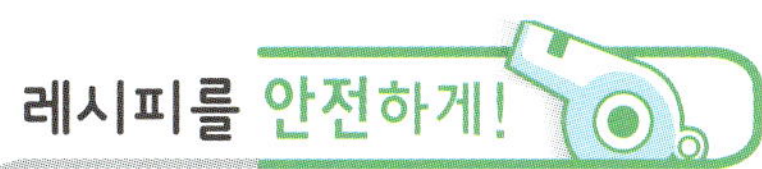

이렇게도 할 수 있어요!

1 레시피 변형하기 1

– 남자, 여자가 주로 했던 활동, 놀이, 일을 일주일간 바꿔서 해 보면서 서로를 이해하는 기회가 되는 활동을 실시합니다.

2 레시피 변형하기 2

– 양성 불평등 상황 또는 남녀에 대한 불신, 편견 등의 문제 상황을 역할극으로 표현하고, 서로 어떻게 바꾸는 것이 좋을지 논의하여 다시 역할극을 합니다.

레시피를 안전하게!

✔ 종이비행기를 날리고 주울 때 다치지 않도록 합니다.

레시피 후기

선생님

● **선생님**: 양성평등은 매우 중요한 주제입니다. 어렸을 때부터 올바른 성 역할, 남녀 간에 배려하는 자세를 배우는 것이 필요합니다. 이 활동 이후, 교실에서 서로에 대한 학생들의 행동이 좀 더 신중하고 성숙해진 모습을 볼 수 있었습니다.

● **학생 1**: 그동안 "너는 힘이 왜 이렇게 세냐? 남자애 같아." 라는 말을 많이 들어서 정말 스트레스 받았었어요. 이번 활동을 통해 앞으로 그런 친구가 없을 거라는 생각을 하니 마음이 편해졌어요.

학생

● **학생 2**: 남학생과 여학생이 서로 이해하지 못하고 싸우는 모습을 본 적이 있는데, 앞으로 서로를 이해하고 배려한다면 더욱 즐거운 교실이 될 것 같다고 생각했어요.

5~6학년 · 40분 · 교실

내 마음을
보여 주는 배지

사춘기에 들어서는 나의 다양한 감정을 짚어 보고, 그러한
내 마음을 배지로 만들어 표현하고 친구들과 공유하는 활동입니다.
('관계 형성 능력' 향상을 위한 활동)

준비물 그리기 배지, 네임펜, 활동지 등

1 나의 감정을 몸짓으로 표현하여 친구들과 감정 맞히기 놀이를 합니다.

2 일주일 동안 자신의 감정을 일기로 표현하고 친구들과 이야기하며 공유합니다.

3 기억에 남는 감정이나 현재 감정을 배지로 그립니다.

4 감정 배지 속에 담긴 나의 이야기를 적어서 제출합니다.

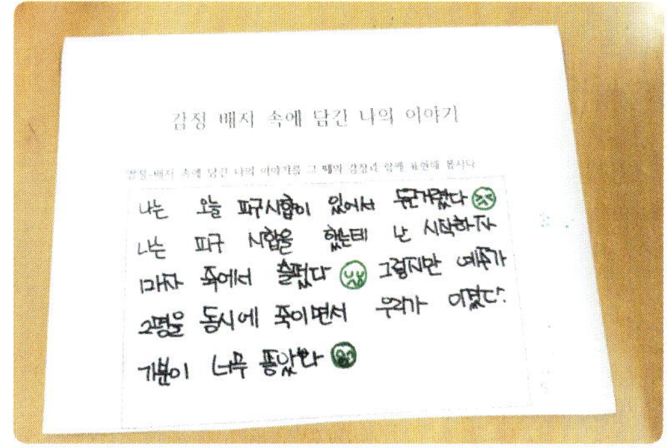

5 교사가 무작위로 이야기를 읽어 주고, 학생은 어떤 친구의 이야기일지 추측합니다.

6 해당하는 학생은 자신의 감정 배지를 보여 주며 더 자세한 자신의 이야기를 합니다.

1 자신의 감정을 짚어 보며 자기 감정을 스스로 알고 자기 이해를 높이는 것이 활동의 주된 목표입니다.

2 사춘기에 들어서기 시작한 고학년 학생은 이전보다 다양하고 복잡해진 자신의 감정을 완전히 다스리지 못할 수 있습니다. 이 활동을 통해 자신을 스스로 돌아볼 수 있게 해 주세요.

3 다른 친구의 일주일 동안의 감정 일기나 감정 배지 이야기를 들으며 친구를 더 이해하게 되므로, 우리 반 친구들과의 관계 개선에도 도움이 되는 활동입니다.

4 나뿐만 아니라 다른 친구도 다양한 감정의 변화를 겪는 것을 서로 알게 되면서 사춘기의 다양하고 복잡해진 감정을 자연스레 받아들일 수 있게 됩니다.

활동 모습

표정과 몸짓으로 감정을 표현해 보아요.

친구들에게 일주일 동안의 감정을 설명해 보아요.

친구와 함께 나의 감정 배지에 관해 이야기해요.

내가 만든 감정 배지를 달아 보아요.

1 레시피 변형하기 1

– 다른 친구의 감정 일기를 보고 친구가 느끼기를 바라는 감정 배지를 그려서 선물로 줄 수 있어요.

2 레시피 변형하기 2

– 여러 감정 배지를 만들어 학급 게시판에 그날의 감정에 해당하는 배지를 게시하여 서로의 감정을 확인하고 위로나 도움을 주고받을 수 있어요.

레시피를 안전하게!

✔ 긍정적인 감정, 부정적인 감정으로 나누어 평가하는 것이 아니라 다양한 감정을 그대로 바라볼 수 있게 지도해 주세요.

✔ 친구의 감정을 비웃거나 평가하지 않아야 하며, 서로 이해하고 공감할 수 있는 분위기를 조성합니다.

레시피 후기

선생님

● **선생님:** 주로 학교에서 감정에 대해 배울 때에는 긍정적인 감정을 가져야 좋은 친구, 좋은 학생이 되는 것이라는 고정 관념을 심어 주기 마련인데, 그런 것이 아니라 감정 자체를 돌아보고 이해하는 계기가 되어 좋았습니다.

● **학생 1:** 나와 친구가 생각한 것보다 훨씬 더 다양한 감정을 느낀다는 것을 알 수 있어 재미있었습니다.

● **학생 2:** 나와 친구에 관해 자세히 알 수 있어 좋았고, 친구와도 더 가까워진 것 같아서 좋았습니다.

학생

1. 인간 발달과 가족
아동기 성의 발달

2차 성징 노래자랑

남자 학생과 여자 학생의 높은 음정 대결, 낮은 음정 대결을 통해
서로의 변화를 즐겁게 이해하는 놀이입니다.
('관계 형성 능력'과 '실천적 문제 해결 능력' 향상을 위한 활동)

준비물 동요 가사 소절, 음 조율 앱 또는 리코더 등

1 남자와 여자가 공통적으로 부를 수 있는 가사 소절을 하나 적습니다.

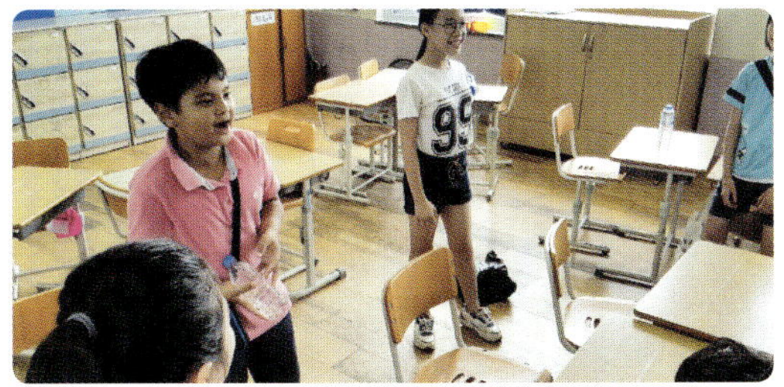

2 음정을 마음대로 올려 부르기 대결을 시작합니다.

3 더 이상 올려 부르지 못하는 사람은 탈락시키고 최후의 1인을 뽑습니다.

4 음정을 마음대로 낮춰 부르기 대결을 시작합니다.

5 더 이상 낮춰 부르지 못하는 사람은 탈락시키고 최후의 1인을 뽑습니다.

6 계이름 높게 부르기 대결을 하고 승자를 확인합니다.

7 계이름 낮게 부르기 대결을 하고 승자를 확인합니다.

8 남학생과 여학생의 소리 내기와 또 다른 여러 가지 차이를 알아봅니다.

1 음정 앱을 통해 음정이 올라갔는지 내려갔는지 확인해 주세요.

2 음정 앱 대신에 리코더 같은 악기를 활용하여 계이름을 확인해도 됩니다.

3 낮은 소리를 낼 때에는 소리를 작게 내는 것이 아님을 꼭 알려 주세요.

활동 모습

높은 소리를 내려고 시도해 보지만…….

낮은 소리 내기이며, 작게 소리 내기가 아닙니다.

리코더를 이용해서 계이름 대결을 하고 있어요.

더 높게 소리를 내지 못하네요.

1 모둠별 음역 대결하기

– 모둠별로 남자, 여자 각 1명씩 나오게 하여 기준 '도'부터 낮은 음정을 남학생이, 높은 음정을 여학생이 부르게 하여 가장 넓은 음역을 소리 내는 모둠이 승리하게 하는 협력 놀이입니다.

2 남자, 여자 노래 바꾸어 부르기

– 남자 아이돌 노래, 여자 아이돌 노래를 반 친구들이 성별을 바꾸어 부르게 합니다.

– 부르고 난 뒤 동성의 노래를 불렀을 때와 어떤 차이가 있는지 이야기합니다.

레시피를 안전하게!

✓ 무리해서 소리를 지르지 않도록 미리 안내해 주세요.

✓ 다른 친구의 소리를 들으려고 앞으로 몰려 나오지 않도록 미리 지도해 주세요.

레시피 후기

선생님

• **선생님**: 학생들은 대체로 음 높이기 대결을 특히 즐거워합니다. 놀이에 집중하는 것도 좋지만 서로 다른 성별의 차이와 다름을 인정하는 수업 목표를 꼭 안내해 주는 것도 중요합니다.

• **학생 1**: 노래 가사 높이 부르기 대결이 정말 재미있었습니다.

• **학생 2**: 대결할 때 좀 시끄러웠지만 재미있었어요.

학생

1. 인간 발달과 가족
가족의 요구 살피기와 돌봄

가족과 산다

평소 가족이 학생 자신에게 하는 말을 관찰하고 가족 구성원의 다양한
요구를 생각해 보는 활동입니다. 학생 스스로 가족 구성원으로 배려와
돌봄을 받고 있음을 느껴 행복한 실과 수업을 만들어 보세요.
('관계 형성 능력' 향상을 위한 활동)

준비물 활동지, 필기도구 등

1 가족에게 자주 들었던 말, 가족에게 자주 했던 말, 내가 듣고 싶은 말, 내가 하고 싶은 말이 있는 활동지를 준비합니다.

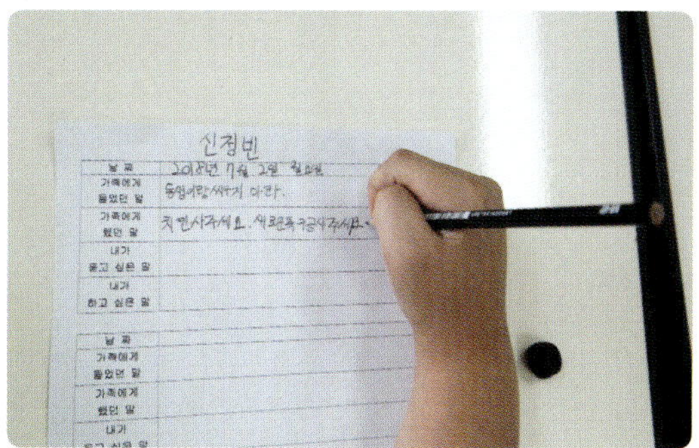

2 매일 아침 어제 가족에게 듣고 했던 말을 활동지에 적습니다(5분 정도 소요).

3 1~2주 정도 가족과 있으면서 듣고 했던 말을 적은 활동지를 보면서 가족과 나의 관계 및 서로에게 원하는 것을 생각해 봅니다.

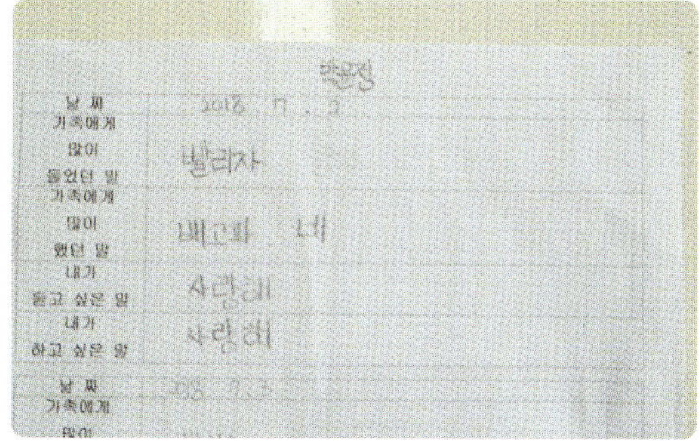

4 모둠원과 학습지를 돌려 보면서 친구들 가정의 삶과 공통점, 차이점을 찾아봅니다. 그리고 내가 듣고 싶은 말을 어떻게 하면 들을 수 있는지 토의해 봅니다.

5 내가 듣고 싶은 말을 어떻게 하면 들을 수 있을지 그 방법을 역할극 대본으로 작성해 봅니다.

6 모둠에서 만든 역할극을 해 보고 가정에서 직접 실천한 후 소감을 발표해 봅니다.

1 학습지에 내가 가족에게 듣고 싶은 말, 내가 가족에게 하고 싶은 말 대신 교실 상황에 맞게 다른 항목으로 변경해도 좋습니다.

2 일기 대신 이 활동을 하면 학생들이 좋아하면서 열심히 참여합니다.

3 이 활동을 왜 하는지 처음부터 알려 주지 마세요. 1~2주 정도 지나면 친구들끼리 느낀 점을 자연스럽게 말하게 됩니다.

4 가끔 미션을 주셔도 좋습니다. 집에 가서 자신이 듣고 싶은 말은 직접 가족에게 해 보기 등과 같은 미션을 주고 반응을 적게 합니다.

5 1~2주보다 길게 한 달 동안 해도 좋습니다.

활동 모습

매일 아침마다 '가족과 산다' 학습지에 적어요.

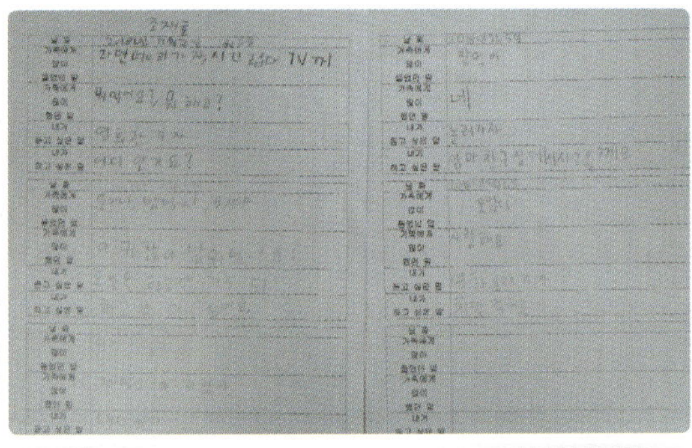

자신이 적은 학습지를 보면서 자신의 요구와 가족의 요구를 살펴봅니다.

자신이나 친구가 듣고 싶은 말에 대한 방법을 역할극으로 표현해 보아요.

친구들과 함께 생각해 냈던 방법으로 가정에 가서 실천해 보고 결과를 적어 보아요.

1 레시피 변형하기 1

– 한 달 동안 가족의 말과 행동을 모두 관찰하고 아침마다 적거나 행동만 관찰하여 적습니다. 그리고 적은 자료를 모아서 책으로 만들어 가족과 나의 관계 및 서로의 요구에 대해 알아봅니다.

2 레시피 변형하기 2

– 매주 미션을 하고 가족의 반응을 관찰하여 매일 아침마다 적습니다. 예를 들어 첫 주는 '매일 사랑합니다'라고 말하기, 두 번째 주는 '매일 가족 칭찬하기', 세 번째 주는 '매일 편지쓰기' 등 긍정적인 미션을 합니다.

레시피를 안전하게!

✔ 친구들의 활동지를 보고 놀리거나 비난하지 마세요.

✔ 다양한 가족의 형태가 있으니 자신의 가족 모습이 다르더라도 서로 존중해 주세요.

✔ 학생이 원하는 긍정적인 반응이 일어날 수 있도록 격려해 주세요.

레시피 후기

● **선생님**: 학생이 가족과 하는 말을 통해서 가족이 자신에게 원하는 것이 무엇인지 알아보고 그 말에는 가족의 사랑과 배려가 있다는 것을 느끼게 하기 위해 구상한 활동입니다.

● **학생 1**: 친구의 활동지를 보면서 우리 집과 비슷하다는 것을 알게 되었어요.

● **학생 2**: 모둠원과 했던 역할극처럼 가족에게 실천해 보았는데 내가 정말 듣고 싶었던 말을 해 주어서 행복했어요.

교실 가족회의

모둠원과 함께 가족 구성원이 되어 교실에서
가족회의를 하는 활동입니다. 학생이 활발하게 참여하는
가족회의를 통해 즐거운 실과 수업을 만들어 보세요.
('생활 자립 능력' 향상을 위한 활동)

준비물 A4 용지, 필기도구 등

1 가족회의에서 논의할 주제를 모둠원과 함께 정합니다.

2 칠판에 각 모둠별로 정한 가족회의 주제를 쓰고 함께 살펴봅니다.

3 모둠에서 정한 주제로 가족회의를 하기 위해 역할을 정합니다.

4 모둠원과 함께 정한 주제로 가정에서 직접 가족회의를 합니다. 가정에서 가족회의를 하면서 자신이 맡은 역할이 주장하는 의견에 대해 자세히 듣습니다.

5 가정에서 회의한 자료를 바탕으로 자신의 역할대로 교실 가족회의를 합니다. 이때 서기는 '나' 역할을 맡은 학생이 합니다.

6 교실 가족회의 결과를 발표하고 집에 가서 교실 가족회의 결과를 바탕으로 가족회의를 합니다.

1 가족회의는 가족 구성원이 모여야 할 수 있기 때문에 가족회의를 할 수 있는 일주일 정도의 시간을 주세요.

2 가정에서 가족회의를 해 보고 그 결과를 토대로 교실에서 역할을 맡아서 가족회의를 해 봄으로써 다양한 가족의 가정생활 공통점을 파악할 수 있어요.

3 가족회의 주제에 대한 의사 결정이 각 학생들마다 다를 수도 있다는 사실로 가정생활의 차이점도 파악할 수 있어요.

4 가족회의를 통해서 가족 구성원의 다양한 요구에 대해서 서로 간의 배려가 있어야 함을 느낄 수 있도록 지도해 주세요.

5 가족회의 주제는 작은 것부터 시작할 수 있도록 지도해 주세요.

활동 모습

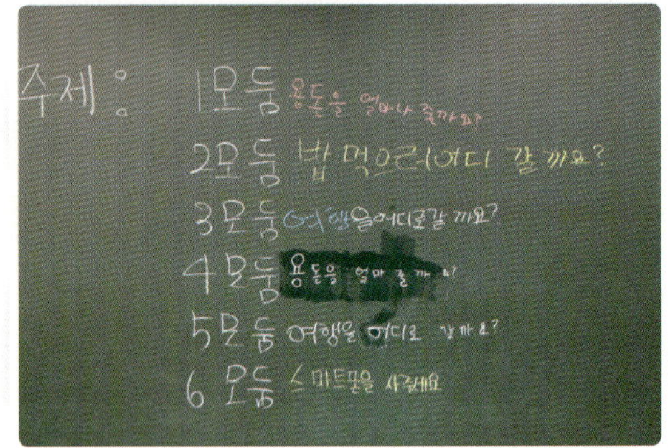

모둠별로 가족회의 주제를 정해 보아요.

가족회의 역할을 정해 보아요.

가정에서 했던 가족회의에서 들었던 의견을 토대로 교실 가족회의를 해 보아요.

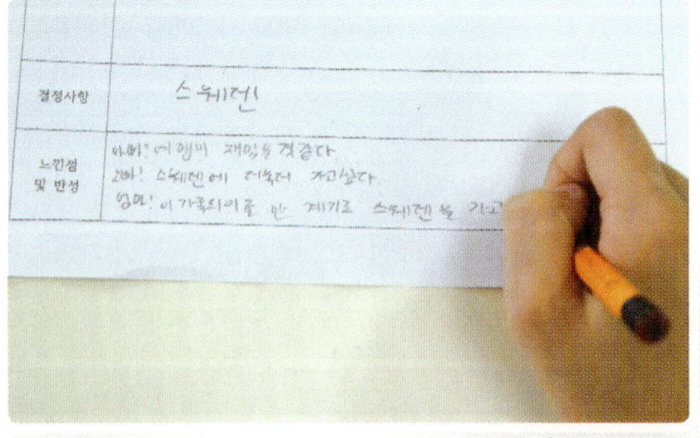

교실 가족회의를 해 본 결과 느낀 점을 이야기해 보아요.

1 레시피 변형하기 1

– 교실 가족회의를 먼저 해 보고 가정에서 교실 가족회의 자료를 토대로 가족회의를 해 볼 수 있습니다.

2 레시피 변형하기 2

– 가족회의 결과 정해진 안건에 대해서 실천 체크리스트를 만들어 현관문에 붙여 놓고 실천할 수 있도록 합니다.

레시피를 안전하게!

✔ 다른 친구의 의견을 무시하거나 비난하지 않도록 하세요.

✔ 자신과 의견이 다르더라도 끝까지 경청할 수 있도록 하세요.

✔ 항상 발언권을 얻어 말하고 다른 사람의 말을 끊지 않도록 해 주세요.

✔ 자신의 의견은 논리적으로 말하고 억지를 부리지 않도록 하세요.

레시피 후기

선생님

• **선생님**: 가정에서 가족회의를 할 수 있도록 구상한 활동입니다. 가족 구성원 간에 서로의 요구를 알고 문제를 해결하기 위해서 대화가 가장 중요합니다. 가족회의를 통해서 대화를 시작하고 정기적으로 가족회의를 할 수 있도록 학생들을 격려해 줍시다.

• **학생 1**: 집에서 가족회의를 하고 와서 교실에서 똑같이 해 보았는데 결과가 달라졌어요. 집마다 생각이 다르다는 것을 알게 되었어요.

학생

• **학생 2**: 가족회의를 처음 해 보았는데 가족과 함께 이야기하니 즐거웠어요.

아기 달걀 돌보기

자신의 아기 달걀을 꾸민 후 하루 동안 소중히 돌보는 활동입니다.
학생이 아기 달걀의 부모가 되어 보는 활동을 통해
즐겁고 의미 있는 실과 수업을 만들어 보세요.

준비물 달걀, 달걀 얼굴 꾸미기 도구(사인펜),
달걀 유모차(집) 만들기 재료(컵, 수건) 등

1 재료를 준비합니다.

2 아기 달걀의 이름을 짓고, 얼굴을 그리며 자유롭게 꾸며 줍니다.

3 아기 달걀 꾸미기 완성!

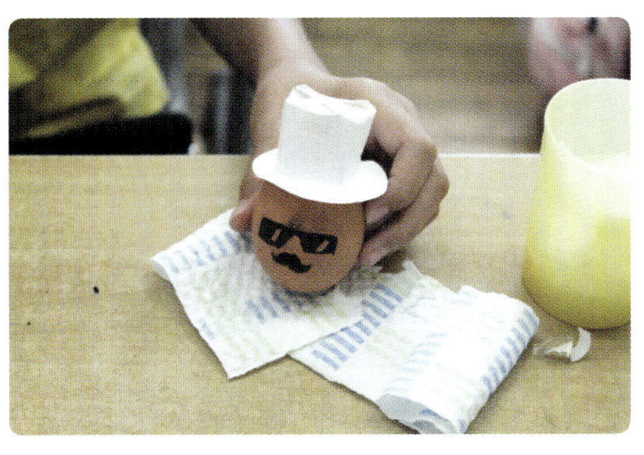

4 아기 달걀이 안전하게 지낼 유모차(또는 집)를 만들어 줍니다.

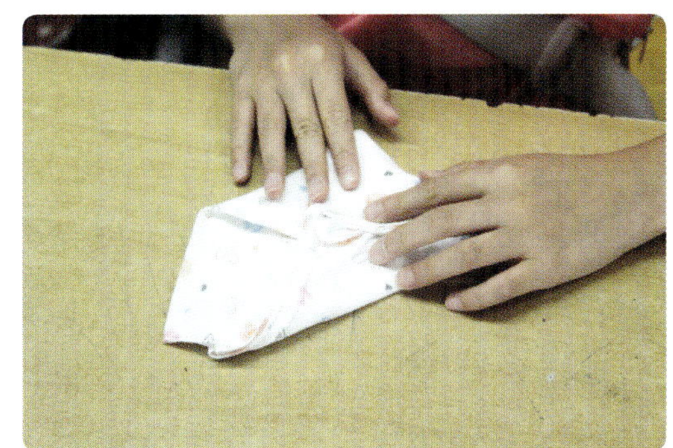

5 아기 달걀 유모차 만들기 완성!

6 하루 동안(24 시간) 아기 달걀을 데리고 다니며 안전하게 돌봐 줍니다.

1 아기 돌보기를 체험해 보고, 자신을 길러 주신 부모님께 감사함을 느끼며 부모의 책임감을 경험해 보는 활동입니다.

2 가능하면 1교시 때 활동을 하여 그 이후의 학교 일과 시간 내에서도 아기 달걀을 충분히 돌볼 수 있도록 합니다.

3 아기 달걀을 깨뜨릴 경우 그에 대한 책임을 질 수 있도록 학급 회의를 통해 벌칙을 정해 실행하거나 영아 급사 증후군에 대한 1쪽짜리 보고서를 쓰게 합니다.

4 하루 동안 아기 달걀을 돌보는 모습을 틈틈이 사진 찍은 후 학급 누리집에 올려 공유합니다.

활동 모습

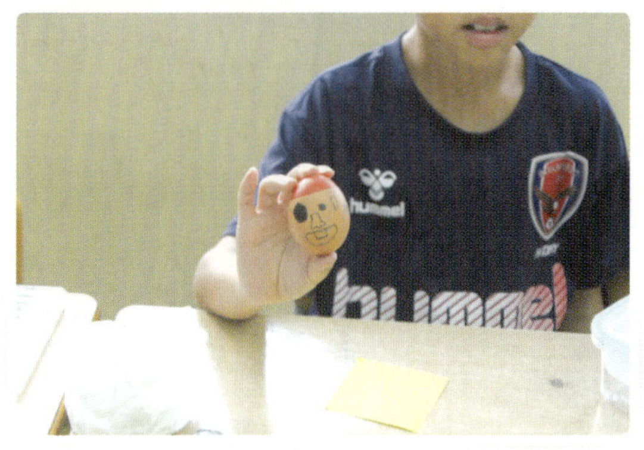

아기 달걀의 얼굴을 예쁘게 그려 주세요.

아기 달걀을 꾸밀 때 깨지지 않도록 주의하세요.

아기 달걀 집에 에어캡(뽁뽁이) 등을 넣어 주어도 좋아요.

아기 달걀을 돌볼 때 깨지지 않도록 진짜 아기를 돌보듯 소중히 보살펴 주세요.

1 레시피 변형하기 1

– 날달걀 대신 삶은 달걀을 사용할 수 있습니다.

– 출생증명서(아기 이름, 생년월일, 몸무게, 키, 성별, 부모 이름 등)를 만드는 활동을 추가할 수 있습니다.

2 레시피 변형하기 2

– 24시간 동안 돌보는 것을 일과 시간 또는 일주일 동안 돌보는 것으로 변경할 수 있습니다.

– 일주일 이상 돌볼 경우에는 육아 일기 쓰는 활동을 추가하는 것도 좋습니다.

레시피를 안전하게!

✔ 자신의 아기 달걀뿐만 아니라 다른 친구의 아기 달걀을 깨뜨리지 않도록 조심하세요.

✔ 아기 달걀이나 유모차(또는 집)를 꾸밀 때 가위나 칼을 쓸 경우 다치지 않도록 주의하세요.

✔ 달걀이 깨졌을 경우에는 깨끗하게 닦아 내고, 손을 깨끗하게 씻어 주세요.

✔ 아기 달걀을 재울 때는 기온에 따라 달걀이 상하지 않도록 냉장고 등의 안전한 곳을 이용하세요.

레시피 후기

선생님

• **선생님**: 학생이 아기 달걀과 유모차를 꾸미는 활동을 즐겁게 할 뿐만 아니라 아기 달걀을 돌보는 활동도 진지하게 임하였습니다. 다만 학생에 따라 꾸미는 능력의 차이가 심하므로 모둠별로 도와 가며 꾸미게 하면 더 좋으리라 생각합니다.

• **학생 1**: 아기 달걀을 하루 돌보는 것도 신경 쓰이는 게 많고 힘든데, 부모님께서는 어떻게 우리를 기르셨는지 참 존경스럽습니다.

• **학생 2**: 달걀을 꾸미고 돌보는 것이 재미있기도 했지만 부모가 된다는 책임감도 크게 느꼈습니다.

학생

1. 인간 발달과 가족
나와 가족의 관계

가족 곡선 온도계

가족과의 좋았던 관계와 안 좋았던 관계를 생각해 보고
이를 곡선 온도계로 나타내는 활동입니다.
('실천적 문제 해결 능력' 향상을 위한 활동)

준비물 학습지, 펜 등

1 학습지 혹은 A4 용지에 x 좌표와 y 좌표를 설정해서 그려 줍니다(424쪽 활동지 참고).

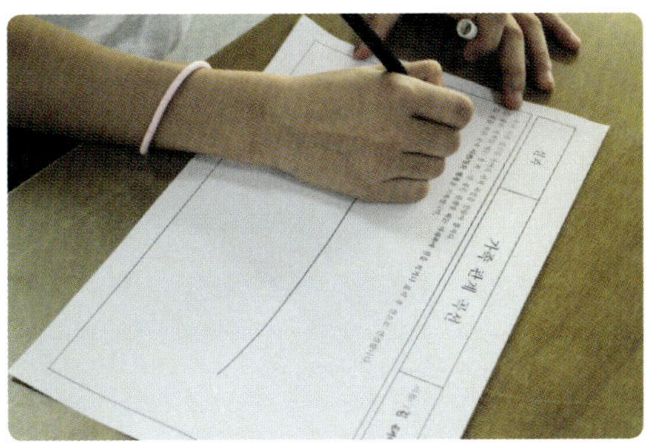

2 좌표에서 x 좌표에 해당 일시를 적고, 좋은 관계일 때는 위쪽에, 좋지 않은 관계였을 때에는 아래쪽에 점을 찍습니다.

3 점을 찍거나 표시한 후에 선으로 연결해 줍니다.

4 선으로 연결하면서 관계가 어떻게 변화했는지 살펴봅니다.

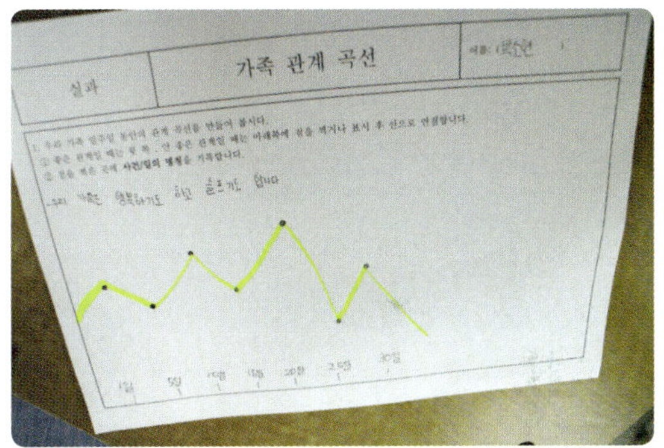

5 해당하는 곡선에 어떤 일이 있었는지와 가족과의 관계에서 느낀 점에 대해서 적도록 합니다.

6 친구와 자신의 경험을 서로 이야기하고 공감합니다.

1 가족과의 관계를 되돌아보고 자신의 성장과 발달에 기여하는 가족의 소중함을 알아보는 활동입니다.

2 가족과의 관계가 항상 좋은 점만 있는 것은 아니고 자신이 느끼기에 슬프거나 기분이 상하는 것도 있지만, 모두가 건강한 가족을 만드는 과정이라는 점을 알려 줍니다.

3 다양한 가족 형태에 대해 편견을 갖지 않도록 잘 설명해 주세요.

4 건강한 가족을 만들기 위해 노력하는 마음과 태도를 기르는 데 도움이 됩니다.

활동 모습

가족 관계 곡선을 그리며 가족의 소중함을 알아요.

친구와 어떤 일이 있었는지 묻고 답해요.

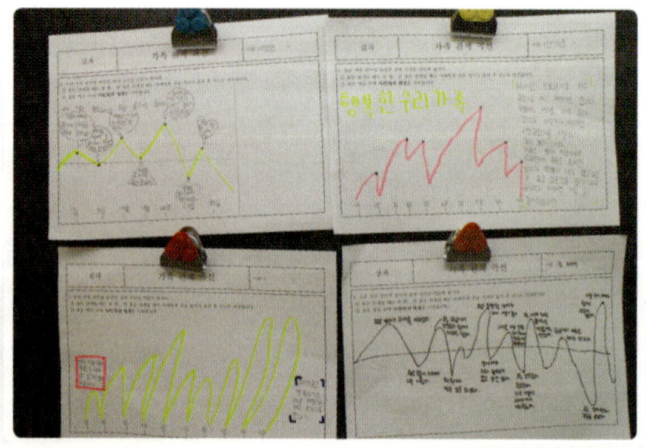

다양한 가족 관계 곡선을 전시해요.

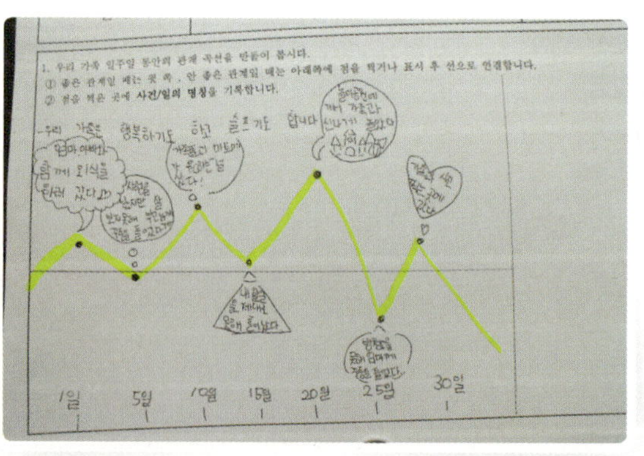

가족 관계 곡선을 통해 자신의 행동을 돌아볼 수 있어요.

1 레시피 변형하기 1

– 친구 관계 곡선을 그리며 친구와의 관계를 생각해 볼 수 있어요.

2 레시피 변형하기 2

– 내가 웃어른들께 받았던 칭찬을 생각하며 칭찬 관계 곡선을 그려 보고, 어떠한 때에 칭찬을 들었
는지 생각하며 자신을 되돌아볼 수 있어요.

레시피를 안전하게!

✔ 한 부모 가정, 다문화 가정 등 다양한 가족 형태에 대해 편견을 갖지 않도록 주의하세요.

✔ 친구와의 관계에 대해 장난하거나 놀리지 않도록 칭찬하고 공감할 수 있는 분위기를 만듭니다.

레시피 **후기**

•**선생님**: 학생 스스로 가족과의 관계에 대해 생각해 볼 수 있는 기회가 되어
좋았습니다. 가족과의 소중한 추억을 떠올리며 좋은 관계를 유지하기 위해
서는 어떻게 노력해야 하는지 느낄 수 있는 시간이었습니다.

선생님

•**학생 1**: 우리 가족과의 생활에 다양한 감정이 있고, 경험
이 있는 것을 알게 되었습니다. 좋은 추억이 떠오르니 기
분이 좋았습니다.

•**학생 2**: 가족의 의미와 부모님의 소중함을 생각해 볼 수
있는 시간이었습니다.

학생

가족 역할극

가족 구성원을 결정하고,
성격 카드를 뽑아 성격에 맞게 가족 역할극을 하며
행복한 가족을 이루기 위한 태도를 기르는 놀이입니다.
('관계 형성 능력'과 '실천적 문제 해결 능력' 향상을 위한 활동)

준비물 성격 카드, 접착식 메모지 등

1 반 인원에 맞게 성격 카드를 준비합니다.

따뜻한 (다정한)	우리반 선생님 같은	내가 되고 싶은 (내가 되길 바라는)	냉정한 (차가운)
최고의	난폭한	짜증을 잘 내는	빈정대기를 잘 하는
성실하고 가족을 사랑하는	사춘기의 (중 2병)	직업 생활로 바쁜	잔소리 잘하는
잔소리 안하는	무엇이든 믿어주는	현명하고 지혜로운	그냥 귀찮고 관심 없는

2 모둠별로 논의해서 아빠, 엄마, 아이들(성별에 맞게) 역할을 정합니다.

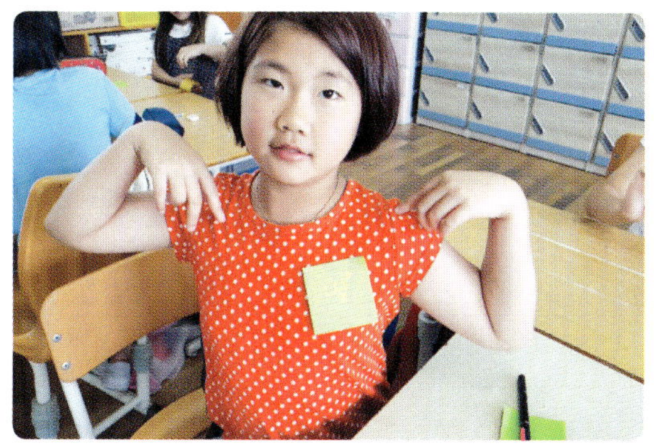

3 이제 반 학생 모두가 성격 카드를 뽑게 합니다.

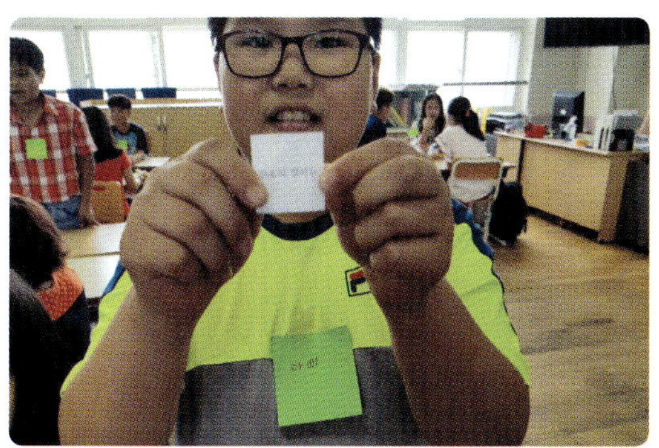

4 모둠별 상황을 제시해 줍니다.

5 상황에 맞게 역할극을 연습합니다.

6 성격 카드에 맞추어 가족 역할극을 진행하고, 행복한 가족을 만들기 위한 자세를 생각해 봅니다.

1 다양한 성격 카드를 만들수록 역할극이 다양해집니다.

2 자신이 뽑은 성격에 맞는 역할극이 될 수 있도록 준비하고 연습하는 시간을 충분히 주세요.

3 역할극을 발표할 때 모두가 집중해서 역할극을 보고, 어떻게 하면 행복한 가족이 될 수 있는지 고민해 보도록 합니다.

활동 모습

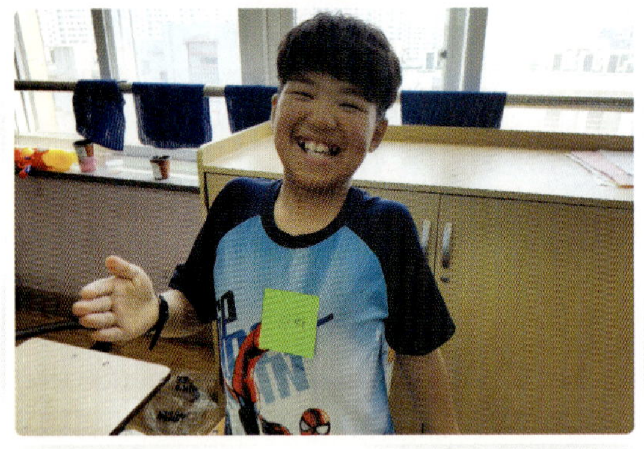

아빠 역할을 맡게 되었어요.

성격 카드를 준비해 주세요.

가족 역할극을 준비하고 있어요.

소품도 잘 활용해서 연극을 해 보아요.

1 출연 인물 교체하기

– 성격 카드에 따라 가족 역할극을 하고 난 뒤 다른 모둠과 구성원을 서로 바꾸어 가족 역할극을 해 보면 또 다른 재미를 느낄 수 있습니다.

2 행복한 가족, 불행한 가족 만들기

– 전체 토의를 진행하여 성격 카드에 따라 행복한 가족 구성원과 불행한 가족 구성원을 만들어서 역할극을 진행해 봅니다.

레시피를 안전하게!

✔ 역할극 준비물을 각 모둠에서 준비하되 위험한 물건을 활용하지 않도록 지도합니다.

✔ 감정에 치우쳐 역할극이 과격해지지 않도록 지도합니다.

레시피 후기

● **선생님**: 일반적인 역할극을 지도했을 때보다 성격과 상황을 제시하여 연기하니 더욱 실감나고 재미있게 활동에 참여하였습니다.

선생님

● **학생 1**: 성격 카드를 뽑았는데 부모님 성격과 비슷해서 그대로 연기를 했어요. 정말 재미있었습니다.

● **학생 2**: 난폭한 성격 연기를 했는데 이렇게 하면 안 되겠다는 것을 느끼게 되었습니다.

학생

우리 가족 문패 만들기

행복한 우리 가족을 문패로 표현하는 활동입니다.
우리 집의 특징을 담은 문패를 만들어 직접 게시하도록 해 보세요.
('관계 형성 능력' 향상을 위한 활동)

준비물 가위, 펠트지, 글루건 등

1 재료를 준비합니다.

2 흰 종이에 먼저 디자인을 어떻게 할지 구상합니다.

3 원하는 색으로 문패의 배경을 정하고 잘라 줍니다.

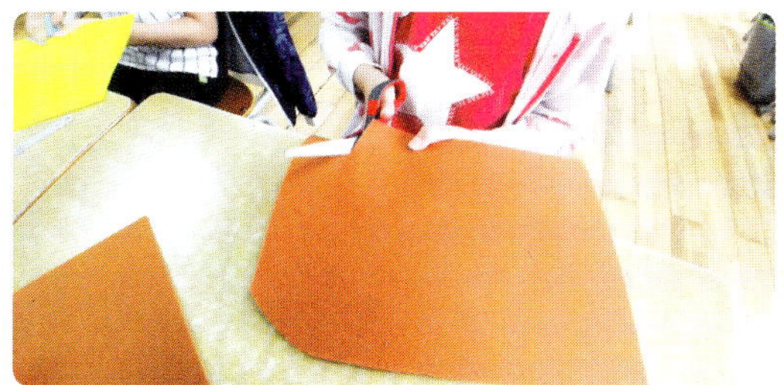

4 장식을 할 펠트지를 잘라 냅니다.

5 화상에 주의하며, 글루건으로 살짝 붙여 줍니다.

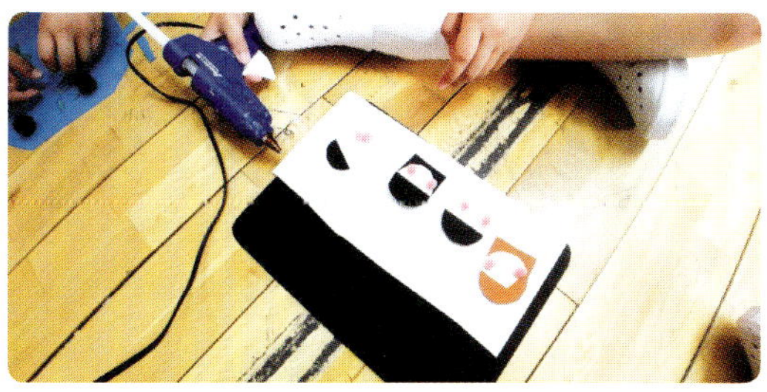

6 글자와 그림을 만들어 완성합니다.

7 문패가 완성되었습니다.

8 집에 직접 문패를 붙여 주세요(집 안쪽).

1 펠트지는 나무에 비해 다양한 글자와 모양을 연출하기 좋은 재료입니다.

2 가족의 성격이나 좋아하는 것, 가족이 하는 일 등이 드러나도록 문패를 만들도록 합니다.

3 문패는 집 안에서 가족만 볼 수 있도록 합니다(보안상의 이유).

4 글루건으로 붙일 때에는 적은 양을 사용해도 됩니다.

활동 모습

원하는 모양으로 잘라요.

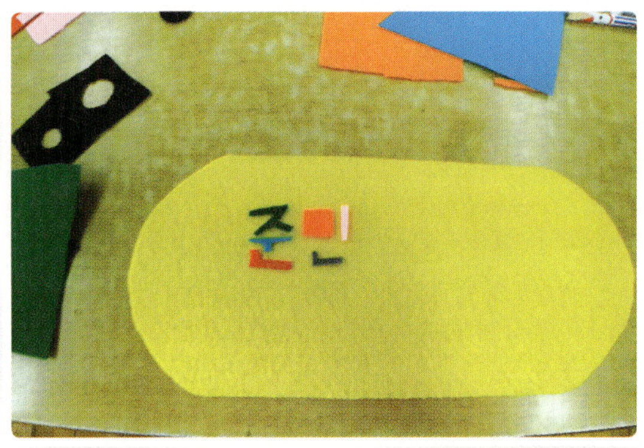

글자를 예쁘게 만들어요.

집에서 부모님께서 저를 너구리라고 불러요.

우리 부모님은 치킨 집을 하십니다.

1 재료 변형하기

– 우드록으로 만들 수 있습니다(단, 자르고 붙이기가 쉽지 않습니다.).

– 아이클레이 같은 찰흙으로도 만들 수 있습니다.

2 우리 집 열쇠고리 만들기

– 우리 가족의 특징을 바탕으로 아이클레이와 같은 찰흙으로 열쇠고리를 만들 수 있습니다.

– 같은 모양의 열쇠고리를 같이 가지고 다니는 것도 의미 있습니다.

레시피를 안전하게!

✔ 칼이나 가위를 사용할 때는 베이지 않도록 주의하세요.

✔ 날카로운 도구를 들고 절대 돌아다니지 않습니다.

✔ 글루건을 사용할 때 화상을 입지 않도록 주의하고, 사용 후에는 반드시 전기 코드를 뺍니다.

✔ 다 만든 문패는 집 안에 전시해 주세요. 가족의 정보를 다른 사람이 알게 되면 위험합니다.

✔ 활동의 기본은 정리입니다. 다 만든 후에는 주변을 깨끗하게 정리합니다.

레시피 후기

• **선생님**: 요즈음은 문패가 거의 없습니다. 안전상의 문제가 있기 때문에 우리 가족끼리만 공유할 수 있는 특별한 문패를 만들어 전시해 봅시다.

선생님

학생

• **학생 1**: 문패를 만들며 우리 가족이 좋아하는 것을 생각해 보니 미안하고 고마운 마음이 들었습니다. 가족에게 더 잘 해야겠습니다.

• **학생 2**: 우리 집은 아파트라서 문패가 따로 없습니다. 우리 집은 치킨 집을 하는데 닭 모양으로 문패를 만들어서 안방에 붙여 놓았더니 부모님께서 매우 좋아하셔서 뿌듯했습니다.

소중한 내 이름, 소중한 가족

내 이름이 어떤 의미를 지니고 있는지 알고 있나요?
부모님께서 내 이름을 처음 부르셨을 때 마음이 어땠을까요?
내 이름에 관해 알아보면서 가족의 소중함을 느껴 보도록 합시다.
('관계 형성 능력' 향상을 위한 활동)

준비물 도화지, 활동지, 색연필, 사인펜, 한자 사전(또는 인터넷) 등

1 부모님과 대화를 통해 내 이름의 의미와 이름을 처음 불렀을 때 부모님의 마음을 알아봅니다(425쪽 활동지 참고).

2 이름의 의미, 이름에 관한 자신의 생각 등을 친구들과 함께 이야기 나눕니다.

3 내가 어른이 되어 자녀가 생긴다면 어떤 이름을 지어 주고 싶은지 생각해 봅니다.

4 이때 한자 사전 등을 활용하여 원하는 뜻이 담긴 한자를 찾아 작명을 합니다.

5 이름을 쓰고 그 안에 자신을 알릴 수 있는 내용과 그림으로 표현합니다.

6 내 이름에 대한 소개 자료를 완성하고 친구들에게 이야기합니다.

1 사전 과제로 자신의 이름에 대해 부모님과 대화를 나눌 시간을 가질 수 있도록 안내합니다.

2 자신의 자녀 이름을 작명할 때, 장난으로 하지 않도록 안내합니다.

3 이름 속에 자신을 알릴 수 있는 다양한 정보를 표현할 수 있도록 지도합니다.

4 모든 활동이 끝나면 집으로 가져가서 자기 소개 자료를 부모님과 함께 볼 수 있도록 안내합니다.

활동 모습

친구야, 네 이름은 무슨 뜻이야?

인터넷 한자 사전으로 예쁜 이름을 지었어요.

제 이름의 의미 들어 보실래요?

짜잔! 제 이름을 소개합니다.

1 레시피 변형하기 1

– 내 이름으로 나를 알리는 3행시 짓기 놀이를 통해 좀 더 즐겁게 수업을 진행할 수 있어요.

2 레시피 변형하기 2

– 내 이름의 의미가 담긴 다섯 고개 퀴즈 맞히기 놀이를 진행할 수 있어요.

레시피를 안전하게!

✔ 이야기나 몸짓으로 표현할 때 넘어지거나 다치지 않도록 유의합니다.

레시피 후기

● **선생님**: 학생 중에는 자신의 이름이 지니는 의미를 모르거나, 이름의 소중함을 느끼지 못하는 경우가 많았습니다. 이번 활동을 통해 자기 이름의 소중함도 느끼고 자신의 이름에 대해 부모님과 대화를 나누며 감사하는 마음을 가지는 뜻깊은 시간이었습니다.

● **학생 1**: 제가 커서 아이를 낳는다면 어떤 이름을 지어 줄까 엄청 고민했어요. 부모님의 마음을 이해할 수 있을 것 같아요.

● **학생 2**: 사실 그동안 제 이름이 좋다고 생각해 본 적이 없었는데, 이제부터 제 이름을 소중하게 여기려고 해요.

2. 음식 및 생활소품 만들기

영양가 높은 음식과 재미있고 유용한
생활 소품을 만들어 봐요!

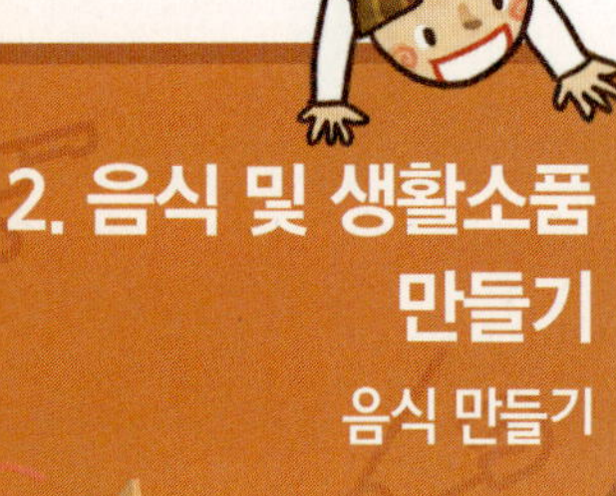

달�걀말이 초밥 만들기

달걀말이를 만들고 밥을 이용하여 초밥을 만드는 활동입니다.
학생들이 좋아하는 초밥으로 즐거운 실과 수업을 만들어 보세요.
('생활 자립 능력' 향상을 위한 활동)

5~6학년　80분　조리실

준비물 밥, 김, 달걀, 설탕, 식초, 소금, 고추냉이, 조리 도구 등

1 재료를 준비합니다.

2 식초, 설탕, 소금을 3:2:1의 비율로 넣고 랩으로 씌워 줍니다(숟가락 기준).

3 전자레인지에 섞은 용액을 30초 정도 데우고 식혀 줍니다.

4 달걀 4개에 설탕1, 소금1(티스푼)을 넣고 잘 섞어 줍니다.

5 팬에 기름을 살짝 발라 주고 약한 불로 달걀말이를 만들어 주세요.

6 밥 2공기를 식힌 초밥물에 섞어 줍니다.

7 밥을 뭉쳐 초밥 모양을 만들어 줍니다.

8 자른 달걀말이를 올리고 고추냉이를 조금 넣고 김으로 감싸면 완성입니다.

1 초밥물을 만들 때, 기호에 맞게 바꿔서 할 수 있습니다.

2 달걀말이를 만들 때 기름을 많이 넣으면 안 됩니다. 종이 포일이나 키친타월로 프라이팬에 기름을 두르고 달걀을 넣어 주세요.

3 한 번에 달걀물을 붓지 말고 세 번에 나누어 부어 주세요.

4 달걀물에 우유를 살짝 넣으면 더 촉촉해집니다.

활동 모습

달걀은 한 쪽 방향으로 섞어 주세요. 쉐킷 쉐킷!

밥 모양을 예쁘게 만들어 보세요.

달걀말이를 자를 때에는 뜨거우니 조심하세요.

맛있게 먹어 볼까요?

이렇게도 할 수 있어요!

1 레시피 변형하기 1

– 달걀말이 초밥이 어려운 경우 햄이나 게맛살을 이용하여 햄초밥이나 게맛살 초밥으로 만들 수 있습니다.

– 고추냉이는 개인 취향입니다.

2 레시피 변형하기 2

– 집에 있는 밑반찬 재료로 '우리 집 반찬 모둠 초밥'으로 만들 수 있습니다.

– 집에서 잘 먹는 어묵, 장조림, 감자조림 등 각종 반찬을 가져와서 초밥으로 만들어 보세요. 색다른 맛이 있습니다.

레시피를 안전하게!

✔ 칼이나 날카로운 조리 도구를 사용할 때에는 더 조심하세요.

✔ 불을 이용할 경우 화상을 입지 않도록 조심하세요.

✔ 달걀말이는 뜨겁습니다. 자를 때 조심하세요.

✔ 조리의 기본은 위생입니다. 청결한 상태로 조리 실습을 해 주세요.

레시피 후기

선생님

● **선생님**: 달걀말이 초밥은 누구나 좋아하는 음식입니다. 달걀말이 만들기만 성공하면 누구나 쉽게 할 수 있는 활동입니다. 볶음밥이나 비빔밥 대신 초밥을 만들어 보세요.

● **학생 1**: 뷔페에서나 먹을 수 있었던 달걀말이 초밥을 직접 만들어 먹은 것이 너무 좋았습니다. 내가 만들어서 그런지 더욱 맛있게 느껴졌습니다.

● **학생 2**: 집에서 초밥을 만들면 항상 유부초밥만 만들었는데 이렇게 색다른 초밥을 만들 수 있어서 신기했습니다.

학생

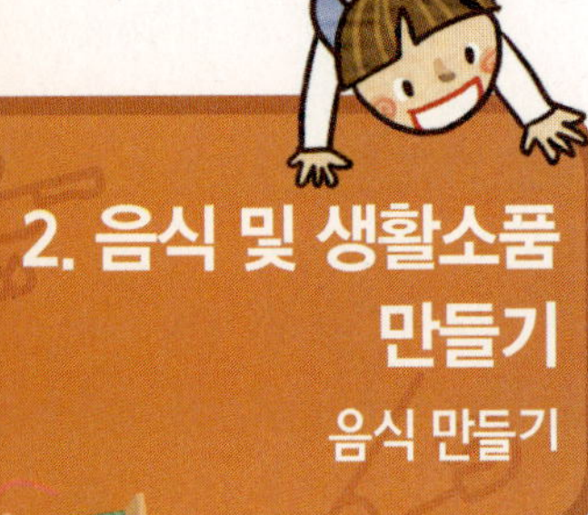

동그랑땡밥 만들기

밥을 동그랑땡 모양으로 간단히 구워서 만드는 활동입니다.
학생들이 좋아하는 동그랑땡으로 즐거운 실과 수업을 만들어 보세요.
('생활 자립 능력' 향상을 위한 활동)

준비물 밥, 야채 다진 것, 튀김가루, 식용유, 달걀, 소금 등

1 재료를 준비합니다.

2 식용유를 붓고 잘게 다진 채소를 약불에서 살짝 볶아 줍니다.

3 야채가 식으면 밥과 골고루 섞어 주고 소금을 한 티스푼 정도 넣습니다.

4 밥을 뭉친 것에 튀김가루를 묻히고 달걀물에 담가 줍니다.

5 팬에 기름을 살짝 발라 주고 중간 불로 노릇하게 구워 줍니다.

6 완성!

1 아이가 평소 싫어하는 채소를 넣어도 좋습니다.

2 밥은 약간 찰진 것이 더 좋습니다.

3 불을 너무 세지 않게 해 주세요. 불이 약해야 골고루 익습니다.

4 동그랑땡 모양을 다양한 모양으로 구성해 보도록 해 주세요.

활동 모습

조심해서 채소를 볶아 주세요. 채소는 부모님이나 선생님께서 잘라 주세요.

밥 모양을 예쁘게 만들어 보세요.

식성에 따라서 마요네즈나 케첩을 활용하세요.

맛있게 먹어 볼까요?

1 레시피 변형하기 1

– 동그랑땡밥을 만들 때 튀김가루 대신 카레가루를 활용하면 카레맛이 나는 동그랑땡밥을 만들 수 있습니다.

2 레시피 변형하기 2

– 편식이 심한 학생의 경우 재료를 섞을 때 더욱 잘게 해서 넣으면 잘 먹습니다.

– 집에서 잘 먹는 참치 통조림과 햄을 넣어서 만들면 색다른 맛이 있습니다.

레시피를 안전하게!

✔ 칼이나 날카로운 조리 도구를 사용할 때에는 더 조심하세요.

✔ 불을 이용할 경우 화상을 입지 않도록 조심하세요.

✔ 동그랑땡을 뒤집거나 접시에 담을 때 데지 않도록 주의하세요.

✔ 조리의 기본은 위생입니다. 청결한 상태로 조리 실습을 해 주세요.

레시피 후기

선생님

- **선생님**: 밥을 이용하며 음식을 변형하는 활동입니다. 채소를 좋아하지 않는 학생도 누구나 좋아하는 음식입니다. 건강도 챙기고 모양도 챙길 수 있는 일석이조 활동입니다.

- **학생 1**: 명절에 먹는 동그랑땡을 참 좋아합니다. 그런데 밥을 이용해서 만드는 것이 신기했습니다. 게다가 맛도 정말 좋아서 놀랐습니다.

- **학생 2**: 친구와 같이 우정을 상징하는 하트로 밥 모양을 만들었습니다. 노릇노릇하게 익어서 먹음직스러웠지만 먹기가 아까웠습니다. 그래도 맛있게 잘 먹었습니다.

학생

2. 음식 및 생활소품 만들기
음식 만들기

스팸 하트 김밥 만들기

학생들이 좋아하는 김밥 만들기 활동입니다.
스팸과 밥만 있어도 멋지고 개성 있는 요리가 탄생합니다.
스팸 하트 김밥으로 즐거운 실과 수업을 만들어 보세요.
('생활 자립 능력' 향상을 위한 활동)

준비물 밥, 김, 스팸, 소금, 참기름, 조리 도구 등

1 재료를 준비합니다.

2 밥 2공기 기준으로 소금을 1스푼 넣어 줍니다.

3 참기름은 크게 2바퀴 정도 둘러 주세요.

4 스팸을 같은 크기로 자른 후 어슷썰기를 해 주세요.

5 어슷썰기한 스팸의 자른 부분을 붙여 하트 모양으로 만들고 김 반 장으로 감싸 줍니다.

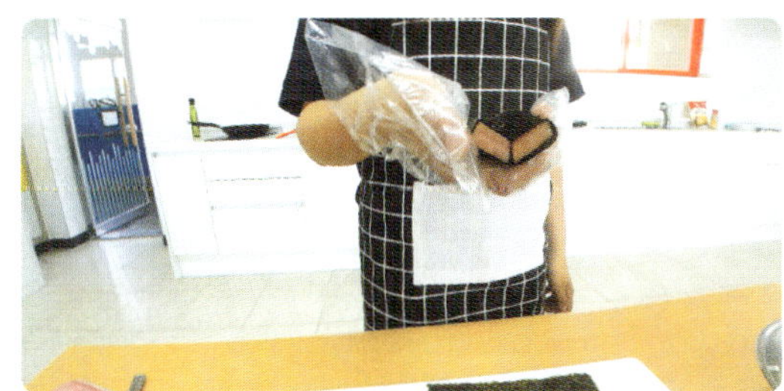

6 '♡' 윗부분에 해당하는 부분을 밥으로 메꿔 줍니다.

7 김에 밥을 잘 펴고 스팸이 있는 김을 올립니다.

8 조심해서 썰어 주면 완성!

1 초밥물을 만들 때, 기호에 맞게 바꿔서 할 수 있습니다.

2 달걀말이를 만들 때 기름을 많이 넣으면 안 됩니다. 종이 포일이나 키친타월로 프라이팬에 기름을 두르고 달걀을 넣어 주세요.

3 한 번에 달걀물을 붓지 말고 세 번에 나누어 부어 주세요.

4 달걀물에 우유를 살짝 넣으면 더 촉촉해집니다.

활동 모습

스팸 하트 윗부분을 밥으로 잘 메꿔 주는 것이 중요합니다.

스팸을 끝 부분에 올리고 양손으로 잘 말아 주세요.

맛있게 먹어 볼까요?

칼을 이용해서 음식을 만들 때 장난치는 것은 금지!

1 레시피 변형하기 1

 – 하트 만들기가 어려운 경우 길게 잘라서 김밥을 말아도 좋습니다. 모양을 예쁘게 하기 위해서 김으로 스팸을 한 번 감싸는 것이 좋습니다.

2 레시피 변형하기 2

 – 스팸 비빔 김밥을 만들 수 있습니다. 소금과 참기름 대신 고추장을 밥에 넣어 미리 비빔밥을 만든 후 김밥을 만들면 근사한 비빔밥 김밥이 완성됩니다.

레시피를 안전하게!

✓ 칼이나 날카로운 조리 도구를 사용할 때에는 더 조심하세요.

✓ 불을 이용할 경우 화상을 입지 않도록 조심하세요.

✓ 구운 스팸을 김으로 감쌀 때 충분히 식은 후 하도록 하세요.

✓ 조리의 기본은 위생입니다. 청결한 상태로 조리 실습을 해 주세요.

레시피 후기

선생님

- **선생님**: '보기 좋은 떡이 먹기도 좋다.'라는 말이 있습니다. 작은 노력으로 확실한 효과를 얻을 수 있는 김밥입니다. 예쁜 모양의 김밥도 만들고 마음도 나눌 수 있는 활동입니다.

- **학생 1**: 처음에 스팸으로 하트를 만든다고 했을 때 가능할까 싶었는데 신기하게 할 수 있었습니다. 좋아하는 친구와 같이 나누어 먹으니 우정이 더욱 커지는 것 같습니다.

- **학생 2**: 스팸 자체가 짭짤해서 다른 재료가 없어도 충분히 맛있었습니다. 집에 가서 가족에게 만들어 주고 싶습니다.

학생

5~6학년 · 80분 · 조리실

밥버거 만들기

햄버거는 누구나 좋아하는 간식입니다.
그렇다면 밥버거는 어떨까요? 김치와 채소로 만드는
건강한 밥버거로 즐거운 실과 수업을 만들어 보세요.
('생활 자립 능력' 향상을 위한 활동)

준비물 밥, 국그릇, 각종 채소, 스팸, 김치, 참치, 상추 등

1 재료를 준비합니다.

2 잘게 다진 채소를 볶아 줍니다. 김치와 참치도 기름을 살짝 넣어 볶아 주세요(따로 담기).

3 프라이팬을 닦고 스팸을 노릇노릇하게 구워 주세요.

4 국그릇에 랩을 씌우고 채소와 밥을 섞은 것을 잘 눌러서 버거 모양으로 두 개 만들어 주세요(국그릇의 $\frac{1}{3}$ 정도).

5 상추 위에 참치와 김치 볶은 것을 올리고 스팸을 올립니다.

6 김을 이용하여 장식하면 완성!

1 버거에 사용하는 밥은 물기가 많은 것이 좋습니다.

2 채소는 잘게 다져서 밥에 섞어 주세요. 당근을 이용하여 예쁜 색을 낼 수 있습니다.

3 김치를 좋아하지 않는 학생도 건강하게 먹을 수 있도록 볶음김치로 만드는 것이 핵심입니다.

4 중간에 달걀프라이를 넣어 주어도 좋습니다.

활동 모습

집에서 사용하는 볶음밥 재료를 가져와도 좋습니다.

국 공기에 밥을 넣고 골고루 잘 눌러 주어야 합니다.

완성되었습니다. 맛을 볼까요?

편식은 안 돼요! 건강한 밥버거를 먹어 봅시다.

1 레시피 변형하기 1

– 밥을 장식할 때 콩으로 해 보세요. 콩밥을 싫어하는 학생들도 즐겁게 식사할 수 있습니다.

– 케첩이나 마요네즈 소스를 밥버거에 넣어서 맛을 풍부하게 할 수 있습니다.

2 레시피 변형하기 2: 참치 밥버거 만들기

– 참치 동그랑땡을 밥버거 크기로 만들어서 넣을 수 있습니다. 참치, 다진 양파, 약간의 전분 가루, 달걀을 섞어서 참치 동그랑땡을 만들고 밥 사이에 넣어 줍니다.

– 기호에 따라 야채를 추가합니다.

레시피를 안전하게!

✔ 칼이나 날카로운 조리 도구를 사용할 때에는 더 조심하세요.

✔ 불을 이용할 경우 화상을 입지 않도록 조심하세요.

✔ 채소를 볶거나 김치와 참치를 볶을 때 기름이 튀지 않도록 조심하세요.

✔ 밥버거의 재료를 올릴 때 너무 뜨거운 상태에서 하지 않도록 하세요.

✔ 조리의 기본은 위생입니다. 청결한 상태로 조리 실습을 해 주세요.

레시피 후기

선생님

• **선생님**: 즉석식품인 햄버거는 맛은 있지만 건강에는 좋지 않습니다. 햄버거의 모양도 살리면서 학생들이 건강하게 먹을 수 있는 밥을 이용한 음식입니다.

• **학생 1**: 나는 햄버거를 좋아하는데 밥버거를 만든다고 해서 조금 걱정했습니다. 그런데 생각보다 정말 맛있었습니다. 고소한 밥과 햄, 참치가 정말 맛있습니다.

• **학생 2**: 직접 음식을 만든 것이 기억에 남습니다. 누구나 쉽게 만들 수 있고 모양도 귀엽게 꾸밀 수 있어서 좋았습니다. 다음에는 더 많은 친구들과 함께 만들어 보고 싶습니다.

학생

2. 음식 및 생활소품 만들기
음식 만들기

감자 피자 만들기

감자를 이용한 피자는 어떠세요?
아이들이 좋아하는 피자를 간단히 만드는 활동입니다.
건강한 피자 만들기로 즐거운 실과 수업을 만들어 보세요.
('생활 자립 능력' 향상을 위한 활동)

준비물 감자, 옥수수 통조림, 케첩, 마요네즈, 소시지, 베이컨, 양파, 양배추, 피자 치즈 등

1 재료를 준비합니다.

2 감자를 씻어 냄비에 넣고 소금과 설탕을 1 티스푼 넣고 20~25분간 삶아 주세요.

3 충분히 식은 감자 껍질을 벗겨 냅니다.

4 넓은 접시에 담아 감자를 으깨 줍니다.

5 케첩을 골고루 펴서 뿌립니다.

6 소시지, 베이컨, 양파, 양배추, 통조림 옥수수를 올려 주세요.

7 피자 치즈를 올려 줍니다.

8 전자레인지에 4분 돌리면 완성!

1 밀가루 반죽 대신 감자 으깬 것을 활용하는 건강한 피자입니다.

2 토핑은 자유롭게 구성할 수 있습니다. 단, 아이들 건강을 고려하여 채소도 충분히 올려 주는 것이 좋습니다.

3 기호에 따라 케첩 외에 칠리 소스를 바르는 것도 맛있습니다.

4 토핑을 구성하고 장식하는 것은 아이들이 원하는 방식으로 맡겨 주세요.

활동 모습

감자를 충분히 식힌 후에 껍질을 제거해 주세요.

피자는 역시 소시지와 베이컨이지!

예쁘게 토핑을 해 줍니다.

치즈가 쭉 늘어나요!

1 레시피 변형하기 1

– 가장 기초적인 식빵 피자 만들기로 할 수 있습니다. 프라이팬에 식빵 및 토핑 재료를 올리고 뚜껑을 덮고 약한 불로 조리해 주세요.

2 레시피 변형하기 2

– 마트에 파는 핫케이크 파우더를 사서 프라이팬으로 만들 수 있습니다. 같은 방식으로 토핑을 올려 줍니다. 단, 불을 약하게 해야 합니다.

– 또띠아를 사서 치즈만 올려서 구운 후 꿀에 찍어 먹으면 고르곤졸라 피자와 비슷합니다.

레시피를 안전하게!

✔ 칼이나 날카로운 조리 도구를 사용할 때에는 더 조심하세요.

✔ 불을 이용할 경우 화상을 입지 않도록 조심하세요.

✔ 전자레인지에서 피자를 익힌 후에는 반드시 장갑을 끼고 꺼내 주세요. 많이 뜨겁습니다.

✔ 조리의 기본은 위생입니다. 청결한 상태로 조리 실습을 해 주세요.

레시피 후기

선생님

• **선생님**: 학생들이 좋아하는 피자를 좀 더 건강하게, 그리고 개성 있게 만들 수 있는 활동입니다. 학생의 기호에 따라 토핑을 구성할 수 있고 모양을 자유롭게 연출할 수 있습니다.

• **학생 1**: 나는 피자 치즈를 정말 좋아합니다. 피자 치즈를 듬뿍 넣고 익히니 좋은 향기가 났습니다. 친구들과 맛있게 나누어 먹었습니다.

학생

• **학생 2**: 식빵으로 만들었을 때는 빵이 타서 못 먹었던 적이 있는데 전자레인지로 만드니까 간편하고 쉽게 만들 수 있었습니다. 또 만들고 싶습니다.

해시 브라운 만들기

영국식 감자전인 해시 브라운을 만드는 활동입니다.
감자를 이용한 요리를 개성 있게 만들어 보세요.
('생활 자립 능력' 향상을 위한 활동)

준비물 감자, 옥수수, 부침가루, 베이컨, 소금 등

1 재료를 준비합니다.

2 감자를 깨끗하게 씻고 소금, 설탕을 1티스푼 넣고 20~25분간 삶아 주세요.

3 충분히 식은 후 껍질을 제거합니다.

4 삶은 감자를 작은 깍둑 썰기로 썰어 주세요.

5 소금과 후추를 적당히 넣어 줍니다.

6 부침가루, 옥수수, 베이컨, 물을 조금 넣고 반죽해 주세요.

7 모양을 내어 중간 불로 노릇하게 구워 줍니다.

8 기호에 따라 소시지 등을 곁들여서 접시에 놓으면 완성!

1 감자를 으깨지 않고 모양이 살도록 썰어 주는 것이 포인트입니다.

2 감자, 부침가루 반죽을 자신이 만들고 싶은 모양대로 만들도록 합니다.

3 해시 브라운 속 재료는 이외에 양파나 버섯, 당근 등을 넣어도 좋습니다.

4 기호에 따라서 소시지, 구운 양파, 빵 등을 곁들여서 먹을 수 있습니다.

활동 모습

조심해서 썰어요.

원하는 모양대로 노릇노릇하게!

소시지도 같이 구워 주세요.

맛있게 먹어 볼까요?

1 레시피 변형하기 1

– 감자를 삶을 시간이 없다면 감자 전분을 사서 감자전으로 할 수 있습니다. 감자전은 소금만 넣고 하는 것이 가장 맛있습니다.

2 레시피 변형하기 2

– 만든 해시 브라운 반죽에 꼬치를 끼워서 튀김으로 할 수 있습니다.

– 햄, 야채, 버섯 등을 함께 끼워서 해시 브라운 튀김으로 만들어 보는 것은 어떨까요?

레시피를 안전하게!

✔ 칼이나 날카로운 조리 도구를 사용할 때에는 더 조심하세요.

✔ 불을 이용할 경우 화상을 입지 않도록 조심하세요.

✔ 기름을 이용해서 굽는 경우 기름이 튀지 않도록 주의하세요. 물이 프라이팬에 들어가지 않도록 주의합니다.

✔ 조리의 기본은 위생입니다. 청결한 상태로 조리 실습을 해 주세요.

레시피 후기

• **선생님**: 감자를 이용한 요리는 대부분 찐 감자나 으깬 감자로 샌드위치를 만드는 것입니다. 조금만 더 변형하여 학생들이 좋아하는 감자 요리를 만들어 보세요.

• **학생 1**: 텔레비전에서 보는 해시 브라운과는 모양이 조금 다르지만 내가 직접 만들어서 그런지 정말 맛있었습니다. 다음에는 양파를 넣어서 만들어 보고 싶습니다.

• **학생 2**: 하트 모양으로 만들고 싶었는데 반죽이 끈끈해서 잘 되지 않았습니다. 다음에는 물 조절에 좀 더 주의하여 내가 원하는 모양대로 만들고 장식을 하고 싶습니다.

달걀빵 만들기

길거리에서 흔히 볼 수 있는 달걀빵을 직접 만드는 활동입니다.
학생들이 좋아하는 달걀빵으로 즐거운 실과 수업을 만들어 보세요.
('생활 자립 능력 향상'을 위한 활동)

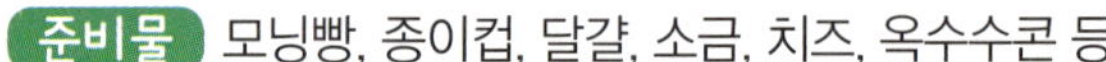

준비물 모닝빵, 종이컵, 달걀, 소금, 치즈, 옥수수콘 등

1 재료를 준비합니다.

2 모닝빵 윗부분과 빵 속을 잘 뜯어 주세요(구멍이 생기지 않도록 하는 것이 중요합니다.).

3 남은 공간에 달걀을 넣고 반드시 노른자를 터뜨려 주세요(전자레인지에서 돌릴 때 터질 수 있습니다.).

4 설탕을 살짝 넣어 주세요(1티스푼).

5 베이컨, 옥수수, 치즈 등을 올려 줍니다.

6 전자레인지에 넣고 2분 돌리면 완성!

1. 너무 작은 모닝빵으로는 하기가 어렵습니다. 그 경우 빵을 뜯어서 종이컵에 넣어 할 수 있습니다.

2. 달걀을 넣은 후 반드시 노른자를 터뜨려 주세요. 전자레인지에 돌리면 터질 수 있습니다. 달걀물로 만들어서 넣어도 좋습니다.

3. 2개를 동시에 전자레인지에 넣을 경우 2분~2분 30초 정도 돌려야 합니다(1개는 1분 30초).

4. 기호에 따라서 피자 치즈를 넣는 것도 좋습니다.

활동 모습

실패한 빵은 뜯어서 종이컵으로 넣어 주세요.

빵을 조심해서 뜯어 주세요.

전자레인지를 사용할 때 조심하세요.

맛있게 먹어 볼까요?

1 레시피 변형하기 1_ 대왕 달걀빵 만들기

– 모둠별 활동으로 큰 빵을 준비해서 달걀을 여러 개 넣어서 만들 수 있습니다. 이 때에는 달걀을 풀어서 하는 것이 좋습니다.

2 레시피 변형하기 2

– 큰 종이컵을 준비하여 단팥빵을 뜯어서 넣어 보세요. 설탕을 넣지 않고 달걀만 풀어서 넣고 전자레인지에 돌리면 달콤하고 맛있는 달걀 팥빵을 만들 수 있습니다.

– 우유와 같이 먹습니다.

레시피를 안전하게!

✓ 칼이나 날카로운 조리 도구를 사용할 때에는 더 조심하세요.

✓ 불을 이용할 경우 화상을 입지 않도록 조심하세요.

✓ 달걀말이는 뜨겁습니다. 자를 때 조심하세요.

✓ 달걀은 넣고 나서 반드시 노른자를 터뜨려 주세요. 폭발 위험이 있습니다.

✓ 조리의 기본은 위생입니다. 청결한 상태로 조리 실습을 해 주세요.

레시피 후기

선생님

• **선생님**: 길거리 간식인 달걀빵을 직접 만드는 활동입니다. 달걀과 빵만 있으면 누구나 쉽게 만들 수 있는 활동입니다. 학급 파티 전에 만들어 보세요.

• **학생 1**: 길거리에 파는 달걀빵을 좋아하는데 내가 만든 것이 더 맛있습니다. 집에 가 보니 빵이 있어서 어머니께 만들어 드렸습니다. 참 좋아하셨습니다.

학생

• **학생 2**: 피자를 듬뿍 넣어 전자레인지에서 돌렸더니 피자 달걀빵이 완성되었습니다. 다른 재료를 넣어서 창의적으로 만들어 보고 싶습니다.

5~6학년 | 80분 | 조리실

달걀말이 김밥 만들기

달걀말이를 만들고 밥을 이용하여 초밥을 만드는 활동입니다.
학생들이 좋아하는 초밥으로 즐거운 실과 수업을 만들어 보세요.
('생활 자립 능력' 향상을 위한 활동)

준비물 밥, 김, 달걀 4개, 각종 채소 다진 것 등

1 재료를 준비합니다. 밥에 참기름과 소금 1티스푼(2공기 기준)을 넣습니다.

2 그릇에 달걀을 4개 담고 소금을 1티스푼 넣습니다.

3 노른자를 깨고 한 방향으로 섞어 주세요.

4 다진 채소를 넣어 줍니다(당근, 양파 등).

5 팬에 기름을 살짝 두르고 약한 불로 달걀말이를 만들어 주세요.

6 뒤집개와 숟가락을 이용하면 쉽게 말 수 있습니다.

7 밥을 잘 펴놓고 달걀말이를 올려 주세요.

8 잘 잘라서 예쁘게 담으면 끝!

1 색다른 재료를 좋아하지 않는 학생을 위한 김밥입니다.

2 단무지가 없어서 약간 싱겁거나 느끼할 수 있을 때는 김치 달걀말이로 만드는 것도 좋습니다. 또는 밥을 고추장 볶음밥으로 해 주세요.

3 한 번에 달걀물을 붓지 말고 세 번에 나누어 부어 주세요.

4 달걀물에 우유를 살짝 넣으면 더 촉촉해집니다.

활동 모습

달걀물은 한 번에 붓지 말고 세 번에 나누어 부어요.

밥을 골고루 잘 펴 주세요.

달걀을 감쌀 때는 뜨거우니 조심하세요.

간격에 맞추어 예쁘게 자르면 끝!

이렇게도 할 수 있어요!

1 레시피 변형하기 1: 스팸 달걀말이 김밥

- 달걀말이를 만들 때 스팸을 길게 잘라서 넣어 보세요. 짭짤한 스팸과 어우러져 김밥이 더욱 맛있습니다.
- 다른 재료를 넣어도 좋습니다.

2 레시피 변형하기 2: 달걀말이 김밥 2

- 김밥을 만듭니다(기존 방식대로).
- 달걀물을 풀어 프라이팬에 붓고 나서 김밥을 올려 줍니다.
- 김밥과 함께 달걀말이를 말아 주세요.
- 달걀말이 김밥을 완성합니다.

레시피를 안전하게!

✔ 칼이나 날카로운 조리 도구를 사용할 때에는 더 조심하세요.

✔ 불을 이용할 경우 화상을 입지 않도록 조심하세요.

✔ 달걀말이는 뜨겁습니다. 자를 때 조심하세요.

✔ 조리의 기본은 위생입니다. 청결한 상태로 조리 실습해 주세요.

레시피 후기

- **선생님**: 매일 먹는 김밥이 아니라 간단하지만 특별하게 먹을 수 있는 김밥입니다. 가족끼리 나들이 갈 때 먹을 영양 만점 김밥을 학생들과 함께 만들어 보세요.
- **학생 1**: 평소에 달걀말이를 좋아하는 나에게는 정말 좋은 김밥입니다. 따로 반찬을 먹을 필요없이 한 번에 먹을 수 있어서 좋습니다.
- **학생 2**: 달걀말이에 명란을 넣으면 명란 달걀말이가 됩니다. 이 김밥을 케첩에 찍어 먹어도 맛있습니다.

치킨 샐러드 라면 만들기

맛과 건강을 모두 생각해 만들 수 있는 간단한 음식 만들기 활동입니다.
기본적인 음식 만들기의 방법을 배우고 직접 만들어 보도록 합시다.
('생활 자립 능력' 향상을 위한 활동)

준비물 샐러드 라면, 치킨 너깃, 채소, 냄비, 그릇, 젓가락 등

1 재료를 준비합니다. 아래 재료 외의 채소는 기호에 따라 준비합니다.

2 치킨 너깃을 굽기 위해 달구어진 프라이팬에 기름을 살짝 둘러 줍니다.

3 앞뒤로 노릇노릇하게 치킨 너깃을 구워 줍니다.

4 치킨 너깃을 다 구웠으면 물을 끓이고 라면을 넣어 줍니다.

5 다 끓인 라면에서 물을 버려야겠지요! 라면이 버려지지 않게 조심!

6 익은 라면에 소스를 넣어 섞도록 합니다.

7 라면을 덜어 줄 그릇에 야채를 놓아 예쁘게 장식을 해 줍니다.

8 치킨 너깃을 올려 주면 치킨 샐러드 라면 완성!

1 면은 불을 수 있으니, 모든 준비를 완료하고 마지막에 면을 끓이는 것이 좋습니다.

2 한 번에 너무 많은 양의 면을 끓이면 학생들이 물을 부어 내기도 힘들 뿐만 아니라, 면이 불어 맛이 없어질 수 있으니 주의하세요.

3 채소는 학생이 원하는 것들로 준비해서 함께 먹으면 좋습니다.

활동 모습

노릇노릇 타지 않게 잘 뒤집어 주며 구워요!

한 방울도 남기지 않고 소스 붓기!

요리의 핵심은 데커레이션! 예쁘게 담아 보아요.

내가 만든 샐러드 라면! 맛있게 먹어요.

1 레시피 변형하기 1

– '치킨 샐러드 라면'이 아닌 '불고기 샐러드 라면'처럼 다른 토핑을 올릴 수 있습니다.

– 치킨 너깃이 아닌 치킨 텐더 또는 불고기 등 토핑을 다양하게 올리면 여러 가지 샐러드 라면이 탄생합니다. 기호에 맞는 음식을 준비하여 토핑을 올리면 맛도 더욱 좋아집니다.

2 레시피 변형하기 2

– 드레싱을 직접 만들어 다양한 맛의 샐러드 라면을 만들 수도 있습니다.

– 난이도가 조금 올라가긴 하겠지만 다양한 드레싱을 이용한다면 다양한 맛의 샐러드 라면을 만들 수 있습니다. 고추장 소스, 오리엔탈 소스 등 여러 가지 소스를 이용해 보면 더욱 새로운 요리 레시피로 만들 수 있습니다.

레시피를 안전하게!

✔ 불을 이용할 때에는 더욱 주의를 기울여야 합니다.

✔ 기름이 튀지 않도록 조심하세요.

✔ 물을 덜어 낼 때 뜨거운 물 또는 냄비에 데지 않게 조심해야 합니다.

레시피 후기

선생님: 불을 이용한 가장 쉬운 조리 방법 중 하나인 라면 끓이기를 바탕으로 색다른 음식 만들기를 구상하였습니다. 색다른 음식이기 때문에 학생들의 관심도 높았고, 야채와 함께하는 음식이어서 영양에도 신경을 쓸 수 있었습니다. 불 사용에 주의하면 알찬 활동이 될 것입니다.

학생 1: 교실에서 친구들과 함께 해 먹는 음식은 정말 맛있습니다. 이번에 만든 치킨 샐러드 라면은 만들기 어렵지도 않았고, 만들고 나니 맛도 있어 정말 즐거웠습니다.

학생 2: 라면 끓이기는 자주 해 봐서 쉬웠는데, 이렇게 라면을 끓여 샐러드를 만들어서 좋았습니다. 처음에는 샐러드라고 해서 맛이 없을까 봐 걱정했는데, 치킨 너깃이 들어 있어 맛있게 먹을 수 있었습니다.

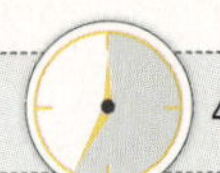

2. 음식 및 생활소품 만들기
음식 만들기

한 그릇 음식
할리갈리 게임

할리갈리 게임 방법을 응용하여 한 그릇 음식 재료 및 방법을 배우는 활동입니다. 학생들이 좋아하는 할리갈리 게임을 통하여 즐거운 실과 수업을 만들어 보세요. ('생활 자립 능력' 향상을 위한 활동)

준비물 음식 재료 카드, 빈 카드, 사인펜, 종 등

1 한 모둠을 4명으로 하여 한 그릇 음식의 재료와 만드는 방법에 대해서 이야기합니다.

2 24장의 카드를 6장씩 나누어 가집니다(더 많은 카드로 해도 됩니다.).

3 할리갈리 게임 방법처럼 자신의 카드를 책상 위에 한 장씩 냅니다.

4 책상 위에 놓인 카드들 중에서 한 그릇 음식 재료가 있다면 종을 칩니다.

5 종을 친 학생은 한 그릇 음식 재료 카드를 가져와서 만드는 방법을 설명합니다(김치볶음밥).

6 게임을 하다가 부족한 재료가 있다면 빈 카드에 쓰도록 합니다.

7 모둠원이 쓴 카드를 추가하여 할리갈리 게임을 합니다.

8 가장 많은 카드를 가진 사람이 승리합니다.

1 음식 카드는 전 차시에 음식 재료 그림으로 수업을 한 후 그 그림을 활용해서 할리갈리 게임을 해요.

2 종을 치고 한 그릇 음식의 재료 카드를 가져와서 만드는 방법을 설명할 때 순서대로 설명할 수 있도록 해요.

3 기존에 생각한 한 그릇 음식은 아니지만 학생들이 창의적으로 생각한 요리가 있다면 설명을 들어 보고 영양과 맛이 있을 것 같다면 맞다고 인정해 주세요.

4 음식 카드 수가 많을수록 재미있고 활발한 게임이 될 수 있어요.

활동 모습

게임 전에 음식 재료 카드를 보면서 한 그릇 음식을 생각해 봐요(김치볶음밥, 주먹밥, 비빔밥, 김밥 등).

책상 위에 놓인 음식 재료 카드를 보면서 한 그릇 음식 재료를 재빨리 찾아요.

부족한 음식 재료는 학생들이 채워 넣어요.

카드를 보면서 한 그릇 음식 요리 순서와 방법을 말해 보아요.

1 레시피 변형하기 1

– 그림 카드가 아니라 학생이 빈 카드에 직접 적은 카드를 이용하여 할리갈리 게임을 할 수 있습니다.

2 레시피 변형하기 2

– 할리갈리 게임 중 새로운 음식을 개발하였다면 다음 조리 시간에 그 음식을 만들어 보고 맛과 영양을 평가하는 활동을 할 수 있습니다.

레시피를 안전하게!

안전한 활동을 위한 안내 지침 제시

✔ 할리갈리 게임 도중 지나치게 경쟁하지 않도록 주의하세요.

✔ 친구가 음식 순서와 방법을 설명할 때 방해하지 않아요.

✔ 학생이 직접 카드를 만들 때 가위로 장난치지 않도록 주의하세요.

레시피 후기

- **선생님**: 한 그릇 음식 만들기 실습 수업 전에 학생들이 간단한 게임으로 요리 순서를 즐겁게 이해하고 익힐 수 있도록 하였습니다.

선생님

- **학생 1**: 할리갈리 게임을 하니 한 그릇 음식 만드는 순서를 재미있게 이해할 수 있었어요.
- **학생 2**: 한 그릇 음식 재료를 게임을 통해 쉽게 알 수 있어요.

학생

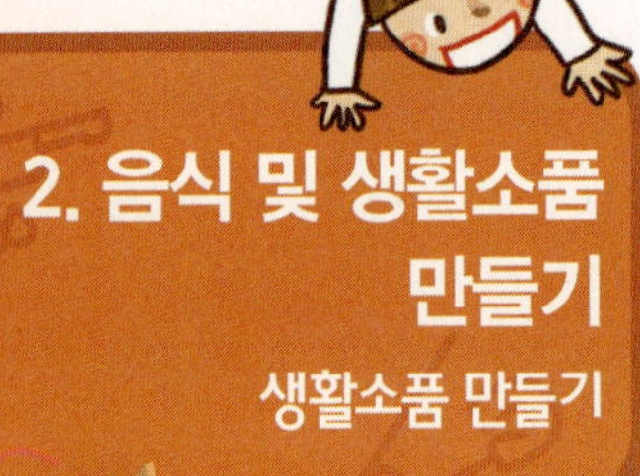

펠트지 안내판 만들기

펠트지로 홈질을 활용하여 다양한 안내판을 만드는 활동입니다.
개성 있는 나만의 생활소품을 만들며 바느질 능력을 향상시켜 보아요.
('생활 자립 능력' 향상을 위한 활동)

준비물 펠트지, 가위, 종이, 펜, 실, 바늘, 쪽가위, 핀, 줄, 글루건 등

1 재료를 준비합니다.

2 미리 준비한 글자 도안을 잘라 펠트지에 본을 뜹니다.

3 본뜬 펠트지를 잘라냅니다.

4 글자의 바탕이 되는 펠트지에 본뜬 글자 및 무늬를 배치하고, 핀으로 고정합니다.

5 홈질로 글자 및 무늬를 바느질합니다.

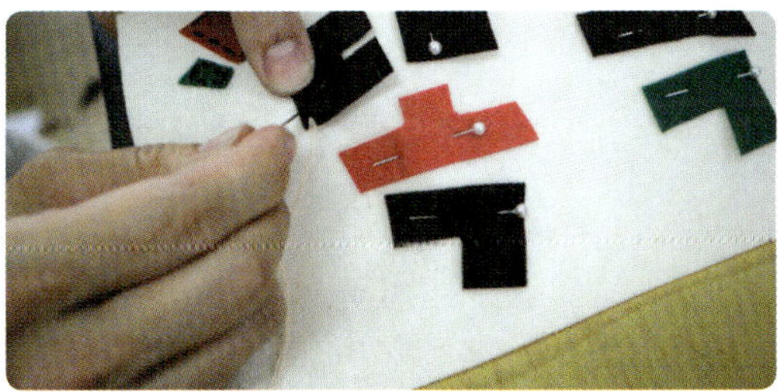

6 완성된 안내판을 배경 펠트지에 글루건으로 붙입니다.

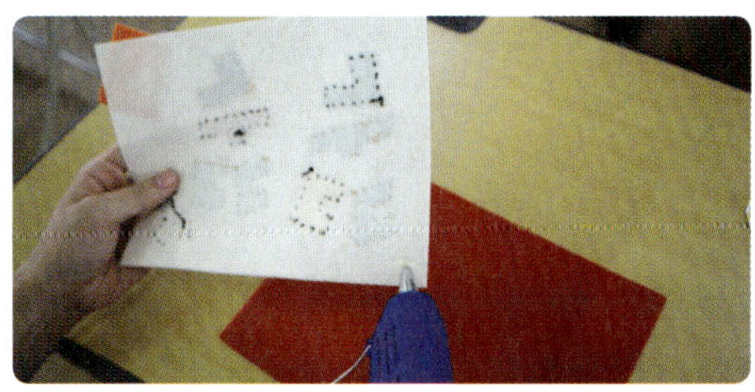

7 뒷면에 안내판을 걸 수 있도록 끈을 붙입니다.

8 펠트지 안내판 완성!

1. 안내판의 종류는 매우 다양하므로, 각자 필요한 안내판을 정하여 개성 있는 모양으로 도안을 그릴 수 있도록 안내합니다.
2. 홈질을 위해 바늘에 실을 꿸 때, 실을 두 겹으로 겹쳐 꿰거나 두꺼운 실을 사용하면 바느질 모양을 선명하게 나타낼 수 있습니다.
3. 글자를 펠트지로 만들 때는 바느질을 편하게 할 수 있도록 글자의 두께를 두껍게 하여 잘라내도록 합니다.
4. 배치한 글자가 움직이지 않도록 핀으로 고정한 뒤 바느질하도록 합니다.

활동 모습

어떤 안내판을 만들지 구상하여 도안을 그려요.

화장실 안내판 완성!

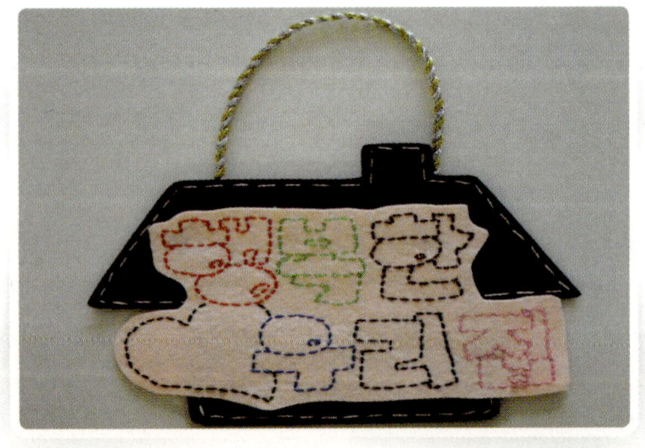

펠트지 바탕에 홈질로만 글자를 바느질하여 안내판을 만들 수도 있어요.

1 레시피 변형하기 1

– 글자를 펠트지로 오리지 않고 펠트지 바탕에 홈질로만 글자를 바느질하여 안내판을 만들 수 있습니다.

2 레시피 변형하기 2

– 펠트지 대신 부직포를 사용하여 만드는 것도 가능합니다.

3 레시피 변형하기 3

– 안내판 뒷면에 줄을 달지 않고, 흡착판을 글루건으로 부착하면 고리가 없어도 안내판을 걸 수 있습니다.

레시피를 안전하게!

✔ 바늘에 손이 찔리지 않도록 조심하세요. 필요에 따라 골무를 끼고 바느질을 하면 좀 더 안전하게 바느질을 할 수 있어요.

✔ 바느질 용구를 사용한 뒤, 반드시 정리정돈해 주세요. 특히, 바늘이 얇고 크기가 작아 잃어버리기 쉬워요.

✔ 글루건을 사용할 때, 뜨거운 부분에 손이 데지 않도록 조심하세요.

레시피 후기

● **선생님**: 본 레시피는 생활 소품인 안내판을 만들며 바느질의 기초인 홈질의 기능을 향상시킬 수 있는 활동입니다. 안내판의 종류와 내용은 개인의 필요와 취향에 따라 다양할 수 있으므로 본 활동에 제시된 예시를 참고하여 각자 개성 있는 안내판을 만들어 보면 좋습니다.

선생님

● **학생 1**: 방문 앞에 내 방이라는 표시를 하고 싶어서 안내판을 구상해서 만들었는데 알록달록 예쁘게 만들어 기분이 좋아요.

● **학생 2**: 처음에는 바느질이 어색하고 힘들었는데, 안내판을 만들어 보니 홈질이 좀 익숙해진 것 같아요.

학생

토끼 양말 인형 만들기

양말로 귀여운 토끼 인형을 만드는 활동입니다.
양말의 다양한 무늬를 활용하여 개성 있는 토끼 인형을 만들어 보세요.
('생활 자립 능력' 향상을 위한 활동)

준비물 양말 2개, 솜, 가위, 바늘, 실, 쪽가위, 볼펜, 검정 펠트지, 목공풀 등

1 재료를 준비합니다.

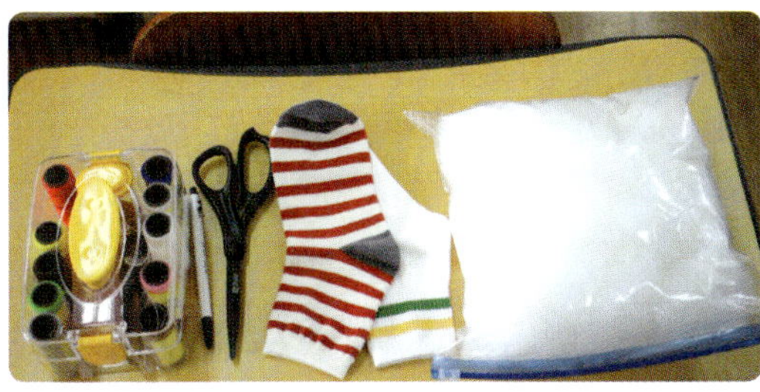

2 머리 부분 양말을 뒤집어 토끼 머리를 그려 줍니다.

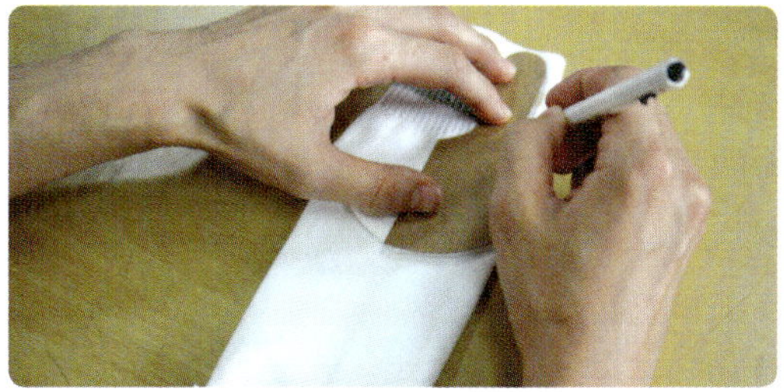

3 몸통 부분 양말을 뒤집어 다리 부분을 그려 줍니다.

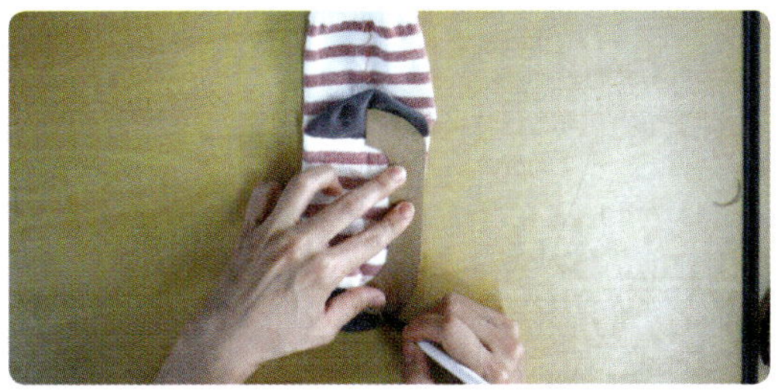

4 그린 선을 따라 머리와 몸통 부분을 박음질 합니다.

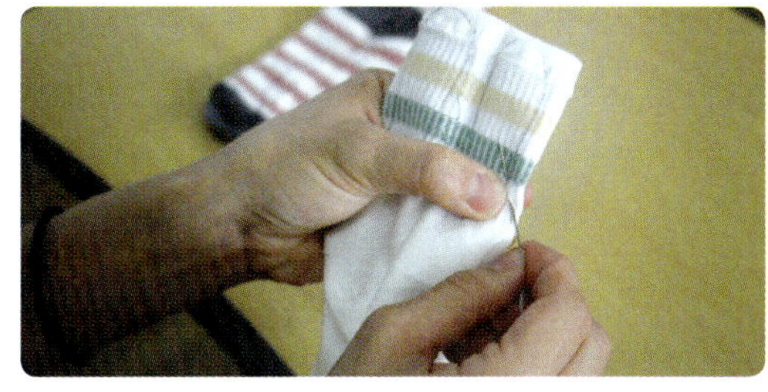

5 박음질 선에서 5mm 정도 남기고 잘라내고, 머리 부분은 머리 아래쪽으로 4cm 정도 남기고 잘라낸 뒤, 머리와 몸통 모두 뒤집습니다.

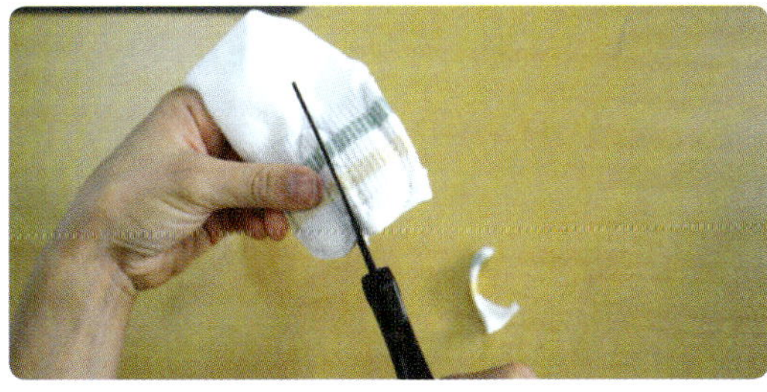

6 양말에 솜을 빵빵하게 채워 주고, 남은 양말 부분을 작게 원 모양으로 박음질하여 뒤집은 뒤 솜을 넣어 꼬리를 만듭니다.

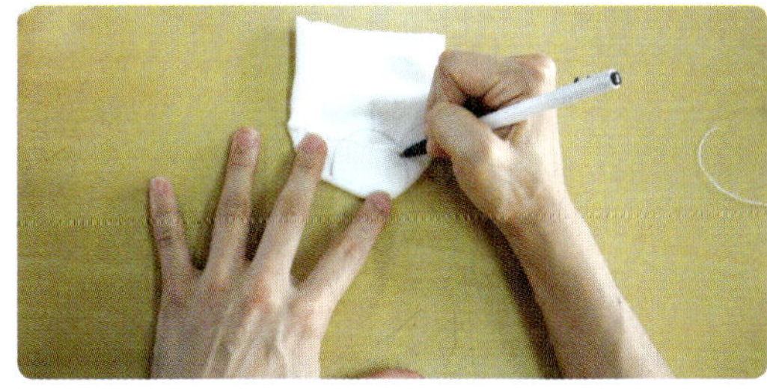

7 6의 몸과 머리 부분을 홈질로 잡아당겨 가며 구멍을 좁혀 막아 줍니다.

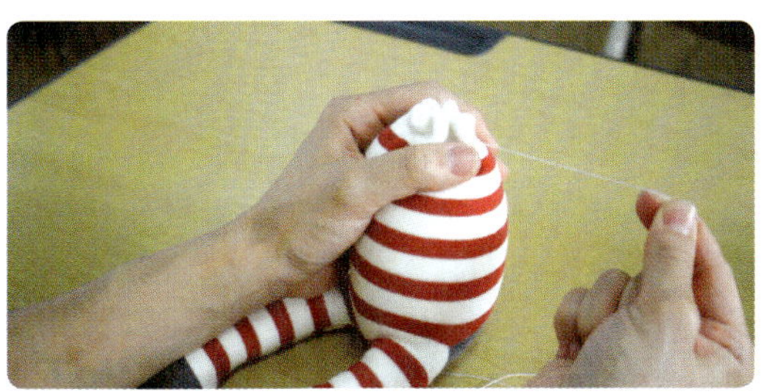

8 몸통과 머리, 꼬리를 공그르기 바느질 방법을 이용하여 연결합니다.

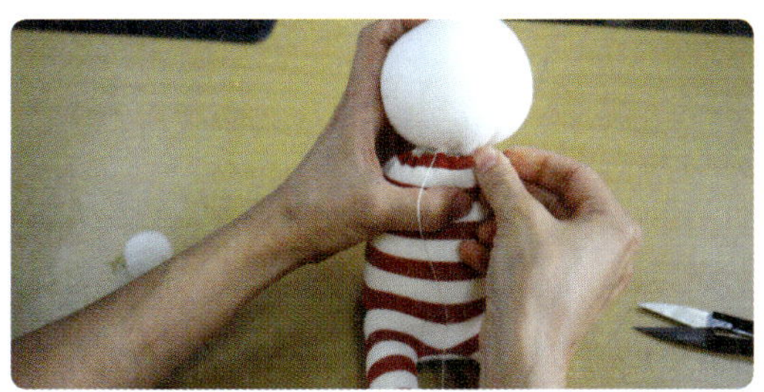

9 몸통에 팔 위치를 선으로 그어 홈질로 박아 줍니다.

10 펠트지로 눈, 코를 만들어 얼굴에 붙여 완성합니다.

레시피 Key Point

1 머리와 몸통이 될 부분을 고려하여 서로 다른 무늬와 색의 양말 2개를 한 쪽씩 준비하도록 합니다.

2 신던 양말을 사용하는 경우에는 미리 깨끗하게 세탁하고 말려 둡니다.

3 머리와 몸통 부분 도안을 미리 준비하여 활용하면 여러 번 활용할 수 있고, 그리기에 편리합니다.

4 홈질, 박음질, 공그르기 바느질을 모두 활용해야 하므로 미리 방법을 알고 익혀 두면 도움이 됩니다.

5 솜을 채울 때는 한 쪽으로 뭉치지 않도록 고르게 펴서 빵빵하게 넣어 줍니다.

6 바늘에 실을 꿸 때, 매듭이 너무 작으면 천을 빠져나가기도 하므로 여러 번 매듭을 지어 굵게 만듭니다.

7 얼굴 표정을 만들 때는 원하는 모양으로 눈, 코 등을 만들어 붙이도록 합니다.

활동 모습

박음질한 몸통과 머리 부분을 뒤집어요.

꼬리 부분에 솜 넣기!

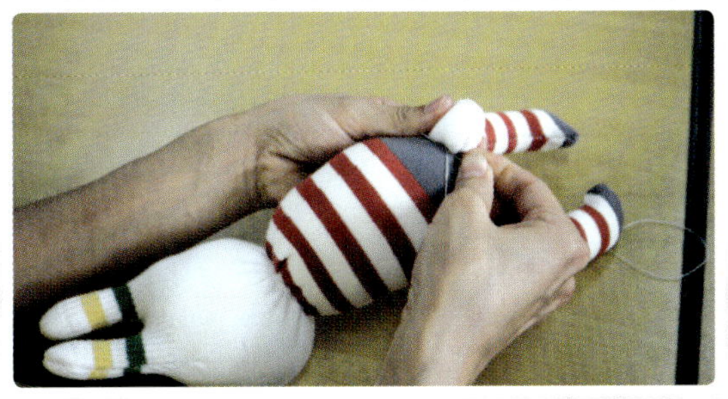

꼬리를 연결해 봅시다.

팔을 어디에 만들까요?

이렇게도 할 수 있어요!

1 레시피 변형하기 1

- 얼굴의 모양, 크기, 다리의 길이 등을 원하는 만큼 조절하여 인형 형태를 조절할 수 있습니다.
- 팔을 꼬리 부분처럼 따로 만들어 양쪽에 붙일 수 있습니다.

2 레시피 변형하기 2

- 눈, 코 등을 단추나 바느질을 이용하여 만들 수도 있습니다.
- 인형의 몸에 스카프, 안경 등 다양한 소품을 추가할 수 있습니다.

레시피를 안전하게!

✔ 바늘에 손이 찔리지 않도록 조심하세요. 필요에 따라 골무를 끼고 바느질을 하면 좀 더 안전하게 바느질할 수 있어요.

✔ 바느질 용구를 사용한 뒤, 반드시 정리정돈해 주세요. 특히, 바늘은 얇고 크기가 작아 잃어버리기 쉬워요.

레시피 후기

선생님

● **선생님**: 양말 인형을 학생 스스로 만들어 봄으로써 재미있고 새로운 경험이 될 것입니다. 양말 인형은 만드는 방법 및 종류에 따라 매우 다양하므로 본 레시피 활동 방법을 바탕으로 응용해 보면 좋습니다.

● **학생 1**: 판매하는 양말 인형을 본 적이 있는데 직접 만들어 비슷한 모양이 나오는 것을 확인하니 재미있었어요.

● **학생 2**: 바느질 방법이 쉽지 않아 만드는 데 힘들었지만 완성하니 뿌듯했어요.

학생

2. 음식 및 생활소품 만들기
생활소품 만들기

펠트지 티매트 만들기

버튼홀 스티치 바느질 방법을 활용하여 펠트지로 티매트를 만드는
활동입니다. 직접 만든 티매트를 생활 속에서 활용해 보세요.
('생활 자립 능력' 향상을 위한 활동)

준비물 펠트지, 가위, 종이, 펜, 실, 바늘, 핀 등

1 재료를 준비합니다.

2 가로, 세로 10 cm 정도의 정사각형 모양을 펠트지 2장에 본뜨고 잘라냅니다.

3 티매트 안에 들어갈 모양을 종이에 그린 뒤 펠트지에 본뜨고 잘라냅니다.

4 **2**에서 자른 펠트지 중 윗면 펠트지에 **3**의 모양을 홈질로 바느질합니다.

5 바늘에 실을 꿰어 매듭을 지은 뒤 펠트지 사이에서 뒤쪽 펠트지 방향으로 바늘을 넣습니다.

6 펠트지 앞장 바깥에서 안쪽 사이로 바늘을 통과시키고 실을 당겨 줍니다.

7 펠트지 2장을 완전히 겹쳐 5 mm 정도 오른쪽으로 이동하여 바늘이 사진과 같이 실 위쪽으로 오게 하여 통과시킵니다.

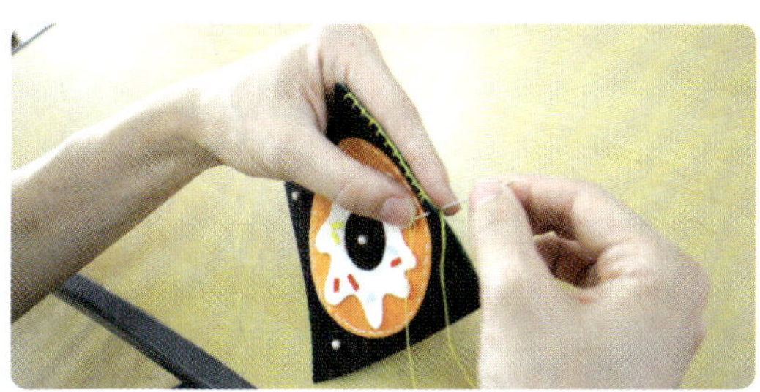

8 모든 둘레를 **6**과 같은 방법으로 바느질합니다. 마지막으로 옆 실에 걸어 매듭을 지어 마무리합니다.

1 일반적인 컵이나 잔의 바닥 크기를 고려하여 컵을 올려놓았을 때 크거나 작지 않은 적당한 크기로 전체 티매트의 틀을 잡습니다.

2 티매트 무늬를 접착제로 붙이지 않고 홈질을 활용하여 바느질하면 바느질 기능을 향상시키는 데 도움을 줍니다.

3 펠트지를 두 장 겹쳐 바느질할 때에는 버튼홀 스티치라는 바느질 방법을 활용해야 테두리를 예쁘게 바느질할 수 있습니다. 버튼홀 스티치 시작하기, 이어하기, 마무리하기 등의 방법을 미리 연습해 보면 좋습니다.

4 펠트지 색을 고려하여 어울리는 실의 색을 골라 바느질합니다.

활동 모습

어떤 모양으로 만들까요? 원하는 모양을 그려요.

꼼꼼하게 마무리하기!

차를 마실 때 티매트를 사용해요.

다양한 작품을 살펴봅시다.

1 레시피 변형하기 1

– 티매트의 모양을 정사각형 모양 외에 원 모양, 구름, 하트 모양 등 다양하게 변형하여 만들 수 있습니다.

2 레시피 변형하기 2

– 펠트지를 두꺼운 것을 사용하여 두툼하고 폭신한 느낌으로 티매트를 만들 수 있습니다.

레시피를 안전하게!

✔ 바늘에 손이 찔리지 않도록 조심하세요. 필요에 따라 골무를 끼고 바느질을 하면 좀 더 안전하게 바느질을 할 수 있어요.

✔ 바느질 용구를 사용한 뒤, 반드시 정리정돈을 해 주세요. 특히, 바늘은 얇고 크기가 작아 잃어버리기 쉬워요.

레시피 후기

● **선생님**: 본 레시피는 버튼홀 스티치 방법으로 티매트를 만드는 활동입니다. 버튼홀 스티치는 방법을 말로 설명하기 어려우므로 과정을 직접 보여 주며 지도하는 것이 좋습니다. 펠트지와 실의 색을 조화롭게 선택하면 특별한 무늬가 없어도 예쁜 티매트를 만들 수 있습니다.

● **학생 1**: 바깥 테두리 바느질 방법이 어려워서 실을 여러 번 뜯어내느라 힘들었어요. 더 열심히 연습해야 할 것 같아요.

● **학생 2**: 직접 만든 티매트를 집에서 사용하면 좋을 것 같아요. 다른 모양으로 여러 개 더 만들고 싶어요.

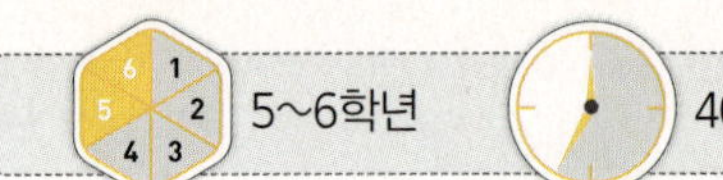  

코바늘로
리본 머리핀 만들기

코바늘을 활용하여 리본 액세서리를 만드는 활동입니다.
비교적 간단한 코바느질로 예쁜 리본을 만들어 보아요.
('생활 자립 능력' 향상을 위한 활동)

준비물 실, 코바늘, 장식 없는 머리핀, 돗바늘, 쪽가위, 글루건 등

1 재료를 준비합니다.

2 코바늘로 첫 매듭을 지은 뒤, 10개의 사슬을 만듭니다.

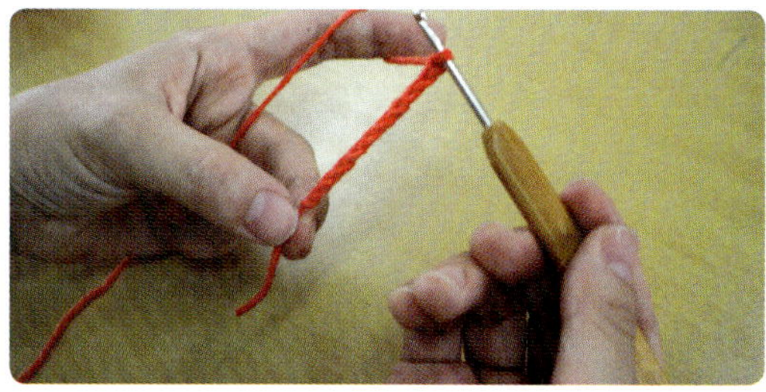

3 기둥사슬 1개를 세운 뒤, 돌려서 짧은뜨기 방법으로 바느질을 합니다.

4 3과 같은 방법으로 짧은뜨기를 15번 반복합니다.

5 마지막에 기둥사슬을 1개 세우고, 긴 부분에 짧은뜨기 15개를 해 줍니다.

6 코너를 돌아 짧은뜨기 1개 후, 같은 곳에서 짧은뜨기 1개, 합쳐서 10개를 하고, 같은 방법으로 사방 짧은뜨기를 합니다.

7 마지막에 빼뜨기 후, 실을 어느 정도 남기고 자르고 실을 쭉 당겨 뺍니다.

8 남은 실을 돗바늘에 끼운 뒤, 안 보이는 매듭 속에 넣어 빼 주고 남은 실을 모두 자릅니다.

레시피 Key Point

1 코바늘은 실의 두께에 따라 바늘의 굵기가 달라집니다. 본 활동에서는 일반적으로 많이 사용하는 코바늘 5호와 5호용 실을 사용한 것입니다. 실에 따라 사용 가능한 코바늘 호수가 표시되어 있으니 구입할 때 참고하도록 합니다.

2 코바늘 바느질 방법 중 가장 기본적인 사슬뜨기, 짧은뜨기만으로 만들 수 있는 비교적 쉬운 방법이므로 짧은뜨기 연습을 충분히 하도록 합니다.

3 마지막 테두리에 짧은뜨기로 마무리하는 작업에서는 코너를 돌 때 6번 과정과 같이 같은 자리에서 한 번 더 짧은뜨기를 해 주어야 편물이 오그라들지 않습니다.

4 본 활동에서 만든 리본 크기는 가로 7cm, 세로 4cm 정도입니다.

5 리본 가운데를 묶을 때 사용할 실은 완성된 편물과 어울리는 색을 선택합니다.

활동 모습

같은 두께로 지그재그 접기

리본 머리핀 완성!

코바느질에 집중!

머리에 리본을 꽂아 보아요.

이렇게도  할 수 있어요!

1 레시피 변형하기 1

– 편물의 마지막 테두리에 짧은뜨기를 할 때 가운데 묶을 실과 같은 색의 실을 사용하면 다른 느낌의 리본을 만들 수 있습니다.

2 레시피 변형하기 2

– 본 활동의 리본 크기를 참고하여 사슬과 짧은뜨기 개수를 달리하면 원하는 크기의 리본을 만들 수 있습니다.

– 똑딱 핀 외에 고무줄이나 머리띠에 리본을 붙여 다양한 종류의 액세서리를 만들 수 있습니다.

레시피를  안전하게!

✔ 글루건을 사용할 때, 뜨거운 부분에 손을 데지 않도록 조심하세요.

레시피 후기

선생님

선생님: 코바느질은 초등학생이 능숙하게 수행하기 쉽지 않은 바느질 방법입니다. 따라서 만들기 어려운 것은 지양하고 최대한 기본적인 방법을 활용하여 쉽게 생활 소품을 만들 수 있는 것에 중점을 두었습니다.

학생 1: 리본 모양으로 코바늘뜨기를 하는 줄 알았는데 직사각형 모양으로 하고 접어서 만드는 방법이라 쉬웠던 것 같아요.

학생 2: 코바늘을 처음 잡아 봐서 손이 어색했고, 자꾸 실이 풀려서 힘들었지만 여러 번 해 보니 익숙해졌어요.

학생

고장 난 우산으로 장바구니 만들기

고장 난 우산을 활용하여 장바구니를 만드는 활동입니다.
자원을 재활용하여 생활 소품을 만듦으로써 환경도 보호할 수 있습니다.
('생활 자립 능력' 향상을 위한 활동)

5~6학년　160분　교실

준비물 우산, 쪽가위, 실, 바늘, 자, 볼펜, 핀, 가위 등

1 재료를 준비합니다(고장 난 우산을 미리 분리하여 준비).

2 우산 헝겊을 뒤집어 반으로 접은 뒤, 같은 길이만큼 양쪽 날개 부분을 잘라냅니다.

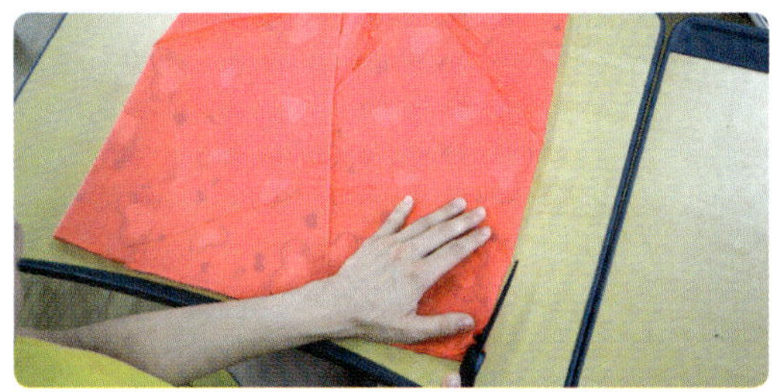

3 남은 부분에 원하는 장바구니 크기의 직사각형 모양을 그려 줍니다.

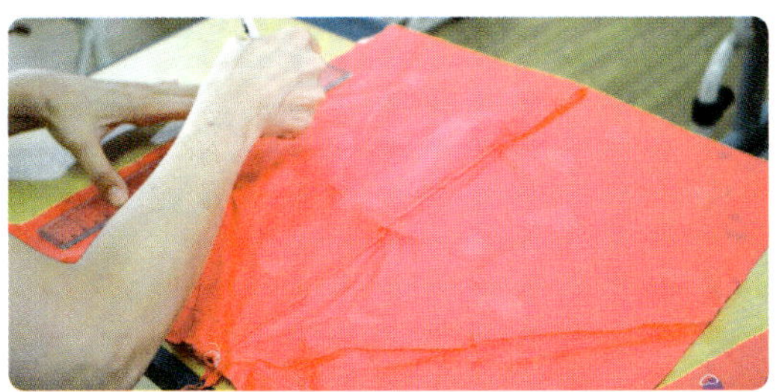

4 천이 움직이지 않도록 핀을 꽂은 뒤, 그린 선으로부터 1cm 정도 남기고 잘라냅니다.

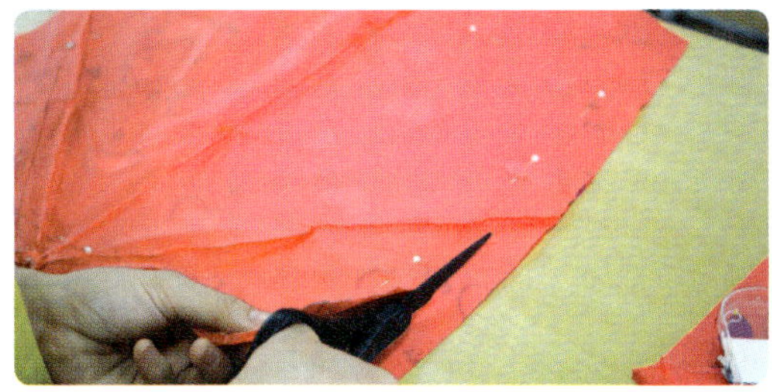

5 박음질로 입구 부분을 제외한 나머지 3면은 선을 따라 바느질하고, 입구 부분은 천을 안쪽으로 접어 박음질합니다.

6 2에서 잘라낸 날개 두 개를 길게 말아 긴 직사각형 모양으로 만들어 핀으로 고정합니다.

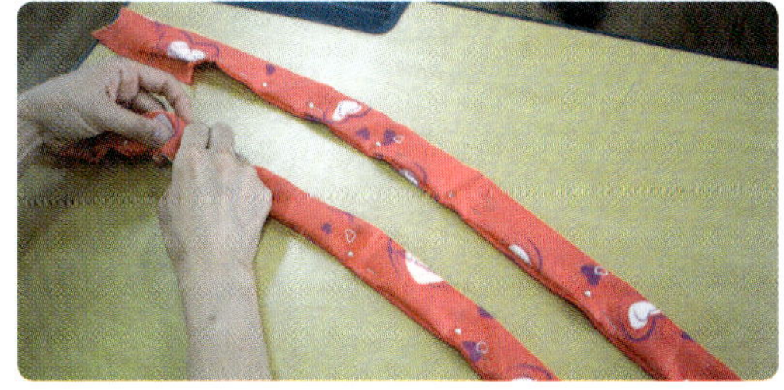

7 6의 둘레를 홈질로 바느질하여 같은 길이로 손잡이를 만듭니다.

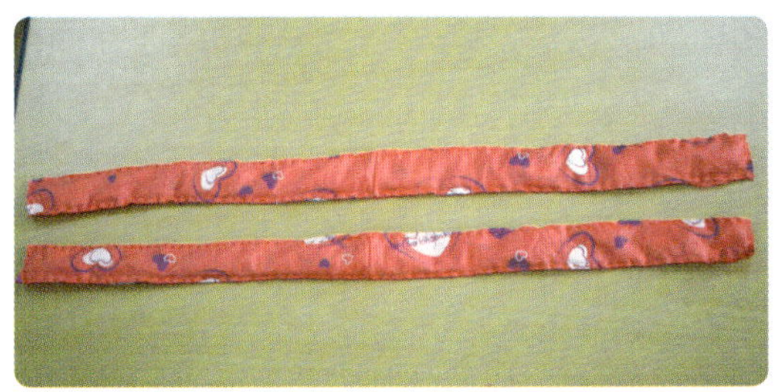

8 7의 손잡이를 5의 윗부분에 안쪽으로 바느질하여 장바구니를 완성합니다.

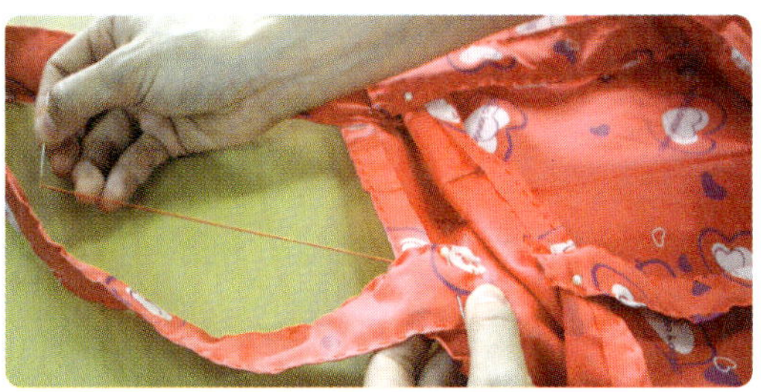

1 고장 난 우산에서 헝겊을 분리할 때에는 쪽가위를 사용하여 천에 구멍이 나지 않도록 주의합니다.

2 우산이 지저분한 경우에는 천 부분만 세탁하여 말린 뒤 사용하도록 합니다.

3 우산이 완벽하게 편평한 모양이 아니므로 약간 들뜰 수 있습니다.

4 우산의 전체적인 색과 어울리는 색의 실을 사용하도록 합니다.

5 손잡이를 달 때에는 쉽게 떨어지지 않도록 사각형 모양으로 여러 번 바느질합니다.

활동 모습

고장 난 우산에서 헝겊을 분리해요.

우산을 접는 똑딱이 부분을 잘라서 붙여도 돼요.

장바구니를 말아서 깔끔하게 보관해요.

완성된 장바구니에 물건을 넣어 보아요.

이렇게도 할 수 있어요!

1 레시피 변형하기 1

– 우산을 접을 때 고정하는 똑딱이 부분을 잘라내어 장바구니에 붙이면 장바구니를 접을 때 편리합니다.

2 레시피 변형하기 2

– 장바구니를 만들고 남은 천을 장바구니의 안쪽이나 바깥쪽에 붙여 간단한 수납공간을 만들 수도 있습니다.

레시피를 안전하게!

안전한 활동을 위한 안내 지침 제시

✔ 고장 난 우산을 분리할 때 우산살에 눈이 찔리거나 다치지 않도록 조심하세요.

✔ 바늘에 손이 찔리지 않도록 조심하세요. 필요에 따라 골무를 끼고 바느질을 하면 좀 더 안전하게 바느질을 할 수 있어요.

✔ 바느질 용구를 사용한 뒤, 반드시 정리정돈을 해 주세요. 특히, 바늘은 얇고 크기가 작아 잃어버리기 쉬워요.

레시피 후기

• **선생님**: 고장 난 우산으로 생활에 필요한 장바구니를 만드는 업사이클링(재활용품에 디자인 등의 가치를 더해 새로운 제품으로 생산하는 것) 활동 중 하나입니다. 바느질로 생활 소품을 만드는 것뿐 아니라 환경을 생각한 재활용품을 만드는 데도 의미 있는 활동입니다.

• **학생 1**: 만드는 데 생각보다 시간이 오래 걸려서 힘들었는데, 고장 난 우산을 멋진 장바구니로 만들어 뿌듯했어요.

• **학생 2**: 제가 직접 만든 장바구니를 어머니께 선물로 드리고 싶어요.

2. 음식 및 생활소품 만들기
생활소품 만들기

카네이션 브로치 만들기

바느질의 기본인 홈질을 이용한 특별한 선물 만들기 활동입니다.
어버이날을 기념하기 위해 직접 만든 브로치를 선물해 봅시다.
('생활 자립 능력' 향상을 위한 활동)

준비물 폭 2.5cm 리본 끈, 실, 바늘, 원형 브로치 핀, 글루건 등

1 리본 끈을 20 cm, 70 cm로 재단한 뒤, 재료를 준비합니다.

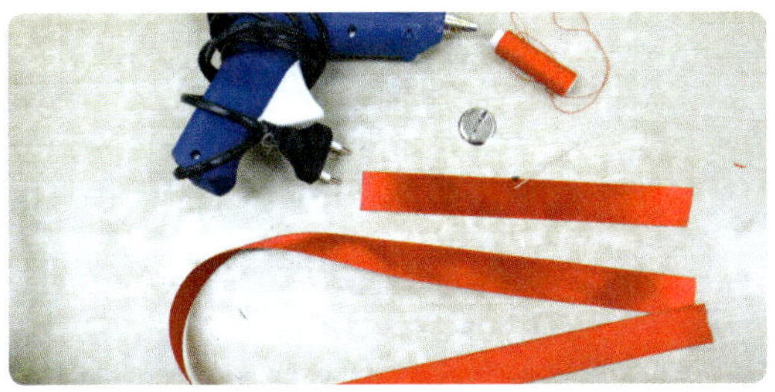

2 리본 끈 한쪽을 삼각형으로 접은 뒤 한쪽 모서리를 따라 홈질을 시작합니다.

3 한쪽 모서리를 따라 홈질해 나갑니다. 반대쪽 끝에도 삼각형 모양으로 접고 홈질을 합니다.

4 끝까지 바느질을 했다면, 시작했던 곳에 이어서 바느질을 하여 쭉 당겨 줍니다(원형으로 만들도록 합니다.).

5 20 cm, 70 cm 두 리본 끈 모두 이렇게 동그랗게 만들었다면 성공!

6 작은 리본 끈을 큰 리본 끈의 사이에 넣어 하나로 만들어 줍니다.

7 두 개를 만든 뒤, 바느질한 쪽을 잘 모아 글루건을 쏴 주도록 합니다.

8 원형 브로치 핀을 글루건에 같이 붙여 주면 완성입니다.

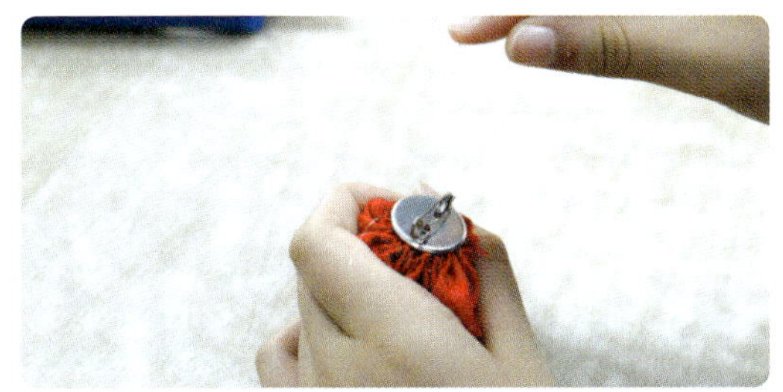

1 리본 끈의 시작 지점과 끝 지점은 세모로 접고 홈질해야 깔끔하게 만들어집니다.

2 실이 엉키지 않도록 홈질을 하는 것이 좋습니다.

3 리본 끈의 한쪽 끝 부분에 바느질을 해 주어야 합니다. 리본 끈의 중간에 바느질을 하게 될 경우 납작한 카네이션이 될 수 있습니다.

4 만드는 중간마다 끈을 쭉 잡아당겨야 예쁜 브로치가 만들어집니다.

5 바느질을 한 리본 끈을 핀에 붙이기 전 두 리본 끈을 잘 겹쳐 글루건으로 고정하는 것이 좋습니다.

활동 모습

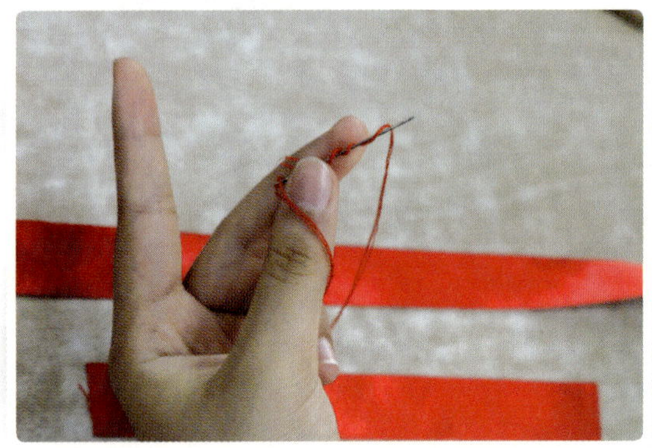

매듭짓기! 바늘에 실을 감아 매듭을 만들어요.

쭉쭉 당겨 줘야 동그란 카네이션이 만들어지겠죠? 실이 끊어지지 않게 조심조심!

바느질을 할 때에는 집중해서 한땀 한땀! 장인 정신 발휘!

부모님께 달아 드릴 카네이션! 제가 만든 카네이션 예쁘죠?

1 레시피 변형하기 1

- 직접 만든 리본 끈 카네이션으로 볼펜을 만들 수도 있습니다.

- 볼펜을 리본 끈으로 한 번 감싸 준 후, 볼펜의 꼭대기에 직접 만든 카네이션을 달면 카네이션 볼펜이 됩니다. 예쁜 카네이션 볼펜을 만들어 선물하는 것도 좋아요.

2 레시피 변형하기 2

- 만든 카네이션 브로치에 초록색 잎을 달아 주면 더욱 예쁩니다.

- 초록 리본 끈을 이용해 자유롭게 본인의 잎을 만들어 주세요. 가위로 오려서 만들어도 되고, 바느질을 이용해서 만들어도 됩니다. 더욱 포인트 있는 카네이션을 만들 수 있답니다.

안전한 활동을 위한 안내 지침 제시

✔ 손에 바늘을 들고 있을 때에는 아주 조심해서 행동해야 합니다.

✔ 바느질을 할 때는 손가락에 찔리지 않도록 조심하도록 해요.

✔ 글루건은 굉장히 뜨겁습니다. 원형 브로치 핀을 붙일 때, 데지 않도록 조심하도록 해요.

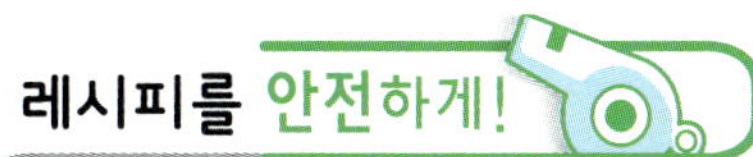

● **선생님**: 교과서에 나오는 바느질을 활용해 볼 수 있는 방법을 찾아보다 만들게 된 카네이션 브로치입니다. 바느질에 익숙하지 않은 아이들이 가장 처음 배우는 매듭짓기와 홈질을 활용해서 카네이션이라는 결과물을 만들어 낼 수 있습니다.

● **학생 1**: 매번 종이접기나 오리기를 통해서 카네이션을 만들었는데, 이번에는 바느질을 이용해 만들어서 색다른 기분이었습니다. 홈질을 하는 것이 처음에는 어려웠지만 반복하다 보니 생각보다 어렵지 않았습니다.

● **학생 2**: 바느질을 잘하지 못하는데, 홈질을 하는 것은 괜찮았습니다. 멋진 카네이션을 직접 만들어서 뿌듯했습니다. 부모님께 선물해 드리면 기뻐하실 것 같아 기분이 좋았습니다.

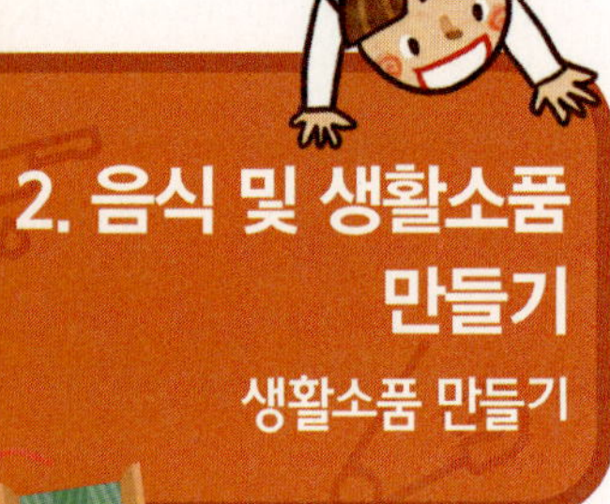

펠트 천연 가습기 만들기

바느질 중 감침질을 이용한 생활소품 만들기 활동입니다. 직접 만든
가습기로 건조한 공기를 해결해 보는 즐거움을 느껴 봅시다.
('생활 자립 능력' 향상을 위한 활동)

준비물 펠트지, 도안, 바늘, 실, 가위, 일회용 컵 등

1 재료를 준비합니다.

2 원하는 모양으로 도안을 그린 뒤, 가위로 잘라 줍니다.

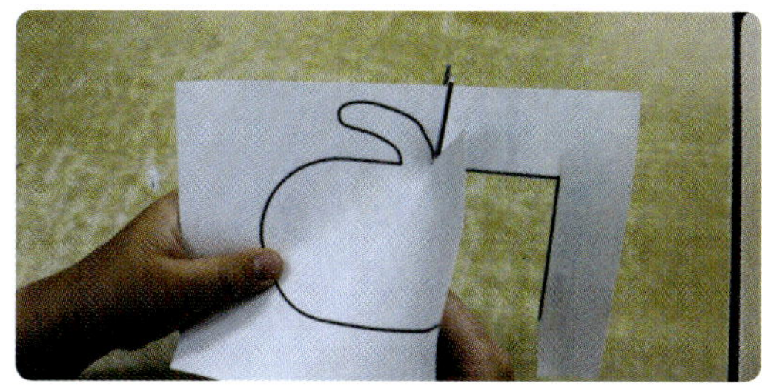

3 오린 도안을 펠트지에 대고 그립니다(6~8개를 그립니다.).

4 펠트지 위에 그린 도안을 가위로 모두 잘라 줍니다.

5 펠트지를 반으로 접은 뒤 사진처럼 양쪽 같은 개수로 포개어 잡아 줍니다.

6 겹쳐 잡은 펠트의 위, 아래를 번호대로 바늘을 넣어 엮어 줍니다.

7 겹쳐 잡아 준 두 펠트지를 끝에서부터 감침질하며 올라갑니다.

8 일회용 컵에 물을 담은 뒤, 감침질이 끝난 펠트 가습기를 담가 주면 끝!

1 펠트지 도안은 자유롭게 만들어도 된답니다. 본인의 컵 크기에 맞는 폭, 길이를 재서 만들면 더 좋아요. 하지만 폭이 컵의 폭보다 작을 경우 가습기가 빠질 수 있으므로 주의하세요.

2 도안을 그릴 때는 능력에 따라 6개 또는 8개를 선택해서 그려 주세요.

3 반드시 위쪽과 아래쪽은 대각선으로 바느질을 해서 엮어야 펠트지들이 분산되지 않아 감침질을 할 때 편하답니다.

4 감침질을 할 때에는 실을 두 겹으로 겹쳐 한다면 더 튼튼한 결과물을 만들 수 있습니다.

5 일회용 컵을 재활용하여 사용하면 더 좋습니다.

활동 모습

도안을 열심히 그려 보아요!

그린 도안은 조심조심 잘라 주어야겠죠!

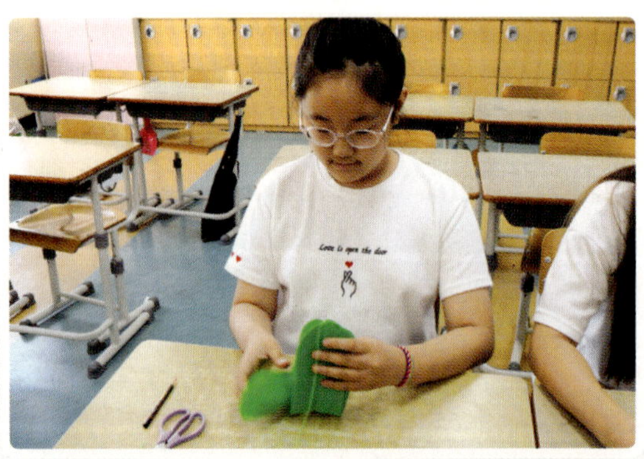

도안대로 오린 뒤, 반반 접은 펠트지 연결하기! 여기가 제일 어려워요.

이제 감침질 시작! 열심히 집중해야 해요.

1 레시피 변형하기 1

– 컵에 맞은 폭과 높이를 이용한다면 다양한 도안으로 나만의 펠트 가습기를 만들 수 있습니다.

– 선인장 모양, 나무 모양, 다양한 캐릭터 모양으로 가습기를 만들어 보세요.

2 레시피 변형하기 2

– 보색 대비와 같은 미술적 특징을 활용하여 다양한 색의 조합을 이용할 수 있습니다.

– 여러 색의 펠트지와 실을 이용하여 가습기를 만든 뒤, 본인의 가습기를 꾸며 주면 훨씬 더 멋진 작품을 만들 수 있습니다.

레시피를 안전하게!

✔ 펠트지를 오릴 때 가위 사용에 주의를 해 주세요.

✔ 바느질을 하다가 바늘에 손이 찔릴 수 있으니 조심해서 바느질을 합니다.

✔ 바늘을 너무 길게 잡으면 위험할 수 있으니 적당히 짧게 잡도록 합니다.

● **선생님**: 실과 시간에 배우는 바느질을 이용해 학생들이 직접 활용할 수 있는 물건을 만들어 보도록 했습니다. 본인이 디자인한 천연 가습기를 만들면서 학생들의 활동 만족도가 높아져 좋았습니다.

● **학생 1**: 감침질이 어렵지 않다는 것을 알게 되었습니다. 제가 직접 원하는 모양으로 펠트지를 잘라 바느질을 해서 가습기를 만들어서 뿌듯했습니다. 바느질을 이용해 다른 물건도 만들어 보고 싶다는 생각도 들었습니다.

● **학생 2**: 여러 색의 펠트지로 만드니까 더욱 예쁜 가습기가 만들어진 것 같습니다. 감침질을 반복해 보니 그다지 어렵지 않아 바느질에 자신감이 생겼습니다. 직접 만든 가습기로 건조한 공기를 촉촉하게 바꿀 생각을 하니 정말 기분이 좋습니다.

파라코드 팔찌 만들기

낙하산 끈인 파라코드를 이용한 소품 만들기 활동입니다.
생존을 위한 매듭 만들기를 알아보고, 이를 이용해 팔찌를 만들어 봅시다.
('생활 자립 능력' 향상을 위한 활동)

준비물 3mm 로프 끈, 플라스틱 버클, 라이터, 가위 등

1 다양한 3 mm의 로프 끈 중 원하는 디자인과 색상을 고릅니다.

2 끈을 선택했으면 나머지 준비물을 모두 준비합니다.

3 끈의 반을 접어 한쪽 고리에 연결을 하고, 팔목의 길이에 맞추어 나머지 고리에도 엮어 줍니다.

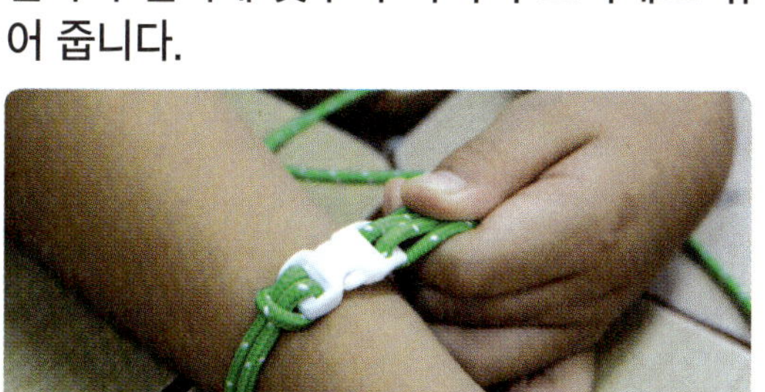

4 팔목 길이에 맞추어 버클을 분리한 뒤, 매듭짓기를 시작합니다.

5 원하는 방향부터 한쪽 끝으로 숫자 4의 모양을 만들고, 반대쪽 끈을 위 화살표 방향대로 엮어 주도록 합니다. 오른쪽, 왼쪽을 번갈아 가며 반복합니다.

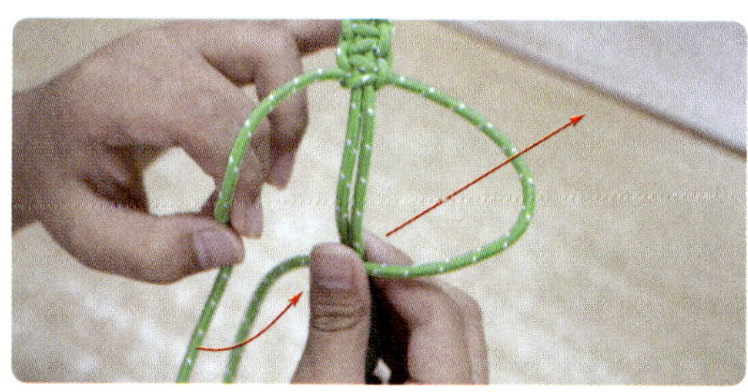

6 계속 반복하며 내려오다가 반대쪽 버클까지 오도록 매듭을 지어 줍니다.

7 남은 끈은 가위로 자르고, 자른 부분은 라이터로 정리를 해 주면 끝!

1 로프 끈은 3mm 굵기가 좋습니다. 학생의 손 힘이 세지 않기 때문에 3mm보다 굵은 끈으로 할 경우 팔찌가 너무 두꺼워질 수 있습니다.

2 팔목의 두께를 가늠할 때, 매듭을 짓고 다시 한번 길이를 확인해 보는 것이 좋습니다.

3 같은 매듭을 끝까지 반복하는 것이므로 처음 매듭 짓는 방법을 제대로 파악하면 끝까지 쉽게 만들 수 있습니다.

4 매듭을 만들 때는 반드시 꼭꼭 잡아당겨야 꼼꼼하고 예쁜 매듭이 만들 수 있습니다.

활동 모습

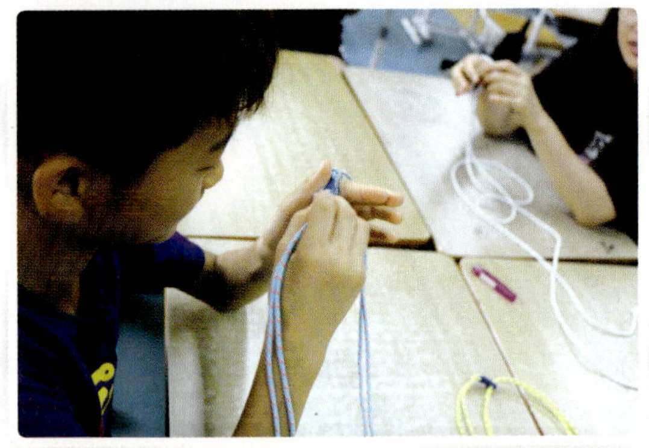

버클의 구멍에 끈을 넣기 도전!

하나하나 매듭짓기 어렵지 않아요!

친구들과 수다 삼매경, 함께 만드는 즐거움!

우리가 만든 파라코드 팔찌 합체!

1 레시피 변형하기 1

- 3mm 로프 끈 말고도 1mm, 2mm 등 다양한 로프 끈을 활용해 볼 수 있습니다.
- 3mm로 만들고 나면 다른 여러 가지 색, 끈을 활용하여 나만의 팔찌를 만들어 보세요.

2 레시피 변형하기 2

- 플라스틱 버클 대신 레고, 원형 버클 등 다른 버클을 사용한다면 독특한 팔찌를 만들어 낼 수 있습니다.
- 마무리로 팔찌의 중앙에 우리만의 펜던트를 달아 준다면, 소속감이 올라가는 우리 반 팔찌도 만들 수 있답니다.

레시피를 안전하게!

안전한 활동을 위한 안내 지침 제시

✓ 끈을 너무 세게 당기면 손에 물집이 잡힐 수도 있으니 적당한 세기로 잡아당길 수 있도록 합니다.

✓ 가위로 끈을 자를 때는 다치지 않게 조심하세요.

✓ 라이터로 마무리를 짓는 것은 선생님이 해 주시는 것이 좋습니다.

레시피 후기

선생님: 파라코드 팔찌는 원래 패션이 아닌 생존을 위한 매듭법을 활용한 도구입니다. 급할 때는 끈을 풀어 생존을 목적으로 사용한다고 합니다. 이런 매듭의 의미를 알고 학생들과 파라코드 매듭 법을 배운다면 조금 더 의미가 있는 활동이 될 것이라고 생각합니다.

학생 1: 제가 이렇게 예쁜 팔찌를 직접 만들다니 정말 신기합니다. 끈 종류도 다양해서 제가 선택해서 만들 수 있는 장점이 있어 더욱 좋았습니다.

학생 2: 처음에는 매듭짓기 하는 것이 쉽지 않았는데, 계속 같은 매듭을 반복해서 어렵지 않게 팔찌를 만들 수 있었습니다. 파는 줄만 알았던 파라코드 팔찌를 직접 만들게 되니 굉장히 뿌듯하였습니다.

스트링아트 액자 만들기

털실과 압축 스펀지를 이용하여 액자를 꾸며 보는 활동으로 나만의
액자를 만들어 보는 활동입니다. 다양한 방법으로 털실을 엮는 활동을
통해 자연스럽게 직물의 기본 원리를 배울 수 있습니다. 완성한 액자를
교실 게시판에 걸거나 인테리어 소품으로 활용할 수 있습니다.

준비물 압축 스펀지판, 털실, 신주 못, 구슬 볼 등

1 재료를 준비합니다(압축 스펀지판: 15 cm x 15 cm, 털실 두께: 1 mm, 스트링아트용 신주 못 길이: 19 mm, 구슬 볼 지름: 9 mm).

2 만들고 싶은 액자를 생각하고, 종이에 스케치 도안을 합니다. 스펀지판의 크기를 고려하여 스케치합니다.

3 스펀지판 위에 도안을 대고 못으로 구멍을 뚫어 도안 자국을 남깁니다.

4 종이를 걷어 내고 도안 자국을 따라 신주 못을 꽂습니다. 스펀지 위로 1 cm 정도 나오게 꽂습니다.

5 시작할 곳을 정해 털실로 매듭을 짓습니다.

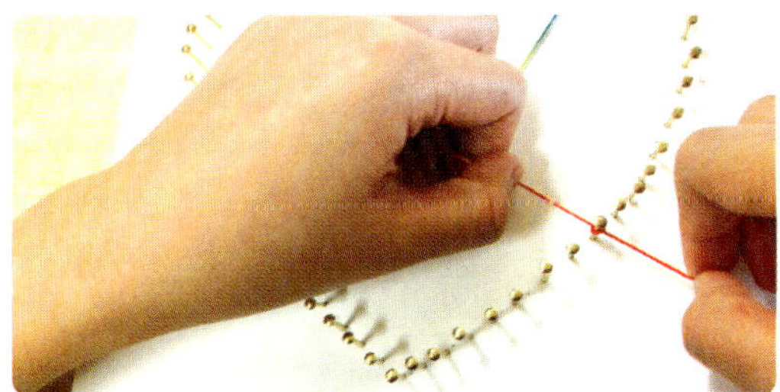

6 모양을 고려하며 못과 못 사이를 털실로 엮어 줍니다.

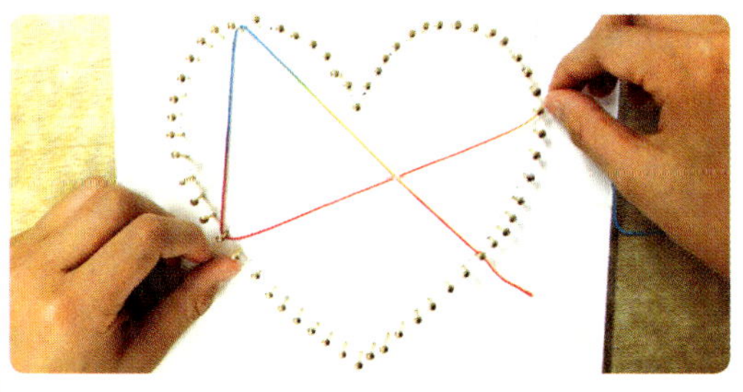

7 완성되었으면 매듭을 짓고 남은 실을 잘라 줍니다.

8 구멍이 뚫린 구슬 볼에 신주 못을 넣고 스펀지판에 꽂아 배경을 꾸며 줍니다.

1 그림이 두 개인 경우에는 매듭을 짓고 다시 시작합니다.

2 각이 많은 그림인 경우에는 도안 안쪽으로만 실이 연결되게 주의해 주세요.

3 여러 가지 실을 사용하면 더 화려한 액자가 완성됩니다.

4 실이 엮이면서 모양이 만들어지는 것과 연결하여 직물이 만들어지는 과정을 간략하게 설명하면 좋습니다.

활동 모습

테두리를 먼저 연결하고 안쪽을 채우면 테두리 바깥쪽에 실을 연결하는 실수는 막을 수 있겠죠?

규칙을 정해서 실을 연결해도 좋아요.

작은 모양으로 배경을 꾸며도 예뻐요.

밤하늘 액자에 달과 별을 수놓은 친구들의 모습이에요.

1 레시피 변형하기 1

– 내 이름이나 좋아하는 단어로 도안을 만들고 액자로 만들 수 있습니다.

– 액자를 모아 협동 작품을 만들어도 좋습니다.

2 레시피 변형하기 2

– 실을 엮어 만드는 드림캐처를 스펀지판 위에 만들어도 좋습니다.

– 깃털, 구슬, 비즈 등을 사용하여 꾸미면 멋진 드림캐처가 완성됩니다.

레시피를 안전하게!

✔ 자나 평평한 물건을 이용하여 못을 꼽으면 좋습니다.

✔ 뾰족한 신주 못으로 장난치지 않습니다.

✔ 구슬 볼이나 신주 못을 잃어버리지 않도록 책상 위를 정리해 가며 활동합니다.

레시피 후기

- **선생님**: 나무에 못을 박는 과정이 어려웠던 스트링아트를 압축 스펀지판을 이용하여 쉽게 체험해 볼 수 있었습니다. 너무 단순한 그림만 선택하지 않도록 다양한 생각을 이야기해 보는 시간이 필요합니다. 멋진 결과물에 모두가 행복해지는 신나는 활동입니다.

- **학생 1**: 규칙 없이 마음대로 실을 연결했는데도 예쁜 액자가 완성되어서 너무 신났어요.

- **학생 2**: 실들이 모여 그림이 되는 것이 신기했어요. 집에 가져가서 내 방에 얼른 꾸며 놓고 싶어요.

2. 음식 및 생활소품 만들기
생활소품 만들기

속이 보이는 열쇠고리 만들기

손바느질한 투명 비닐 속 안에 다양한 재료를 넣어 열쇠고리를
만들어 보는 활동입니다. 간단한 바느질로 개성 넘치고
재미있는 소품을 만들 수 있습니다.

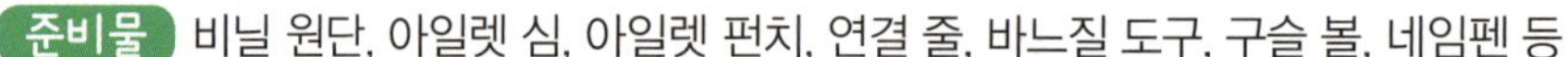

준비물 비닐 원단, 아일렛 심, 아일렛 펀치, 연결 줄, 바느질 도구, 구슬 볼, 네임펜 등

1 재료를 준비합니다(PVC 방수 원단 두께: 0.2mm, 꾸밈 구슬: 지름 1cm 이상으로 사용).

2 투명 원단을 반으로 접고, 똑같은 열쇠고리 도안 2개를 그립니다.

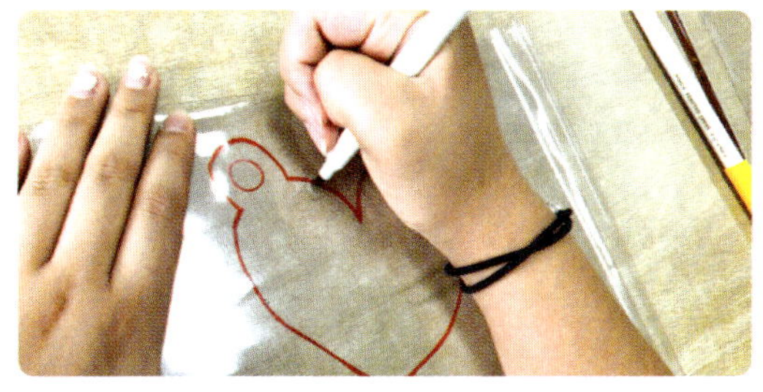

3 도안을 잘라 줍니다. 열쇠고리 구멍은 자르지 않습니다.

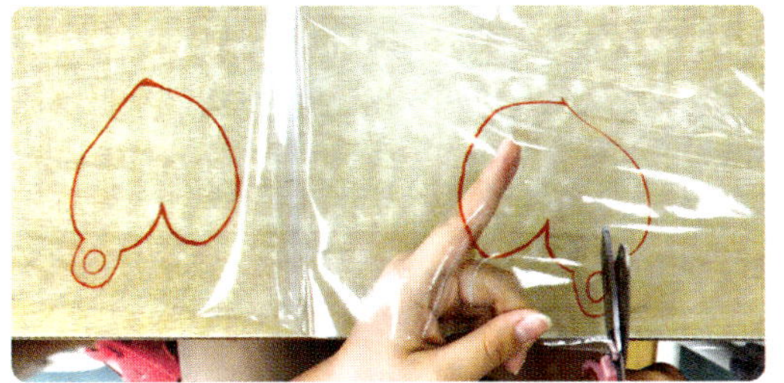

4 5cm 정도의 창구멍을 남겨 두고 테두리를 1cm 간격으로 홈질합니다.

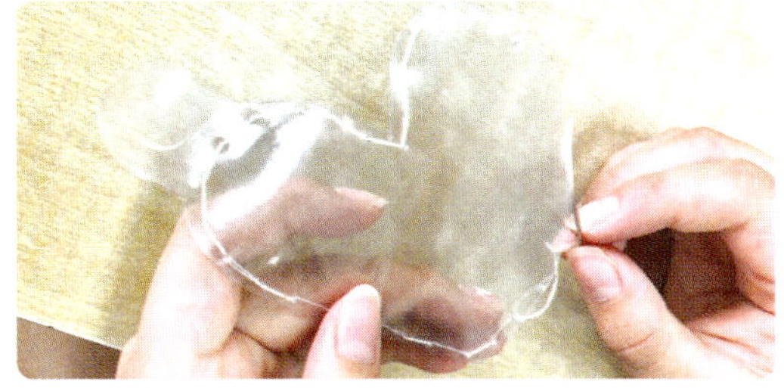

5 창구멍 사이로 꾸미고 싶은 재료를 넣습니다.

6 다시 1cm 간격으로 홈질을 하고, 매듭을 지어 마무리합니다.

7 아일렛 펀치로 구멍을 뚫고, 아일렛 심을 박아 줍니다.

8 연결 줄을 연결하면 완성!

1 도안을 그릴 때부터 열쇠고리 구멍을 뚫을 곳을 고려해 주세요.

2 열쇠고리 구멍 밑으로 바느질을 해 주세요.

3 중간 두께의 바늘을 사용해 주세요.

4 너무 작게 만들면 속 안에 재료를 넣을 공간이 없어집니다.

활동 모습

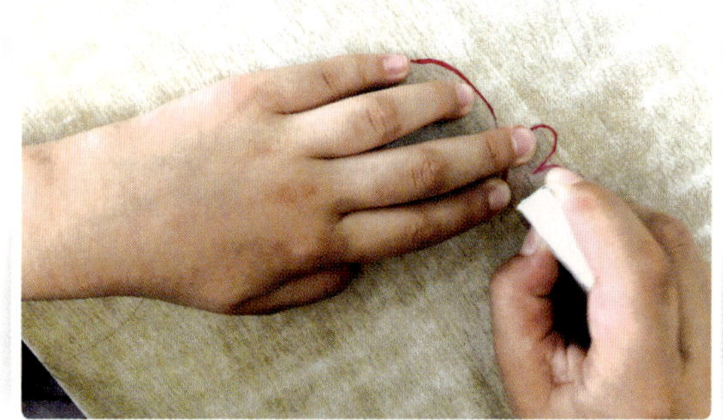

재단한 원단에 남아 있는 테두리는 지우개로 지워 주세요.

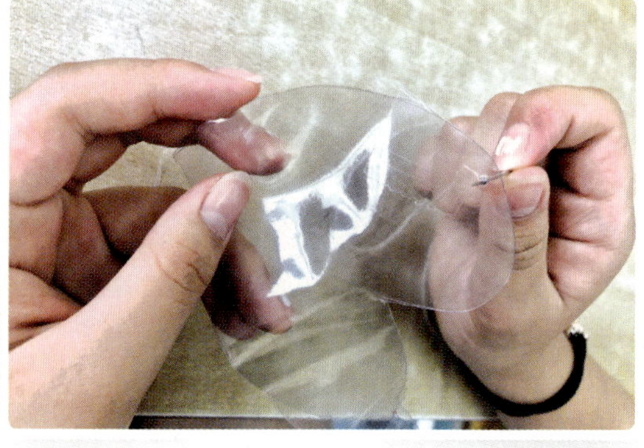

원단 두 장을 테이프로 붙이고 바느질을 시작하면 좋아요.

매직을 이용해서 예쁘게 꾸며도 좋아요.

나만의 모양과 나만의 재료를 이용하여 개성 있는 열쇠고리를 만들어 보세요.

1 레시피 변형하기 1

- 구슬 볼을 구하기 어려운 경우 털실이나 색종이 길게 자른 것, 색깔 빨대 작게 자른 것을 속 재료로 이용할 수 있습니다.

- 바느질 틈 사이로 빠져나오지 않게 크기를 조절한다면 무엇이든 가능합니다.

2 레시피 변형하기 2

- 여러 개를 완성해 실에 매달면 멋진 모빌이 완성됩니다.

- 과일 모빌, 소행성 모빌, 하트 모빌 등 주제를 정해 만들 수 있습니다.

레시피를 안전하게!

✔ 튼튼한 바늘을 사용하고, 찔리지 않게 조심하면서 바느질을 해 주세요.

✔ 아일렛 심이 제대로 박히지 않으면 날카로운 부분이 돌출되어 위험합니다.
아일렛 펀치에 힘을 세게 주어 사용하도록 합니다.

✔ 바늘, 실, 구슬 볼 등을 정리하며 활동합니다.

레시피 후기

선생님

● **선생님**: 속이 보이는 투명 원단과 다양한 새료를 활용하여 개성 있는 열쇠고리를 만들어 보는 성취감 높은 활동이었습니다. 아이들이 즉흥적으로 다양한 아이디어를 꺼내어 재미있게 활동하는 모습이 인상 깊었습니다.

● **학생 1**: 속 재료를 잘못 넣은 것 같아서 밖을 매직으로 칠해 봤는데 예뻐서 다행이에요. 여러 개를 만들 수 있어서 좋아요.

● **학생 2**: 투명 비닐 속에 재료를 넣었더니 풍선처럼 통통해지는 것이 재미있어요.

학생

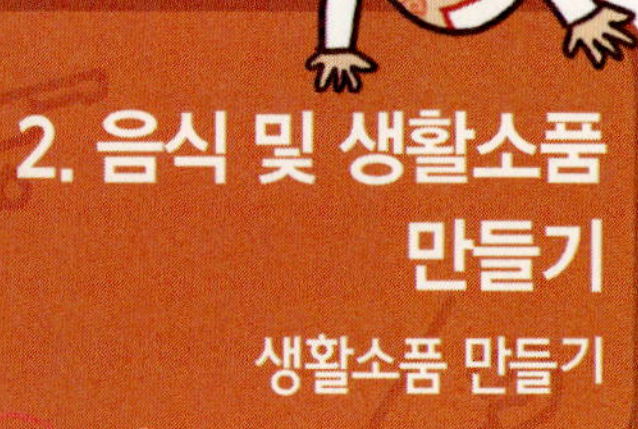

한복 방향제 만들기

한복 비단과 망사 주머니를 함께 손바느질하여 방향제를 만드는
활동입니다. 간단한 바느질로 화려하고 멋진 방향제를 만들어
노작의 즐거움을 느낄 수 있습니다. 바느질을 어려워하는 친구들도
재미있게 참여할 수 있습니다.

준비물 한복 원단, 망사 주머니, 저고리 장식, 연결 줄, 커피콩, 바느질 도구 등

1 재료를 준비합니다(한복 원단: 12cm×25cm, 망사 주머니: 9cm×12cm, 저고리 초음파 장식 2개, 댕기용 리본: 0.5cm×20cm).

2 한복 원단의 끝을 양면테이프로 붙여 치마 기본 형태를 만듭니다.

3 치마 기본 형태 안으로 망사 주머니를 넣어 줍니다.

4 망사 주머니의 봉합된 부분 1cm 아래에서 홈질(약 1cm 간격)을 시작합니다.

5 홈질이 끝나갈 무렵 실을 잡아당겨 오므려 준 후 매듭을 지어 치마를 완성합니다.

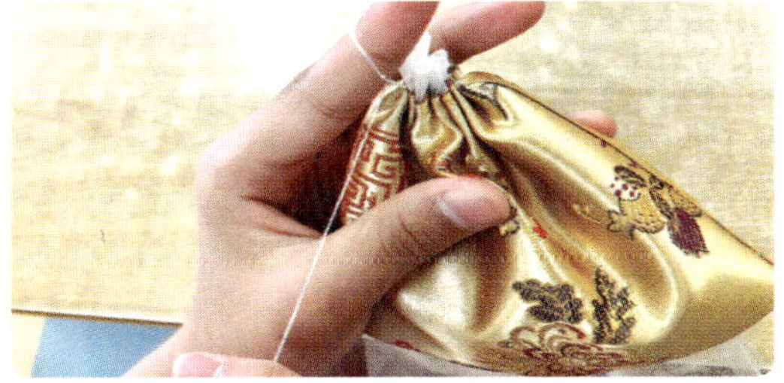

6 글루건을 이용하여 저고리 뒷판에 연결 줄과 치마를 붙입니다.

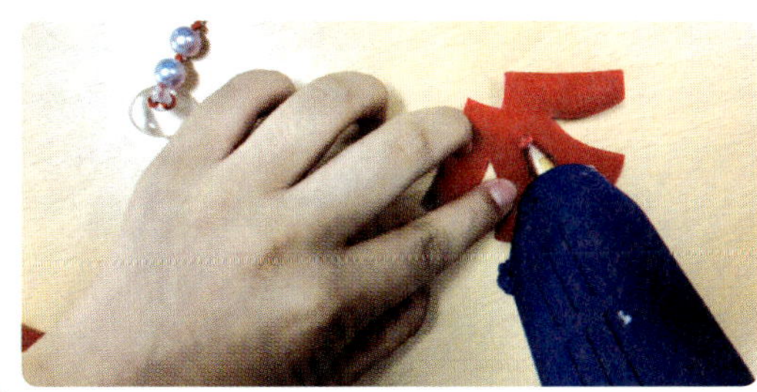

7 치마 위에 저고리 윗판을 겹쳐서 붙이고 손으로 눌러 줍니다.

8 리본 댕기로 장식을 하고, 치마 밑에 있던 망사 주머니에 커피콩을 넣어 주면 한복 방향제 완성!

1 치마 원단만 바느질하면 안 됩니다. 망사 주머니와 함께 바느질합니다.

2 홈질 간격을 너무 넓게 하면 치마의 주름이 예쁘게 나오지 않습니다.

3 저고리 뒷판−연결 줄−치마−저고리 앞판의 순서로 붙입니다.

4 커피콩이나 방향제가 넉넉하지 않을 때에는 초펑지를 이용하며 속을 채워 줍니다.

활동 모습

집중하여 열심히 활동하고 있네요.

어떤 치마가 완성될까? 궁금한 친구들의 모습이에요.

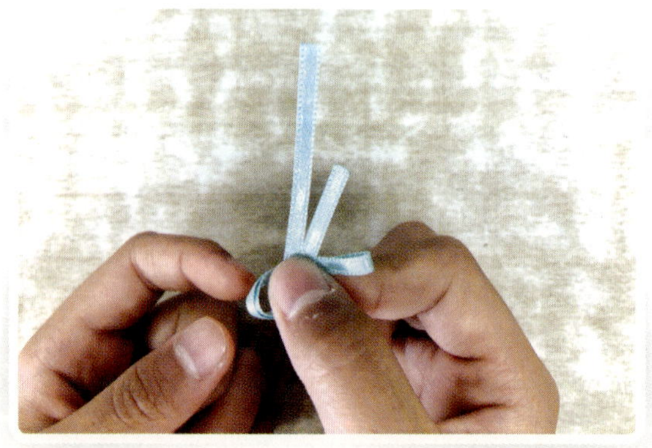

리본의 양쪽 길이가 다르게 반을 접은 후, 한 번 묶어 주면 리본 댕기가 완성됩니다.

함께 있으니 더 예쁘죠?

1 레시피 변형하기 1

- 부직포를 직접 잘라 저고리를 만들 수 있습니다.

- 소매에 다른 색 리본을 붙이거나 노리개로 한복을 꾸밀 수 있습니다.

2 레시피 변형하기 2

- 망사나 레이스 원단으로 치마를 만들어 웨딩드레스를 만들 수 있습니다.

레시피를 안전하게!

✔ 바느질을 할 때에는 바늘에 찔리지 않도록 항상 조심하세요.

✔ 글루건은 정말 뜨겁습니다. 선생님의 도움을 받아 활동하세요.

레시피 후기

선생님

- **선생님**: 간단한 바느질로 멋진 생활용품을 만들어 바느질 기술과 조작 능력, 창의력을 키우는 활동입니다. 명절을 앞두고 한복 방향제를 만들어 가족에게 선물하기도 좋습니다.

- **학생 1**: 어려울 줄 알았는데 생각보다 쉬웠어요. 빨리 부모님께 선물하고 싶어요.

- **학생 2**: 쉬운 바느질을 했는데 멋진 치마가 완성되어서 좋았어요. 치마 안에 방향 주머니를 넣는 것이 신기했어요.

학생

3. 자원 관리와 가정일 하기

다양하고 즐거운 놀이 활동으로
자원의 소중함과 가정일의 중요성을
체험해요!

만 원의 행복

교실의 다양한 활동을 가격으로 정해 만 원을 채워 보는 활동입니다.
교실에는 어떠한 가치 있는 활동이 있을까요?
('생활 자립 능력' 향상을 위한 활동)

준비물 만 원짜리 지폐 등

1 만 원짜리 지폐 한 장을 준비합니다.

2 칠판에 만 원을 붙이고 다양한 교실 활동을 적어 봅니다.

3 예를 들면, 친구들의 청소 활동 의견을 받아 적습니다.

4 친구들의 의견을 모아 각 청소에 따른 가격을 매겨 봅니다.

5 이 가격에 따라 내가 하루(또는 일주일) 동안 얼마나 많은 활동을 하였는지 적어 봅니다.

6 내가 활동한 것이 만 원을 채웠으면 성공!

1 교실에서 이루어지는 활동들의 중요성을 알고 효율적으로 관리하는 태도를 기르도록 합니다.

2 모든 활동이 소중하므로 소홀히 하지 않습니다.

3 계획을 세워 알차게 하는 것이 중요합니다.

4 내가 한 교실 활동을 분석하고 결과를 참고하여 계획을 세웁니다.

바닥 쓸기는 얼마일까요?

쓰레기 재활용은 얼마일까요?

걸레로 닦기는 얼마일까요?

우리가 교실에서 하는 청소는 가격으로 환산하면 얼마일까요?

1 레시피 변형하기 1

– 수업과 관련된 활동(질문, 친구 도와주기, 발표)들을 가격으로 환산하여 하루 동안 내가 얼마나 돈을 벌었는지로 계산하여 활동할 수 있어요.

2 레시피 변형하기 2

– 일주일 동안 스스로 금액을 자유롭게 정해서(1~2만 원 사이), 학생이 한 활동이 얼마만큼 초과하고 부족한지를 내기를 통해 가장 근접한 학생이 우승하도록 변형할 수 있습니다.

레시피를 안전하게!

✔ 친구들의 의견을 잘 모아 목표를 분명히 합니다.

✔ 모든 사람들이 공감할 수 있는 가격대를 서로 협의하여 정합니다.

레시피 후기

선생님: 아이들이 청소를 잘 안 하려고 했는데 이번 활동을 하면서 청소가 가치 있고 의미 있는 활동이라는 것을 깨달은 것 같습니다.

선생님

학생 1: 내가 한 활동이 소중하다는 것을 알았어요. 계획을 짜서 체계적으로 활동하고 싶어요.

학생 2: 앞으로 어떤 활동이든지 열심히 하고 낭비하지 않을 거예요.

학생

반소매 옷 정리 왕

반소매 옷을 개는 방법을 알고, 실천하는 활동입니다.
반소매 옷 개기를 통해 옷 보관의 중요성을 알아보아요
('생활 자립 능력' 향상을 위한 활동).

준비물 반소매 옷

1 반소매 옷을 준비하고 아래 끝 부분을 손바닥 너비(10 cm) 가량 바깥으로 접습니다.

2 반소매 옷을 왼쪽에서 오른쪽으로 접는데 왼쪽 팔 끝이 오른쪽 소매 시작 부분과 만나게 (1/3만큼 세로로) 접습니다.

3 접은 소매도 가지런하게 정리해 줍니다.

4 1/3만큼 세로로 접은 다음 반대편 소매도 가지런하게 정리하여 긴 네모 모양을 만듭니다.

5 위에서 아래로 돌돌 말아 줍니다.

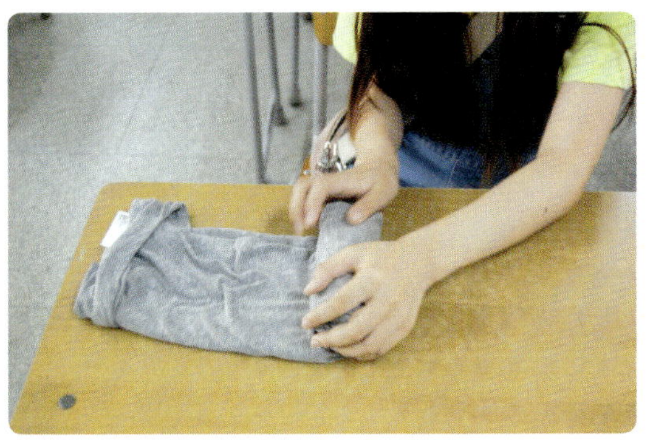

6 처음에 손바닥 너비만큼 접은 부분이 있는데 이곳을 바깥쪽으로 넘겨서 끼워 줍니다.

1 다양한 반소매 옷 개기를 통해 정리의 즐거움을 느끼게 합니다.

2 돌돌 말아 접기, 사각 접기 활동을 대회로 진행해 봅니다.

3 모둠별로 반소매 옷 개는 방법을 실습하고, 서로 비교하여 평가해 볼 수 있도록 합니다.

4 스스로 옷을 정리하고 보관하려는 태도를 기르도록 중점을 둡니다.

활동 모습

셔츠 몸통 부분으로 반으로 접어 줍니다.

양쪽 소매를 안쪽으로 접어 줍니다.

양쪽을 세로로 1/3 만큼 접어 줍니다.

세로로 접힌 몸통을 반으로 접어 줍니다.

1 레시피 변형하기 1

– 긴소매 옷 또는 바지 등으로 바꾸어 진행할 수 있습니다(속옷, 양말, 티셔츠, 바지 등).

2 레시피 변형하기 2

– 모둠별로 협동하여 빠른 시간 안에 다양한 종류의 옷을 정리하거나 많은 반소매 옷를 정리하는 방법으로 진행할 수 있습니다.

레시피를 안전하게!

✔ 모둠별로 옷 개기 실습을 할 수 있는 충분한 공간을 마련해 주세요.

✔ 가져온 옷들은 깨끗하게 활용한 후 다시 집으로 가져갈 수 있도록 하세요.

레시피 후기

- **선생님**: 아이들이 내가 입는 반소매 옷 개기를 통해 옷의 정리와 보관 방법을 알고 스스로 관리하는 습관이 길러진 것 같아 뿌듯합니다.

선생님

- **학생 1**: 나도 옷 정리를 잘할 수 있다는 생각이 들어 뿌듯했어요.
- **학생 2**: 내 옷은 스스로 정리하는 습관을 들이겠습니다.

학생

**3. 자원 관리와
가정일 하기**
자원 관리하기

분리배출 대결 놀이

교실을 더럽게 만드는 모둠, 정리하는 모둠으로 서로 번갈아 가며
대결하여 올바른 분리배출 방법을 알아보는 시뮬레이션 놀이입니다
('관계 형성 능력'과 '생활 자립 능력' 향상을 위한 활동).

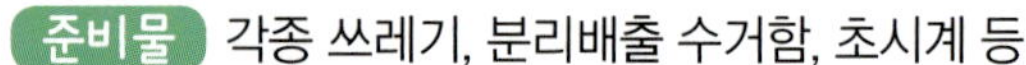

준비물 각종 쓰레기, 분리배출 수거함, 초시계 등

1 쓰레기 배출의 심각성과 관련된 영상을 보고 분리배출의 중요성에 대해 알아봅니다.

2 분리배출 수거함을 가져와 올바른 처리 방법을 알아봅니다.

3 교실을 더럽히는 모둠, 올바르게 쓰레기를 분리배출하는 모둠으로 나눕니다.

4 5분 동안 교실을 더럽히는 모둠은 준비된 쓰레기를 교실 바닥에 뿌리고 복도로 나옵니다(단, 바닥에만 쓰레기를 버립니다.).

5 이제 올바르게 쓰레기를 분리배출하는 모둠이 들어가 바닥에 버린 쓰레기를 정리하고 완료되었다고 외칠 때까지 시간을 측정합니다.

6 완료된 시간을 측정한 후 모둠 역할을 바꿔 진행하고, 빠른 시간 안에 올바로 분리배출한 모둠이 승리합니다.

1 놀이가 끝나면 다시 교실을 더럽힌 모둠이 들어와 쓰레기를 찾게 합니다. 정말 큰 쓰레기를 찾아낸 다면 분리배출한 모둠의 기록 시간에서 1초를 추가합니다.

2 교실 가구(사물함 또는 책장) 밑이나 뒤에 쓰레기를 숨기지 않게 합니다. 바닥에 뿌리기만 할 수 있 습니다.

3 친구 책상 위에 쓰레기를 버리거나 책상 위의 물건을 바닥으로 던지거나 주어진 쓰레기 외에 새로 운 쓰레기를 버리지 못하게 사전에 미리 안내합니다.

활동 모습

교실을 어지럽히면서 스트레스를 날려 버려요.

교실 어지럽히기 완료!

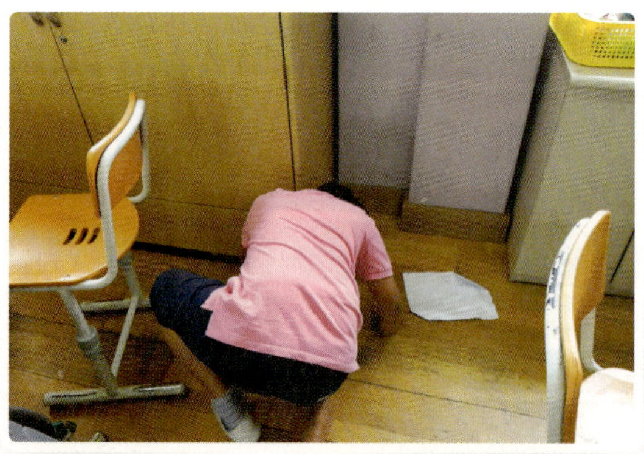

쓰레기가 없는지 구석구석 확인합니다.

쓰레기를 분리배출하고 있어요.

1 레시피 변형하기 1: 쓰레기 부피 줄이기

– 분리배출을 끝낸 시간으로 승리를 결정 짓는 것이 아니라 제한 시간 안에 가장 많은 쓰레기를 분리배출하여 부피를 줄인 팀이 승리하는 놀이입니다.

2 레시피 변형하기 2: 정리 정돈 대결

– 모둠을 나누어 가장 '빠른 시간 안에' '깔끔하게' 책상 및 사물함 등을 정리 정돈한 모둠을 선별하는 놀이입니다.

레시피를 안전하게!

✓ 쓰레기를 뿌릴 때 쓰레기를 다른 친구에게 던지지 않도록 미리 안내하고 주의시킵니다.

✓ 쓰레기를 뿌릴 때 분리배출 통은 들 수 없습니다. 분리배출 통을 들거나 휘두르며 쓰레기를 뿌리지 않도록 미리 주의를 주세요.

✓ 쓰레기를 주울 때 학생끼리 서로 부딪치는 일이 없도록 미리 안내합니다.

레시피 후기

• **선생님**: 활동이 끝나면 교실이 잉망이 될 거라고 생각했는데 아이들이 아주 깔끔하게 정리하였습니다. 또한 올바른 분리배출 방법을 놀이를 통해 쉽게 지도할 수 있어서 좋았습니다.

• **학생 1**: 쓰레기를 이곳저곳 뿌리며 교실을 엉망으로 만들 때 재미있었습니다.

• **학생 2**: 빠른 시간 안에 분리배출을 쉽고 재미있게 배운 것 같습니다.

가정일 나누어 갖기
가위바위보

우리 가정의 일들을 알아보고 가위바위보를 통해
내가 해야 할 일을 골라 가져가는 놀이입니다
('실천적 문제 해결 능력'과 '생활 자립 능력' 향상을 위한 활동)

준비물 붙임 딱지 등

1 우리 가정의 일에는 어떤 것들이 있는지 모두 적게 합니다.

2 적을 때 친구들과 많이 겹치지 않도록 자기 집에서 하는 특별한 일도 적게 합니다.

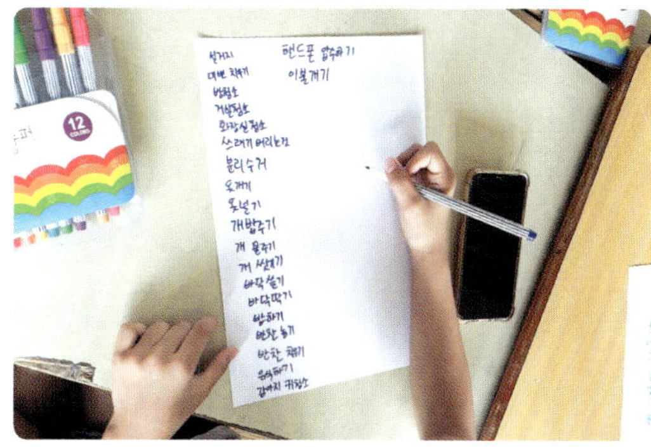

3 모둠별 친구와 서로 확인하여 겹치거나 비슷한 가정일은 밑줄을 긋게 합니다.

4 모둠별로 자신이 적은 가정일을 붙임 딱지에 옮겨 적게 합니다. 이때 밑줄 그은 부분은 모둠에서 한 명만 붙임 딱지에 옮겨 적게 합니다.

5 붙임 딱지를 모둠 가운데에 붙이고 가위바위보를 하여 이긴 사람은 가져가고 싶은 가정일을 가져갑니다.

6 가져간 가정일을 집에서 실제로 해 볼 수 있도록 합니다.

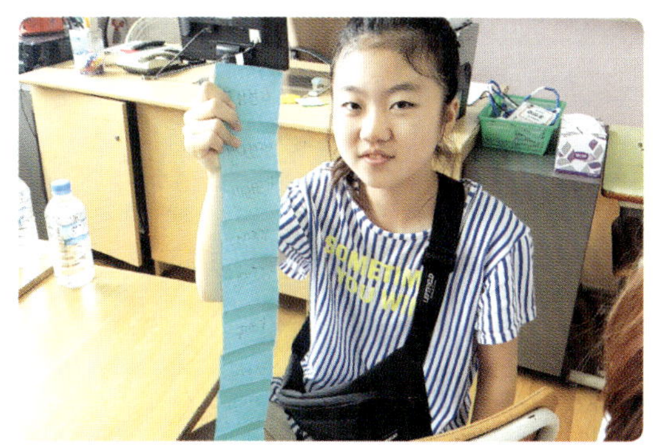

1 처음에 가정일을 적을 때, 친구와 겹치지 않기 위해 우리 집에만 있는 특별한 가정일을 많이 적는 것이 좋다고 안내합니다.

2 가위바위보에서 진 사람이 아니라 이긴 사람이 가져가면 서로 지지 않으려고 노력하게 되어 더욱 재미있습니다.

3 이긴 사람은 자기 집에 없는 가정일을 가져가도 괜찮습니다. 그렇지만 결국은 해야 할 가정일을 가지고 가위바위보를 하게 됩니다.

4 부모님 사인이나 도장을 통해서 가정일을 실제로 했는지 확인하면 더욱 의미 있는 활동이 됩니다.

활동 모습

가정일을 서로 미루는 가위바위보 현장!

와, 나 안 한다!

해야 할 가정일이 이렇게 많아요.

이 가정일은 실제로 내가 충분히 할 수 있을 것 같아요.

1 레시피 변형하기 1: 가정일 경매

– 선생님이 단계별로 어려운 가정일을 하나씩 제시하고 가짜 돈을 모둠별로 일정하게 지급하여 경매를 통해 가정에서 해야 할 가정일을 가져가게 하는 방식의 놀이입니다.

2 레시피 변형하기 2: 가정일 왕 뽑기 콘테스트

– 콘테스트 형식으로 '나 이런 가정일을 얼마만큼 하고 있다.'라고 소개하게 하고 이보다 더 자신 있는 후보들이 나오게 하여 학생 투표를 통해 가정일 왕을 뽑아 상을 주는 놀이입니다.

레시피를 안전하게!

✓ 가정일의 중요성을 먼저 이야기하고 서로의 가정일을 보고 놀리거나 비웃지 않도록 합니다.

✓ 실제로 가정일을 실천할 때에는 아이들 수준에서 안전하게 할 수 있는 것으로 합니다.

레시피 후기

• **선생님**: 가정일을 가위바위보를 통해 나누어 갖기 형식으로 놀다 보니 아이들이 처음에는 자기 집에서 안 하는 일을 가져가다가 공통되고 중요한 가정일(설거지, 빨래 등)로 인식하고 즐겁게 놀이에 참여하는 모습이 인상적이었습니다.

• **학생 1**: 가위바위보에서 이기면 가정일을 가져가기 때문에 아이들이 최대한 안 이기려고 노력하는 것이 재미있었어요.

• **학생 2**: 가위바위보를 통해 가정일을 실천할 수 있는 기회가 생겨서 의미 있었던 것 같아요.

3. 자원 관리와 가정일 하기
가정일 하기

분리배출 잡기 놀이

신나는 잡기 놀이를 통해 분리배출을 익히는 활동입니다.
수거팀이 물품팀을 잡는 분리배출 잡기 놀이를 통해
즐겁고 의미 있는 실과 수업을 만들어 보세요.

준비물 훌라후프(다른 것으로 대체 가능) 5개, 분리배출 물품 카드(인쇄물)
종류별 1개씩 5장과 반 학생 인원 수의 절반만큼 더 준비

1 분리배출 물품 카드를 종류별(종이, 유리, 플라스틱, 페트병, 캔류) 1장과 훌라후프 1개를 짝 맞추어 배치합니다.

2 수거팀(추격)과 물품팀(도망)으로 나눈 후 물품팀은 분리배출 물품 카드를 1장씩 받아 자신의 물품을 확인합니다.

3 전반전(5분) 동안 물품 선수는 자신의 물품명을 2초에 한 번씩 외치며 도망 가고, 수거 선수는 물품 선수를 잡아서 물품에 맞게 분리배출 훌라후프에 넣습니다.

4 잡혀 온 물품 선수가 분리배출 훌라후프의 물품과 맞지 않을 경우 5초 이후에 물품 선수는 훌라후프를 탈출합니다.

5 훌라후프에 잡혀 있는 물품 선수를 다른 물품 선수가 건드리면 그 선수는 탈출할 수 있습니다.

6 전반전이 끝나면 휴식을 취하고, 후반전은 물품팀과 수거팀의 역할을 바꿔서 진행합니다.

1 사람이 분리배출 물품이 되는 신나는 잡기 놀이를 통해 분리배출을 경험하고 익히는 활동입니다.

2 놀이를 시작하기 전에 준비 운동을 통해 몸을 충분히 풀어 부상을 예방합니다.

3 분리배출 물품 카드는 한국환경공단 누리집(http://www.keco.or.kr)에서 도안을 내려 받아 인쇄하여 사용할 수 있습니다.

활동 모습

놀이를 시작하기 전에 수거팀과 물품팀 모두 준비 자세를 취해 주세요.

수거팀에게 잡힌 물품 선수는 쉬면서 다음 기회를 엿보세요.

잘못된 분리배출 훌라후프에 들어온 물품 선수는 적절한 타이밍에 탈출하세요.

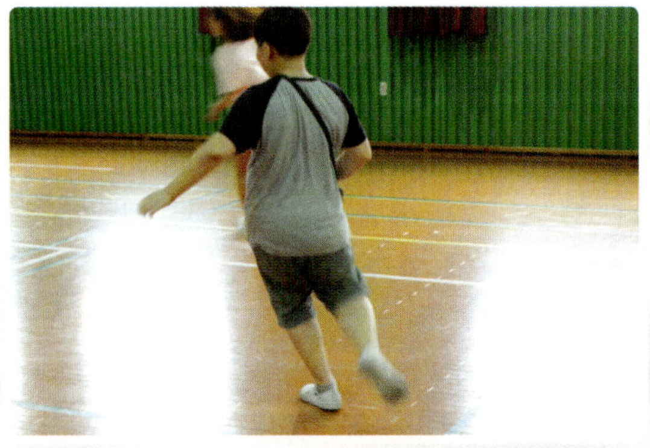

수거팀에서 물품 선수를 잡을 때 작전을 짜고, 협력해서 잡아도 좋아요.

1 레시피 변형하기 1

– 제한 시간을 따로 두지 않고, 수거팀이 얼마나 빨리 분리배출을 하는지 각 팀별로 소요 시간을 측정합니다.

– 훌라후프 대신 상자나 다른 것을 써도 좋습니다.

2 레시피 변형하기 2

– 학생들을 뛰지 않고 걷게 합니다. 대신 수거 선수와 물품 선수가 마주칠 경우 가위바위보를 하고, 수거 선수가 이기면 물품 선수를 잡을 수 있습니다.

레시피를 안전하게!

✔ 너무 과격하게 다른 친구를 잡지 않도록 주의하세요.

✔ 준비 운동을 통해 몸의 부상을 예방해 주세요.

레시피 후기

선생님: 학생들이 신나게 분리배출 잡기 놀이에 참여하는 모습이 보기 좋았습니다. 체육 수업과 연계해서 수업을 해도 좋으리라 생각합니다.

선생님

학생 1: 평소 분리배출에 관심이 없었는데, 놀이를 통해 분리배출을 익힌 후부터는 올바로 분리배출하고 있어요.

학생 2: 친구들과 함께 뛰면서 분리배출을 공부하니까 정말 즐거웠어요.

학생

3. 자원 관리와 가정일 하기
자원 관리하기

고물상 프로젝트

고물을 일주일 동안 모은 후 고물상에 파는 프로젝트 활동입니다.
고물에 대한 인식을 바꾸는 활동을 통해
즐겁고 의미 있는 실과 수업을 만들어 보세요.

준비물 고물(파지 등), 고물을 담을 상자(수거함), 수레(카트) 등

1 일주일 동안 고물(파지 등)을 모읍니다.

2 모은 고물을 정리합니다.

3 가까운 고물상으로 고물을 나릅니다.

4 고물을 판 후 수익금을 받습니다.

5 판매 수익금으로 무엇을 할지 토의하며 예산 지출 계획을 세워 봅니다.

6 고물에 대한 인식의 변화에 주목하며 소감문을 작성합니다.

1 고물(파지 등)을 일주일 동안 모은 후 고물상에 팔아 수익을 얻고, 고물에 대한 인식도 바꾸는 프로젝트 활동입니다.

2 재사용할 수 없는 책이나 파지 등을 교실이나 집에서 가져와 모읍니다.

3 교과서를 다 사용한 후인 학기말에 하면 좋고, 한 번보다는 두 번의 프로젝트로 하면 더 좋습니다.

4 교과서를 모아서 팔 경우 교과서로 수행평가했던 부분이 있다면 그 부분만 따로 분리하여 보관하도록 합니다.

5 책과 파지만으로는 판매 수익금이 적기 때문에 집에서 필요 없는 헌옷 등도 가져와 팔면 좋습니다.

활동 모습

무거운 짐은 함께 힘을 합쳐서 옮겨요.

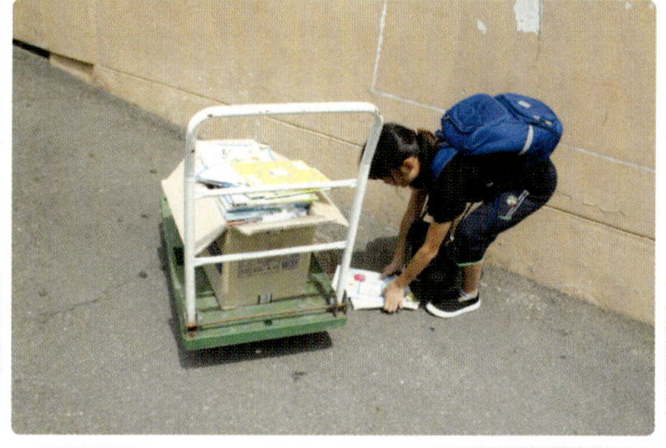

이동할 때 고물이 떨어지지 않도록 끈이나 상자 등을 이용하여 수레에 잘 올려요.

고물상에 가서 직접 물건을 옮겨요.

고물상에 갈 때와 다르게 고물상에서 돌아오는 길은 몸과 마음이 가벼워요.

1 레시피 변형하기 1

- 1인당 상자를 하나씩 준비하여 재사용할 수 없는 책, 파지, 헌옷 등의 고물을 담고, 고물상에 갈 때 다 같이 각자 상자를 들고 이동합니다.

2 레시피 변형하기 2

- 학급 바자회가 계획된 경우 바자회와 이 프로젝트의 시기를 맞춰서 헌 물건을 의미 있게 활용하는 기회로 만드는 것도 좋습니다.

레시피를 **안전하게!**

✔ 한꺼번에 무거운 짐을 옮기지 말고, 여러 번 나눠서 옮기도록 해요.

✔ 아래에 있는 물건을 들 때는 허리만 굽히지 말고, 무릎을 굽혀서 무게를 분산시켜요.

✔ 수레로 고물을 옮길 경우에는 발이 수레의 바퀴에 걸리지 않도록 주의해요.

✔ 날씨가 더운 날에는 고물상으로 고물을 나를 때 중간중간 물을 섭취해 주세요.

레시피 **후기**

- **선생님**: 책이나 파지 외의 고물은 모으기가 쉽지 않아요. 대신 집에서 입지 않고, 버리려고 하는 헌옷도 모으면 판매 수익금을 늘릴 수 있어요.

선생님

- **학생 1**: 단순히 분리배출과 재활용만 하는 게 아니라 고물을 팔면 수익을 얻을 수 있다는 것을 알게 되어서 신기하고 기뻤어요.

- **학생 2**: 고물은 쓰레기가 아니라 다시 재활용할 수 있는 것이라는 것을 깨달았어요.

학생

앞치마로 변신한 청바지

더는 입지 않는 청바지를 간단한 가위질로
앞치마로 바꾸어 재활용하는 활동입니다
('실천적 문제 해결 능력' 향상을 위한 활동).

준비물 안 쓰는 청바지, 칼, 가위 등

1 더 이상 입지 않는 청바지를 가위, 칼과 함께 가져옵니다.

2 청바지를 자르기 전에 선생님의 설명과 시범을 함께 살펴봅니다.

3 다리 부위를 가위로 잘라내요. 잘 안 잘릴 때는 손으로 팽팽하게 당겨 주세요.

4 다리를 자른 뒤에는 청바지 앞쪽의 허리 부분을 가위나 칼로 분리해 주세요.

5 청바지 앞부분을 걷어 내면 간단하게 앞치마가 완성됩니다.

6 내 청바지를 이용했다면 허리가 꼭 맞아 안성맞춤일 거예요!

1 더 이상 입지 않는 청바지를 몇 번의 가위질만으로 간단히 앞치마로 변신하여 재활용할 수 있음을 느끼는 것이 활동의 목표입니다.

2 이번 활동을 통해 간단한 작업만으로 유용한 재활용품이 탄생할 수 있음을 학생 스스로 인지한다면 물건을 함부로 버리거나 낭비하는 일이 줄어들 거예요.

3 여기에선 청바지로 앞치마를 만드는 활동이었지만, 이는 크게 보면 누구나 가지고 있는 평범한 물건을 유용한 물건으로 재탄생시키는 활동입니다. 면바지, 티셔츠 등 다른 옷감으로 다른 물품을 만드는 것도 충분히 할 수 있습니다.

4 아껴 쓰기와 재활용에 대한 가치관을 확실히 심어 주기 위해 사후 활동으로 소감을 발표해 보면 더욱 좋습니다.

활동 모습

앞치마로 변신할 청바지를 가져왔어요!

어디를 잘라야 하는지 친구와 이야기해 봐요.

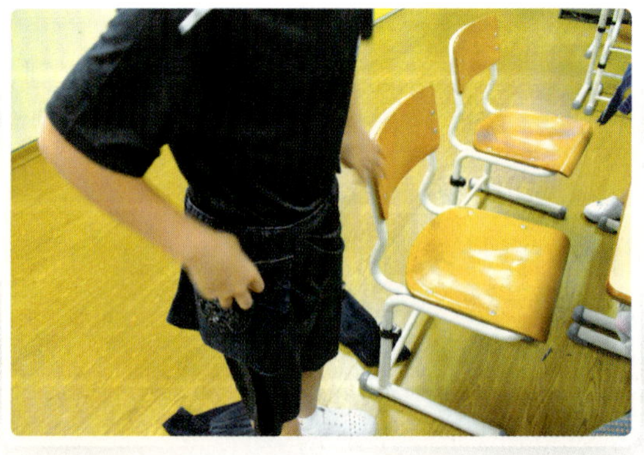

바지를 잘랐더니 내게 딱 맞는 앞치마가 됐어요!

휴대 전화 같은 작은 물건을 넣을 수도 있어요.

1 레시피 변형하기 1

– 면 재질의 바지나 티셔츠를 이용해서 음식 조리용 앞치마를 만들 수도 있어요.

2 레시피 변형하기 2

– 앞치마를 만든 후 바느질 관련 단원과 연계해서 앞치마를 꾸밀 수 있어요. 또는 바느질을 익힌 후 앞치마를 만들면 더욱 멋지게 만들 수 있어요.

레시피를 안전하게!

✔ 복잡하거나 오래 걸리지는 않지만 아무래도 가위나 칼을 이용하는 활동이다 보니 베지 않게 안전 교육에 특히 신경 써 주세요.

✔ 가위가 잘 안 들거나 질긴 청바지를 가져온 경우는 잘 잘리지 않을 수 있어요. 이런 때에는 선생님 이 자르는 것을 도와주세요.

레시피 후기

- **선생님**: 바느질 관련 단원이 아니년 옷감을 이렇게 쉽게 재활용하기는 어려 운데, 가위질만으로 간단하게 앞치마로 만들 수 있어 좋았어요.

선생님

- **학생 1**: 친구들이 요즘 휴대 전화를 넣고 다니는 작은 가 방을 많이 들고 다니는데, 저는 그게 없어서 아쉬웠어요. 이 앞치마가 그 대용으로 유용할 것 같아요.

- **학생 2**: 색종이 자르듯이 간단한 자르기만으로 이렇게 새 로운 앞치마가 생긴다는 게 신기했어요. 주머니가 여러 개 달린 바지를 사용하면 더 좋을 것 같아요.

학생

간이 캠핑용품 만들기

주변에서 볼 수 있는 간단한 도구로 캠핑을 갈 때 도움이 될 만한
물건(종이비누, 압력 수도꼭지)을 만들어 보는 활동입니다
('기술적 문제 해결 능력' 향상을 위한 활동).

준비물 물비누, 쟁반, A4 용지, 붓, 옷걸이, 집게, 물통, 라이터, 송곳 등

1 쟁반, 붓, 가위, 물비누, A4 용지를 준비합니다.

2 물비누를 붓을 이용해 A4 용지 앞뒷면에 골고루 잘 발라 줍니다.

3 옷걸이 등을 이용해 잘 널어 말리면 가볍고 간편한 종이비누가 완성됩니다.

4 페트병에 송곳 등 뾰족한 쇠붙이를 이용해 구멍을 하나 뚫습니다.

5 손가락으로 페트병의 구멍을 막은 채 물을 채웁니다.

6 뚜껑을 열어 압력을 조절하면 수도꼭지처럼 물이 나오고 뚜껑을 닫으면 안 나옵니다.

1 캠핑이나 여행과 같은 특수한 상황에서 필요한 실용적인 물건을 간단히 만들어 보는 것이 활동의 목표입니다.

2 여행, 캠핑 시에 쓸만한 물품들을 재활용으로 만들어 보는 활동은 아이들에게 충분히 도움이 될 만한 활동이라고 생각합니다.

3 만들기 활동에서 그치는 것이 아니라, 학생 각자가 학교나 집, 캠핑 등의 장소에서 실사용하는 것까지 이끌어 주셔야 이 활동의 실용성을 느낄 수 있습니다.

4 만들기만 하면 왜 만드는지 목표를 잃어버릴 수 있습니다. 캠핑용품, 여행 시 필요한 도구를 만들고 있다는 점을 상기시켜 주세요.

활동 모습

종이비누를 잘라서 상자 안에 넣어서 갖고 다녀요.

우리는 교실 뒤에 옷걸이로 걸어서 종이비누를 말릴 거예요.

뚜껑을 꽉 닫으면 신기하게 물이 새지 않아요.

뚜껑이 없으면 이렇게 수도꼭지로 변신한답니다.

1 레시피 변형하기 1

– 종이비누를 옷걸이에 넣은 채로 옷장에 넣으면 그것대로 멋진 방향제가 됩니다. 또한, 잘라서 차나 서랍 등에 방향제로 넣어 놓아도 좋습니다.

2 레시피 변형하기 2

– 캠핑 시 간단히 만들 수 있는 도구나 안전장치 등은 이외에도 다양한 것이 있습니다. 여건에 따라 만들어 보아도 좋습니다.

레시피를 안전하게!

✔ 송곳으로 페트병을 뚫는 것은 매우 위험합니다. 또한, 페트병이 잘 뚫리지 않는 경우 불로 지지고 뚫어야 하므로 될 수 있으면 선생님께서 직접 해 주세요.

✔ 페트병에 물을 채울 때 수돗가에서 아이들이 물장난하지 않게 미리 지도해 주세요.

레시피 후기

●**선생님**: 보통 실과 과목이 실용성에 바탕을 두었다고는 하지만 그 범위가 가정, 학교 내에서인 것이 대부분인데, 캠핑용품 만들기는 새롭고 신선했습니다. 색다른 영역에서 실과 과목의 가치를 본 것 같습니다.

●**학생 1**: 저는 당장 이번 주에 부모님과 여행을 가기로 했는데 그때 가지고 가서 써 볼 생각이에요. 재미있고 유용한 시간이었습니다.

●**학생 2**: 우리가 만들어 본 두 가지 외에도 선생님께서 다양한 자료를 영상으로 보여 주셨는데, 유용한 것들이 많았습니다. 다음에 꼭 만들어 보고 싶습니다.

3. 자원 관리와 가정일 하기
자원 관리하기

물 아껴 쓰기

물 500 mL로 하루를 살아 보는 활동으로 물의 소중함과
자원 부족의 심각성을 느낄 수 있는 활동입니다
('관계 형성 능력'과 '생활 자립 능력' 향상을 위한 활동)

준비물 페트병 속의 물

1 개인별로 깨끗이 씻은 500 mL 페트병 1개를 준비합니다.

2 500 mL 페트병에 물을 채워 넣습니다.

3 물을 마실 때 페트병의 물만 이용합니다.

4 수업 중 손을 씻을 때에도 페트병의 물을 활용합니다.

5 점심 식사를 할 때에도 페트병의 물을 이용합니다.

6 하교 시간에 페트병의 물을 가장 많이 남긴 친구가 우승합니다.

1 손 씻을 때 페트병의 물을 이용하는지 친구들끼리 서로 확인하게 합니다.

2 정수기로 물을 보충하거나 정수기의 물을 마시지 않도록 서로 확인하게 합니다.

3 페트병의 물을 다 쓴 친구는 페트병을 버리게 하고 재미있는 벌칙이나 간단한 벌칙을 주도록 합니다.

4 끝까지 물을 남긴 친구에게 적은 양의 물로 살아가는 물 부족 국가 아이들에 대한 내용을 발표하게 합니다.

활동 모습

서로 남은 물을 비교해 보아요.

상대방의 소비는 나의 행복!

물을 끝까지 안 마시고 견뎌 내요.

이만큼 물을 남겼어요.

1 레시피 변형하기 1: 물 절약 빙고
- 숫자 빙고와 방법은 비슷하지만 물을 절약하는 방법을 이야기한 사람에게 숫자를 부를 수 있는 기회를 주는 방식의 놀이입니다.
- 물 절약하는 방법도 알고 빙고 놀이를 할 수 있는 활동입니다.

2 레시피 변형하기 2: 간이 정수기 만들기
- 인터넷 검색이나 과학 책 등을 통해 간이 정수기를 만들어 봅니다. 빗물 등을 받아 간이 정수기를 통과시킨 후 씻는 물 등으로 활용해 보는 실험을 하는 활동입니다.

레시피를 안전하게!

✔ 페트병으로 친구에게 장난하거나 때리지 않도록 합니다.

✔ 페트병으로 물을 마실 때 조심스럽게 먹습니다.

레시피 후기

- **선생님**: 일찍 포기하는 아이들, 어떻게든 물을 아끼려고 노력하는 아이들 등 다양한 모습이 보이고 즐겁게 활동에 참여합니다. 물을 남긴 아이가 소감 등을 이야기하고 물 부족 국가와 자원 부족에 대해 이야기하여 의미있는 활동이 되었던 것 같습니다.

- **학생 1**: 물을 남기는 데 성공했어요. 물을 아끼는 것이 어려웠지만 보람 있었습니다.
- **학생 2**: 물을 다 써 버린 아이들도 있었지만, 서로가 물을 아끼려고 노력했던 모습이 재미있었습니다.

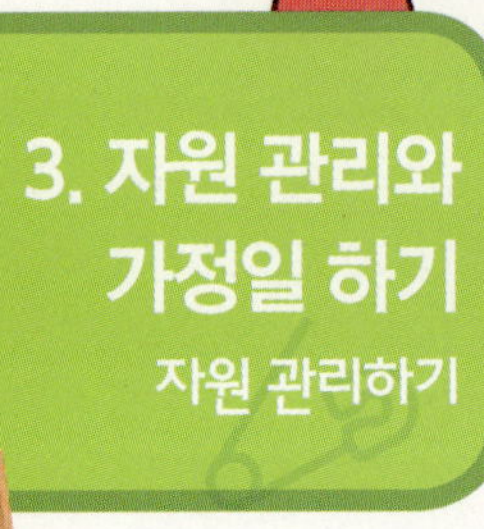

나누어 쓰기: 내 물건 경매하기

내가 잘 쓰지 않는 물건을 가져와 경매를 열어 그 가치를 재확인하고,
친구 물건을 소중히 사용하며 감사함을 느끼는 활동입니다
('실천적 문제 해결 능력' 향상을 위한 활동).

준비물 안 쓰는 물건, 편지지, 바둑돌, 활동지 등

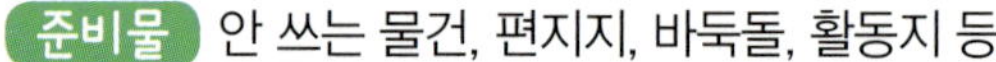

1 내 물건 중 친구에게 나누어 줄 수 있는 것, 내가 필요한 것은 무엇인지 생각합니다.

2 내가 잘 쓰지 않아 나누어 주고 싶은 물건을 직접 친구들 앞에서 보여 주며 설명합니다.

3 내가 갖고 싶은 물건을 얻기 위해 자신이 가진 바둑돌을 분배하여 경매에 참여합니다.

4 실제로 경매를 진행하여 바둑돌을 걸어 내가 필요한 물건을 얻는 활동을 합니다.

5 경매에서 낙찰받은 학생은 바둑돌을 주고 필요한 물건과 교환합니다.

6 일주일 동안 친구가 나누어 준 물건을 쓰고, 감사함을 담은 편지를 전합니다.

1 내가 잘 사용하지 않게 된 물건도 누군가에게는 꼭 필요한 물건일 수 있다는 점을 느끼며 물건의 소중함과 나누어 쓰는 기쁨을 느끼는 것이 활동의 목표입니다.

2 자신에게 필요하지 않더라도 누군가에게는 소중한 물건이 될 수 있음을 상기할 수 있도록 지도해 주세요.

3 일주일간 친구의 물건을 쓰며 감사의 사용 후기를 편지에 담아 전달하면 서로가 좋은 감정을 느끼게 되므로, 학급 친구와의 관계에도 도움이 됩니다.

4 나에게 가치가 거의 없는 물건이 다른 사람에게서 가치를 지닌 물건으로 재탄생하게 되는 활동입니다. 이는 자원 관리 측면, 그중에서도 가장 간단하면서도 효과적인 재활용 방안이 될 수 있습니다.

활동 모습

활동지를 가지고 물건 나눔을 계획해 보아요.

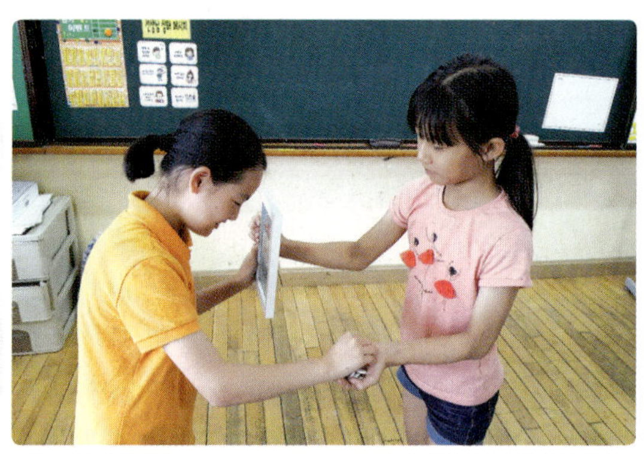

바둑돌을 친구에게 주어 물건을 얻어 보아요.

친구에게 일주일간 느낀 점을 편지로 써 보아요.

물건과 편지를 주며 서로의 마음을 알아보아요.

1 레시피 변형하기 1

- 경매 방식이 아닌, 오픈마켓의 형태로 서로 물건을 사고팔 수도 있어요. 이때는 자신의 물건을 판 바둑돌까지 물건 구매에 활용할 수도 있어요.

2 레시피 변형하기 2

- 물건의 주인을 공개하지 않은 채, 필요한 물건을 낙찰받아 사용하게 된 후, 감사의 마음을 전할 수 있습니다. 이때는 마니또 활동처럼 관계 측면에서 더 극적인 효과를 줍니다.

레시피를 안전하게!

✔ 친구들의 물건을 함부로 비하하거나, 자신에게 필요 없는 물건이라고 어깃장을 놓는 등의 모습을 보이지 않도록 주의시켜 주세요.

✔ 친구들의 물건을 낙찰받아 일주일 동안 사용할 때는, 빌린 것이므로 내 물건보다도 더 소중히 다룰 수 있도록 지도해 주세요.

레시피 후기

● **선생님**: 주로 재활용이라고 하면 폐품을 이용한 만들기 활동이 많은데, 용도가 아니라 사용자가 바뀌면서 물건의 사용 가치가 재생산되는 것이 신선하고 좋았습니다.

선생님

● **학생 1**: 나에게는 필요하지 않은 물건인데, 친구들이 유용하게 사용하고 저에게 감사의 편지를 보내 주니 기분이 좋았습니다.

● **학생 2**: 평소에 필요했던 물건을 새로 사지 않고도 친구에게서 받을 수 있어서 감사하고 즐거운 시간이었습니다.

학생

바꿔 쓰기:
우리 반 랜덤 박스

집에서 사용하는 물건을 랜덤 박스에 담아 일정 기간 동안
바꿔서 사용하는 활동입니다. 나에게는 필요하지 않은 물건이지만
누군가에게는 필요한 물건이라는 것을 느끼고 아껴서 사용하고
돌려 주는 활동입니다('실천적 문제 해결 능력' 향상을 위한 활동).

준비물 각자 준비한 랜덤 박스

1 자신이 준비한 랜덤 박스에 대한 당부 사항과 깨끗하게 사용할 것을 약속하는 서약서를 작성합니다.

2 집에서 준비한 랜덤 박스를 가운데 모으고 동그랗게 둘러앉습니다.

3 번호표를 이용해 순서를 정합니다.

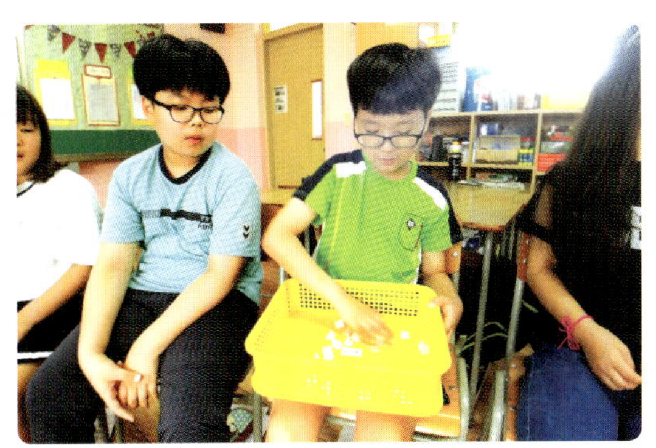

4 자기 순서에 가져가고 싶은 랜덤 박스를 가져갑니다.

5 모든 친구가 랜덤 박스를 가져왔습니다.

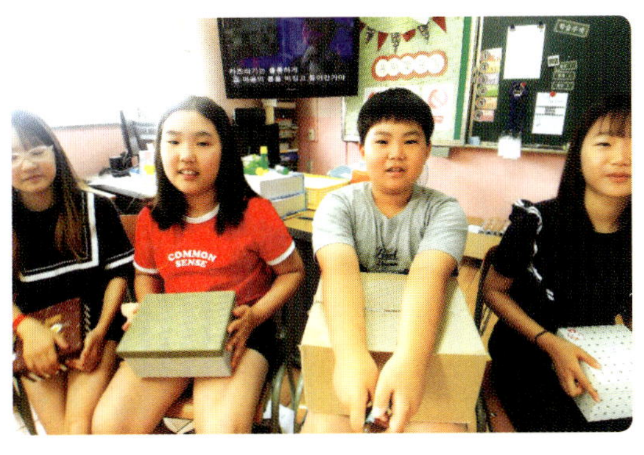

6 각자 내용물을 확인합니다.

1 사용할 수 있지만 자신이 쓰지 않는 물건이나 잠시 동안 친구와 나누고 싶은 물건을 가져오도록 합니다.

2 2주에서 한 달 정도 교환하여 사용하여 깨끗하게 사용하고 돌려주도록 서로 약속합니다.

3 남자, 여자 구분 없이 사용할 수 잇는 물건을 가져오도록 합니다.

4 서로에게 감사한 마음이 들 수 있도록 진행합니다.

활동 모습

어떤 물건이 담겨 있을까요?

두근두근, 몇 번째일까?

이 랜덤 박스로 결정했어요.

친구야 고마워! 잘 쓰고 돌려 줄게.

1 레시피 변형하기 1: 방식 변형하기

- 번호표를 뽑는 방식이 아니라 사전에 마니또를 하듯이 미리 상대를 정해 주고 할 수 있습니다. 상대가 없을 때 상대 책상 위에 올려놓습니다.

- 일정 기간이 지난 후 누구 물건인지 공개합니다.

2 레시피 변형하기 2: 천 원의 행복

- 각자 용돈을 아껴서 천 원으로 의미 있는 물건을 구입합니다. 그리고 그 물건을 어떻게 활용하면 좋을지 간단한 쪽지를 남겨서 서로 선물로 전달하는 활동입니다.

레시피를 안전하게!

✓ 교실에서 뛰어다니지 않도록 주의합니다.

✓ 박스를 뜯을 경우 베이지 않도록 주의하세요.

✓ 물건을 떨어뜨리지 않도록 주의합니다.

레시피 후기

- **선생님**: '아나바다' 운동의 바꿔 쓰기 활동을 응용한 활동입니다. 자원의 소중함을 알고 서로 바꿔 쓰는 과정에서 자원이 재사용되도록 하였습니다.

- **학생 1**: 평소에 가지고 싶었던 손 선풍기가 있었는데, 랜덤 박스에 있어서 놀랐습니다. 더운 날씨에 잘 사용하고 친구에게 감사하게 돌려줘야겠습니다.

- **학생 2**: 내가 평소에 여러 번 읽은 책을 랜덤 박스에 넣었습니다. 누가 가져갈지 모르지만 책을 읽고 나처럼 감동을 받았으면 좋겠습니다.

다시 쓰기:
재탄생한 내 물건

버리거나 쓰지 않는 물건을 재사용, 재활용 아이디어를 통해
새로운 물건으로 만들어 재탄생시키는 활동입니다
('기술 활용 능력' 향상을 위한 활동).

준비물 재활용품, 칼, 가위, 풀, 테이프, 유성 매직, 활동지 등

1 안 쓰는 물건이나 버릴 물건을 생각 그물 기법으로 다양하게 생각합니다.

2 사용하지 않거나 버리는 물건 중 재활용할 만한 것들을 서로 발표하여 공유합니다.

3 적당한 물건을 골라 재사용, 재활용 계획서를 세워 봅니다.

4 물건을 가지고 직접 재사용, 재활용을 위해 새롭게 만들어 봅니다.

5 자신이 어떤 물건을 가지고 어떻게 새롭게 재탄생시켰는지 보여 줍니다.

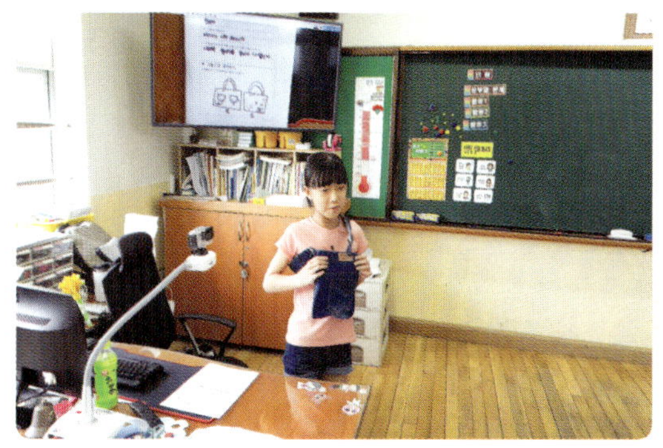

6 재사용, 재활용을 통해 물건을 재탄생시킨 소감을 친구들과 함께 나누어 봅니다.

1 안 쓰거나 버리는 물건을 만들기 활동을 통하여 새로운 용도와 형태의 물건으로 재탄생시켜 자원 관리와 다시 쓰기를 깨닫는 것이 활동의 목표입니다.

2 물건 재사용, 재활용 계획서를 작성할 때는 창의성과 실용성 두 가지 측면 모두 고려할 수 있도록 학생들에게 지속해서 안내해 주세요.

3 발표를 통해 서로에게 영감을 주는 아이디어를 공유하면 더욱 창의적이고 실용적인 다양한 물건을 만들 수 있습니다.

4 한 개 또는 여러 개의 물건을 활용하여 전혀 다른 용도의 새로운 물건으로 재탄생시키는 활동입니다. 다시 쓰기와 관련된 재사용·재활용뿐만 아니라 창의적 사고력 향상에도 도움이 되는 활동입니다.

활동 모습

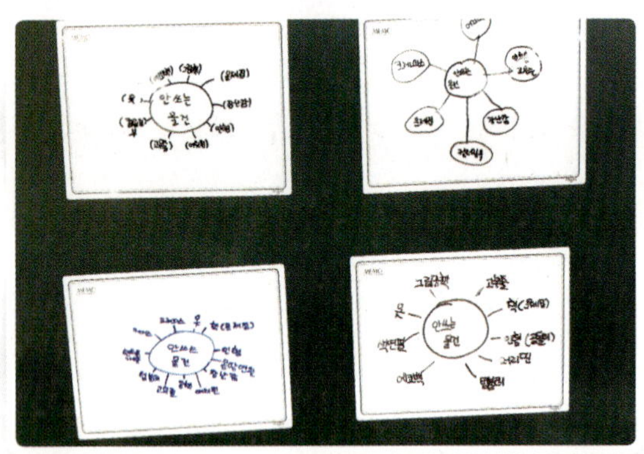

칠판에 전시하여 서로의 생각을 살펴보아요.

계획서는 그림으로도 표현하여 구체화해요.

채색을 통해 더욱 예쁘게 꾸밀 수도 있어요.

소감문을 쓰며 다시 쓰기를 다짐해 보아요.

이렇게도 **할 수 있어요!**

1 레시피 변형하기 1

– 좋은 아이디어가 있지만 혼자서 만들기 어려울 때에는 모둠별, 팀별 활동으로 진행하여도 좋습니다.

2 레시피 변형하기 2

– 아이디어 공유의 측면을 극대화하려면, 자신의 물건을 재활용할 아이디어를 학급 친구들이 제공해 주는 형식으로 진행하는 것도 좋습니다.

레시피를 **안전하게!**

✔ 물건을 재활용하기 위해서는 칼이나 가위 등의 날카로운 물건을 사용할 일이 생깁니다. 손을 베이거나 다치지 않도록 주의를 기울여 주세요.

✔ 다양한 위험 요소의 예방을 위해 아이디어 생산 단계에서 미리 선생님이 활동 방향을 정해 주시거나 직접 도와주시어 안전한 활동이 되게 해주세요.

레시피 **후기**

선생님: 단순한 만들기 활동을 넘어서, 생각 발표와 공유를 통해 다양한 아이디어 용품이 나온 점이 좋았습니다. 아이들의 창의성을 새삼 확인하는 계기가 된 활동이었습니다.

학생 1: 실과 수업 시간이었지만 만들기 활동을 하다 보니, 미술 수업 시간 같아서 더욱 재미있었어요. 만들기도 하고 유용한 물건도 새로 생기니 다시 쓰기 활동이 기억에 오래 남을 것 같아요.

학생 2: 내가 직접 만들어 재활용하게 된 내 물건이라 많은 애정이 갑니다. 가장 아끼는 물건이 될 것 같아요.

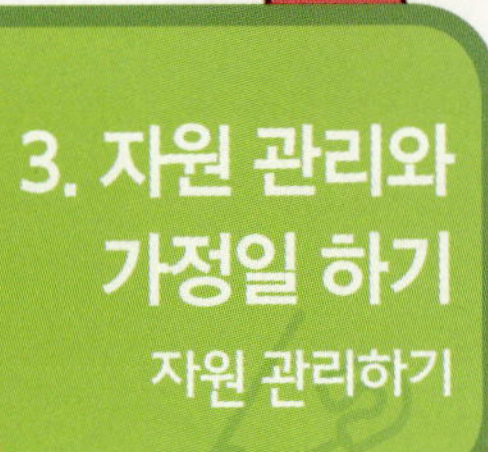

3. 자원 관리와 가정일 하기
자원 관리하기

시간 쿠폰으로
하루 계획하기

1시간 짜리 쿠폰을 통해 시간표를 계획하며
시간의 소중함을 느낄 수 있는 활동입니다
('생활 자립 능력' 향상을 위한 활동).

준비물 활동지, 색종이, 붙임 딱지, 색연필, 사인펜 등

1 내가 하루 동안 하는 일을 모두 떠올리며 나열해 봅니다.

2 붙임 딱지에 옮겨 적으며, 모둠별로 겹치는 것을 빼고 붙임 딱지를 모읍니다.

3 하루 동안 하는 일에 관한 붙임 딱지를 모둠별로 나와서 붙이고 발표합니다.

4 선생님은 모둠별로 나온 하루 동안 하는 일들을 추려서 제시해 줍니다.

5 1시간짜리 쿠폰 24개를 적절히 분배하여 하루 일정을 작성합니다.

6 쿠폰을 나눈 일정을 토대로 자신만의 시간표를 만들어 봅니다.

1 하루 동안 해야 하는 일, 하고 싶은 일 등을 꼼꼼히 살펴보고 한정된 시간을 분배하며 나의 하루를 알차게 계획하는 시간표를 만드는 활동입니다.

2 시간이 한정되어 있으므로 우리가 하루 동안 하는 많은 일을 중요성에 따라 우선 순위를 정한 후 계획표를 작성해야 한다는 것을 알려 주세요.

3 하고 싶은 일이 많지만 해야 하는 일도 있다는 것을 알려 주세요. 컴퓨터하기, 친구와 놀기와 같은 일에 너무 많은 시간을 투자하면, 숙제하기는커녕 밥 먹고 잠자는 시간도 모자랄 수 있다는 것을 쿠폰을 통해 피부로 느낄 수 있는 활동입니다.

4 시간표를 좀 더 계획적으로 작성하는 활동일 뿐 아니라, 시간 관리를 계획적으로 해야겠다고 다짐하는 계기가 될 수 있습니다.

활동 모습

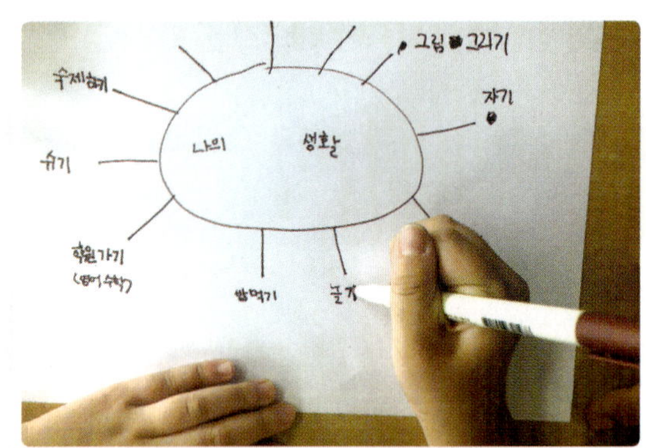

내가 하루 동안 하는 일을 생각해 보아요.

우리 모둠의 붙임 딱지를 친구들에게 설명해요.

쿠폰을 가지고 나의 하루를 분배해 보았어요.

친구들이 어떻게 시간을 나누었는지 살펴보아요.

1 레시피 변형하기 1

– 좀 더 세밀한 계획표를 작성하고 싶다면 쿠폰을 30분 단위로 나누는 것도 한 방법입니다.

2 레시피 변형하기 2

– 시간표를 작성한 후, 시간 관리와 계획적인 생활에 대한 소감을 나누는 시간을 가지면 더 알찬 활동이 될 수 있어요.

레시피를 안전하게!

✔ 꼭 해야 할 일을 하지 않고 시간표를 짜는 학생이 생기는 것을 예방하기 위해 교사가 해야 할 일 몇 가지를 반드시 넣도록 정해 주세요.

✔ 다른 친구의 시간 분배를 보고 평가하거나 비난하지 않도록 해 주세요.

레시피 후기

선생님: 시간표를 계획하는 것은 흔한 활동 중 하나이지만, 목적에 맞게 활동을 추가해 보니 학생들이 활동의 목표를 잘 이해하는 것 같아 뿌듯합니다.

학생 1: 그동안 시간을 너무 낭비했던 것 같다고 생각했습니다. 쿠폰 24장은 너무 부족했어요. 앞으로는 시간을 더 아껴 써야겠다고 생각했습니다.

학생 2: 친구들과 이야기하며 쿠폰을 이용해 시간표를 만드니 재미있으면서도 더 좋은 시간표가 된 것 같아요.

3. 자원 관리와 가정일 하기
가정일 하기

가사 분담 즉흥 역할극

가정일 역할 카드를 만든 후 그것을 뽑아서 즉흥 역할극을 하는
활동입니다. 가사 분담 즉흥 역할극을 통해 즐겁고 의미 있는
실과 수업을 만들어 보세요.

준비물 역할 카드, 연필, 가위, 활동지 등

1 각자의 집에서 가정일을 어떻게 분담하는지 알아봅니다.

2 4가지 카테고리별(가족 형태/벌이 형태/자녀 유형/가사 유형) 역할 카드를 만듭니다.

3 가정일 역할 카드를 두 번 접은 후 카테고리별로 통에 담아 카드를 한 장씩 뽑습니다.

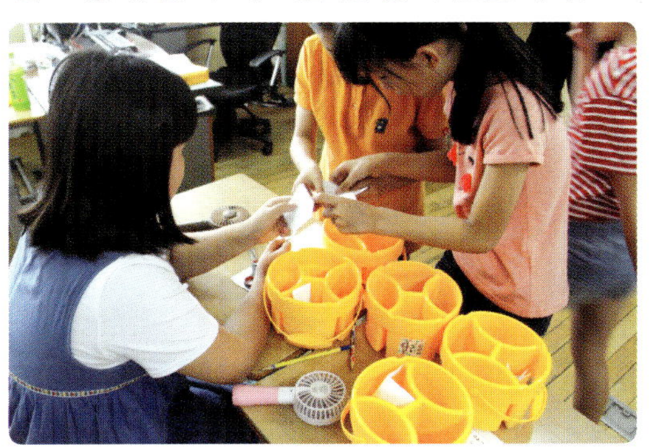

4 뽑은 네 가지 역할 카드에 맞게 즉흥 역할극을 합니다.

5 역할극을 해 본 후 가정일을 분담할 때 고려해야 할 점을 토의합니다.

6 토의한 내용을 참고하여 새로운 우리 집 가사 분담표를 작성하고, 발표합니다.

1 부모님께 감사함을 느끼고, 가사 분담 역할극을 통해 올바른 가사 분담이란 어떻게 해야 하는지 생각해 보는 활동입니다.

2 역할극 카드의 네 가지 카테고리는 가족 형태, 맞벌이인지 외벌이인지, 자녀 유형은 어떤지, 가사는 누가 하고 있는지를 나눈 것입니다.

3 역할극 카드의 내용을 쓸 때 먼저 예시를 알려 준 후, 학급을 다섯 개 모둠으로 나누어서 각 모둠별로 한 카테고리에 대해 토의하여 쓰게 합니다.

4 실감나는 역할극을 위해 각종 도구를 사용할 수 있게 합니다.

활동 모습

가정일 역할 카드를 만들고 있어요.

아빠 역할을 맡은 학생이 퇴근하여 집에 도착하였고, 막내 딸 역할을 맡은 학생이 마중을 나왔어요.

엄마 역할을 맡은 학생이 저녁 식사 준비를 하고 있어요.

큰딸 역할을 맡은 학생이 설거지를 하고 있어요.

1 레시피 변형하기 1

– 가정일 역할 카드를 학생이 만들게 할 수도 있지만 교사가 미리 만들어서 나누어 줄 수도 있습니다.

– 새로운 우리 집 가사 분담표를 작성한 후 실제로 집에서 그렇게 실천하는지를 확인하는 과제를 내 줍니다.

2 레시피 변형하기 2

– 즉흥 역할극 대신 대본을 짜는 활동을 넣은 후 대본에 맞춰서 역할극을 할 수 있습니다.

레시피를 안전하게!

✔ 가위를 사용할 때에는 다치지 않도록 항상 주의하세요.

✔ 역할극을 할 때 역할에 지나치게 몰두하여 서로에게 마음의 상처를 주지 않도록 유의합니다.

레시피 후기

● **선생님**: 역할 카드를 만들 때 카테고리를 나누고, 예시를 들어 주니 학생들이 큰 어려움 없이 역할 카드를 만들었습니다.

선생님

● **학생 1**: 가정일을 분담할 때 무조건 똑같이 나누는 게 아니라 경제적인 역할이나 여러 상황도 고려해야 한다는 것을 알게 되었습니다.

● **학생 2**: 나도 우리 집의 한 구성원으로서 가정일을 일부 맡아서 해야겠다고 생각하였습니다.

학생

3. 자원 관리와 가정일 하기
자원 관리하기

시간 낭비 왕 변신하기

생활 계획표에서 고쳐야 할 시간 계획을 놀이를 통해
자연스럽게 할 수 있도록 하는 놀이입니다
('실천적 문제 해결 능력'과 '생활 자립 능력' 향상을 위한 활동)

준비물 다트(이쑤시개, 색종이, 고무줄), 붙임 딱지, 시간표, 하드보드지, 휴지 등

뚝딱! 실과 활동 레시피

1 색종이, 이쑤시개, 고무줄, 하드보드지를 준비합니다.

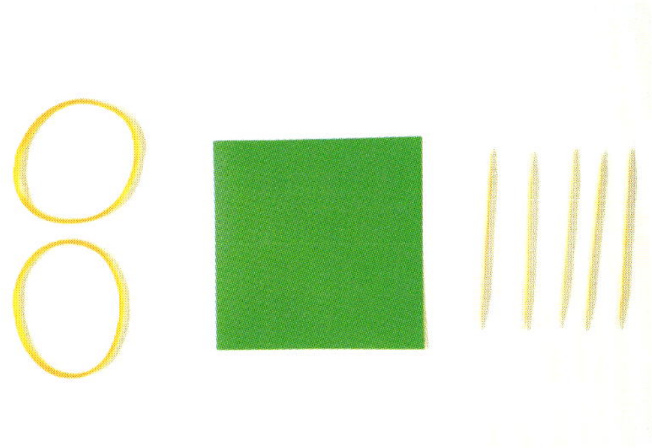

2 간단한 다트를 만듭니다.

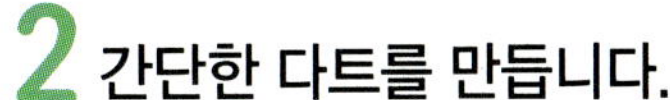

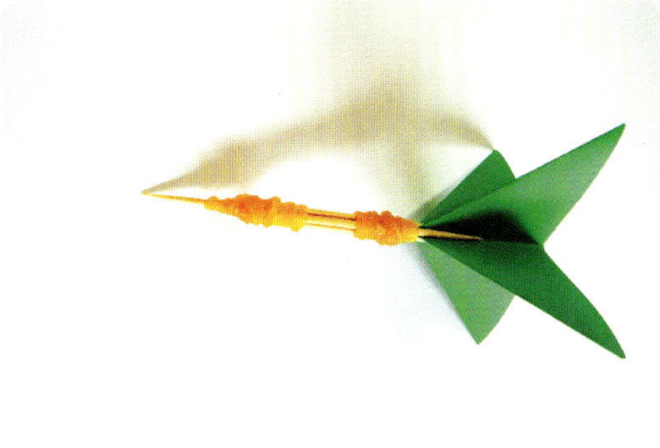

3 자신이 생활하는 대로 생활 계획표를 작성하게 하고 이 가운데 불필요하거나 바꾸길 희망하는 내용을 1~2개 정합니다.

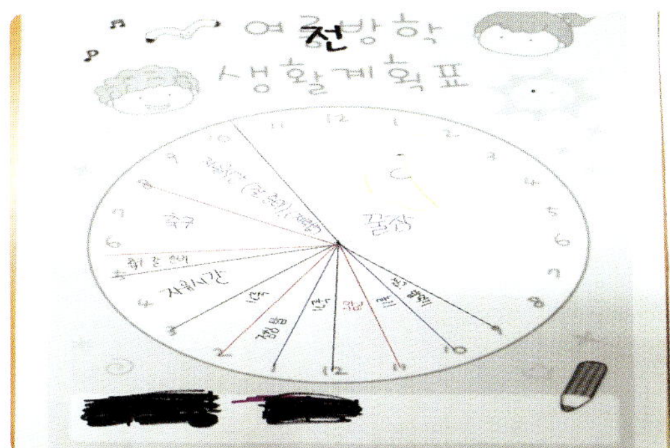

4 바람직한 생활 모습에는 어떤 것들이 있는지 알아보고 공통된 내용을 붙임 딱지에 적어 하드보드지에 붙입니다.

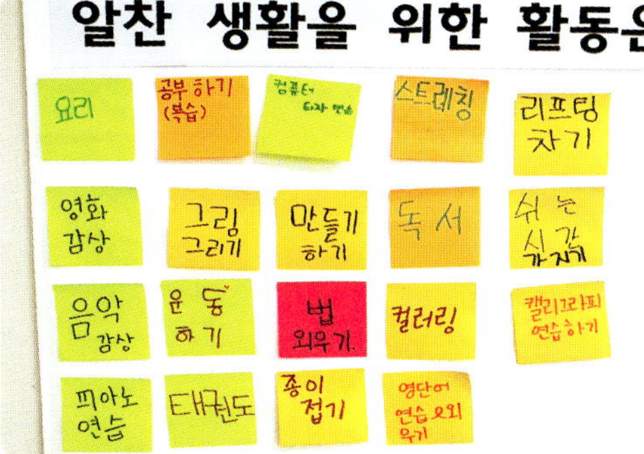

5 하드보드지에 다트를 던져 맞힌 붙임 딱지가 무엇인지 확인합니다.

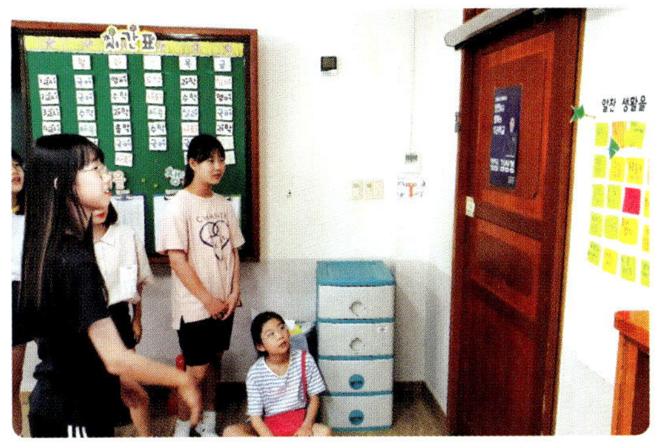

6 확인된 붙임 딱지 안의 생활 내용과 바꾸길 희망하는 내용을 교체하여 생활 계획표를 다시 작성합니다.

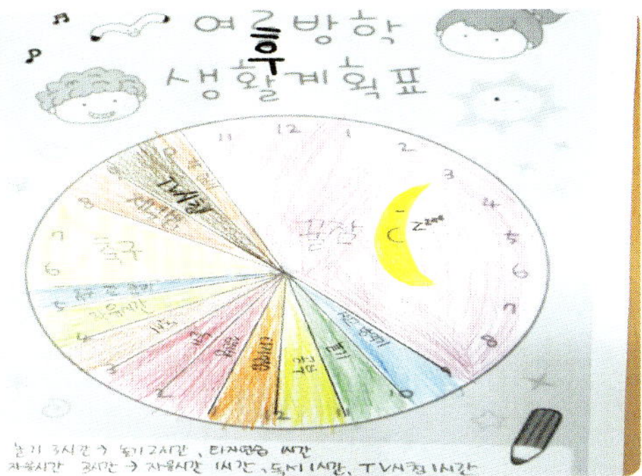

1 바라거나 꾸미기 위하여 생활 계획표를 처음에 작성하는 것이 아니라 있는 그대로의 생활 모습을 계획표에 작성해야 합니다.

2 지킬 수 없는 생활 계획표를 만드는 것이 목적이 아니라, 몇 시간만이라도 생활의 변화를 유도하는 생활 계획표를 만드는 것에 목적이 있습니다.

3 낭비하는 시간이라고 판단하는 활동 1~2개만 선정하게 합니다.

4 다트 만들기가 복잡하다면 칠판에 다트를 그리고 물 묻힌 휴지로 던져서 놀이를 진행해도 됩니다.

활동 모습

바람직한 생활 활동 붙이기를 해요.

다트를 던져요.

휴지에 물을 묻히고 칠판 다트에 던져도 좋아요.

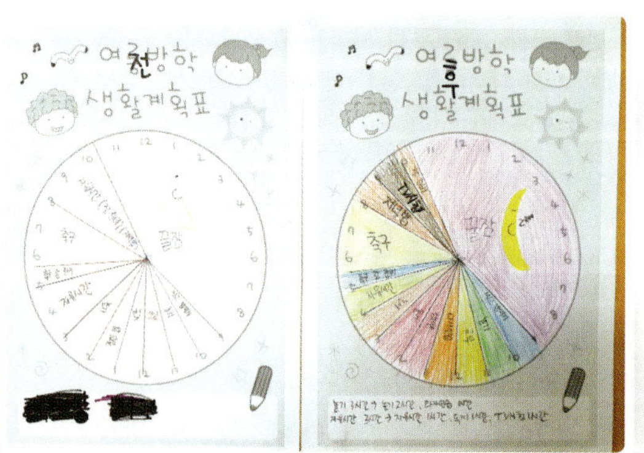

생활 계획표의 전과 후를 비교하여 바뀐 점을 찾아봐요.

이렇게도 할 수 있어요!

1 레시피 변형하기 1: 가위바위보 활동 쪽지 바꾸기

- 있는 그대로의 생활 계획표에서 바꿀 점이 있는 활동을 선정하고, 개인이 바람직한 활동을 쪽지에 적은 후 접고 일어나 들고 다니며 다른 학생과 가위바위보를 하여 이기면 쪽지를 바꾸거나 가져 최종적으로 가위바위보 시간이 끝났을 때 자기 손에 들고 있는 활동으로 생활 계획표를 바꾸는 놀이입니다.

2 레시피 변형하기 2: 빙고 게임 후 활동 쪽지 뽑기

- 있는 그대로의 생활 계획표에서 바꿀 점이 있는 활동을 선정하고, 개인이 바람직한 활동을 쪽지에 적은 후 선생님이 모아 전체 빙고 놀이를 시작합니다. 먼저 빙고를 완성한 사람이 쪽지를 뽑아 생활 계획표를 바꾸는 놀이입니다.

레시피를 안전하게!

✔ 다트를 만들 때 이쑤시개 등에 찔리지 않도록 조심하세요.

✔ 다트 던지기를 할 때 사람에게 던지거나 다트판에 사람이 서 있지 않도록 미리 안내하여 주세요.

레시피 후기

- **선생님:** 생활 계획표를 전체적으로 바꾸어 꾸미는 것은 아이들이 실천하기 어려웠지만 실제 생활 계획표에서 재미있는 놀이를 통해 한 두 가지만 활동을 바꾸게 하니 의미 있고 즐겁게 활동을 한 것 같아요.

선생님

- **학생 1:** 다트를 던져 바꾸기 활동을 하니 정말 재미있었어요.
- **학생 2:** 한 가지 활동만 바꾸니 실천할 수 있을 것 같아요.

학생

가정일,
나만의 비법 공개

가정일을 직접 해 보고 친구들에게 한 가지 일에 대해 잘하는 방법,
중요한 점, 소감 등을 이야기하며 가정일을 실천해 보는 활동입니다.
('생활 자립 능력' 향상을 위한 활동).

준비물 가정일 활동지, 필기구 등

1 집에서 할 수 있는 일들은 어떤 것들이 있는지 알아봅니다.

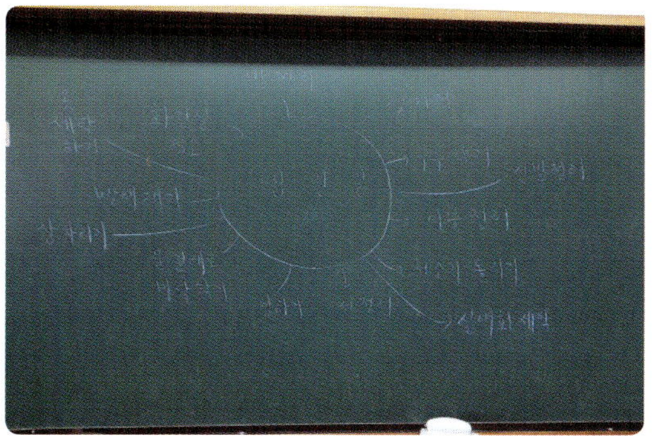

2 자신이 할 수 있는 가정일을 정하고 일주일 동안 그 일을 하며 중요한 노하우나 하면서 느낀 점을 적습니다(426~427쪽 활동지 참고).

3 각자 해 온 가정일을 친구들 앞에서 발표하도록 합니다.

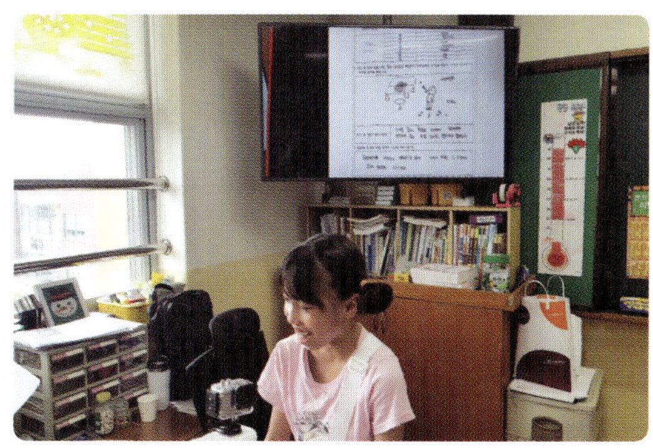

4 모둠원들과 함께 각자가 한 가정일을 함께 이야기 나누며 좀 더 잘할 수 있는 방법을 논의합니다.

5 수정, 보완한 가정일 중 하나를 정하여 발표하고 모두가 함께 살펴봅니다.

6 가정일을 해 보고 나서 힘들었던 점 등을 떠올리며 부모님께 감사의 편지를 씁니다.

1 학생 각자가 생각하는 가정일은 매우 한정적일 수 있으니, 사전에 가정에서 부모님께서 하시는 일을 관찰할 수 있도록 합니다.

2 적어도 일주일 동안 가정일을 할 수 있도록 계획을 작성하고 실시할 수 있도록 합니다.

3 가정일을 하고 난 자신의 생각과 소감을 이야기하며 부모님께 감사한 마음과 가정일 분담의 중요성을 깨달을 수 있도록 합니다.

4 가정일에 대해 함께 이야기하며, 공평하게 분담하는 것의 중요성을 이해할 수 있도록 합니다.

활동 모습

일주일 동안 제가 한 가정일을 발표하겠습니다.

제가 빨래를 정리하는 방법에 대해 알려 드릴게요.

설거지할 때엔 베이킹소다를 쓰면 깨끗하게 닦을 수 있어.

이제 가정일을 좀 더 잘할 수 있을 것 같아!

1 레시피 변형하기 1

– 가정일 역할극을 통해, 가정에서 하는 일을 알아보는 활동을 실시할 수 있습니다.

2 레시피 변형하기 2

– 가정일의 중요도, 난이도, 분담표 작성 활동을 통해 가정일에 관심을 가질 수 있는 계기를 마련할 수 있습니다.

레시피를 안전하게!

✔ 음식 조리와 같은 가정일을 하면서 생길 수 있는 안전 문제에 대해 사전에 유의할 수 있도록 안내합니다.

레시피 후기

● **선생님**: 가정일은 대부분 부모님께서 하시며, 학생은 그게 당연하다고 생각하는 경우가 많습니다. 또한, 그 일의 중요성을 잘 알지 못합니다. 이 활동을 통해 많은 학생이 가정일의 중요성과 분담의 필요성을 느낄 수 있었습니다.

● **학생 1**: 그동안 부모님께서 음식, 설거지 등 대부분 가정일을 하셨어요. 이번 활동을 계기로 앞으로 저도 가정일을 함께 해야겠어요.

● **학생 2**: 부모님께 죄송한 마음과 감사한 마음이 동시에 들었어요. 앞으로 가정일을 좀 더 많이 할 생각이에요.

4. 기술 시스템

다양하고 즐거운 놀이 활동으로
동식물 돌보기, 수송 수단 만들기,
소프트웨어의 기본 원리를 체험해요!

내 꿈은 펫시터(1)

동물을 기르는 프로젝트에 더해 펫시터(PET-SITTER) 자격증을
부여하여 학생 스스로 동물을 기르는 데 있어 전문 지식과 함께
많은 힘과 노력이 필요함을 깨닫는 수업입니다. 학생 스스로
동물을 사랑하고 소중히 생각하는 태도를 기를 수 있습니다.

준비물 돋보기, 조명, 부화기, 알 10개, 병아리 집 등

1 펫시터(병아리 사육사) 프로젝트를 공지하여 자격증을 딸 수 있도록 합니다.

3 부화기 안을 매주 확인하고 관찰 일기를 작성합니다.

5 속이 찬 알과 그렇지 않은 알을 비교하여 부화할 수 있는 알을 구별합니다.

7 태어날 병아리들을 위해 안전한 집을 미리 만들어 둡니다. 앞은 볼 수 있도록 투명하게 만듭니다.

2 알을 구입하여 부화기에 넣고 온도와 습도를 맞춰 줍니다.

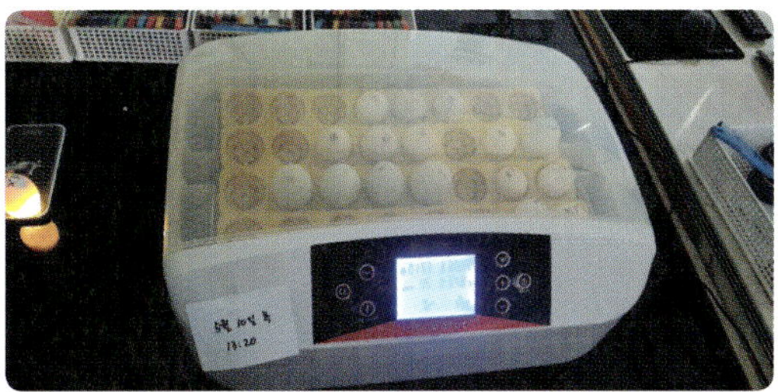

4 돋보기와 조명으로 부화가 잘되고 있는지 달걀 속 어두운 부분을 확인합니다.

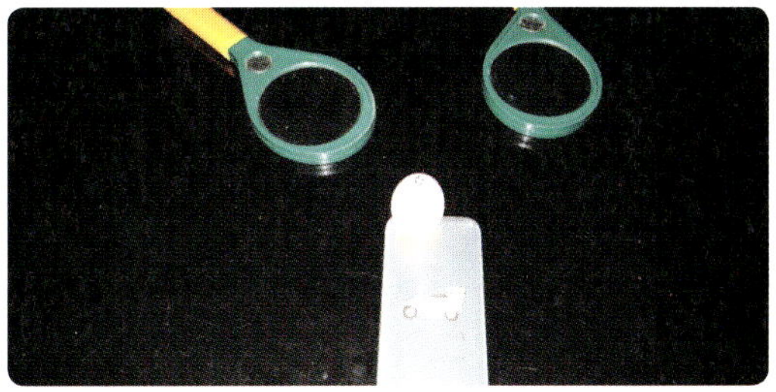

6 태어날 병아리를 위해 병아리집을 만들 준비물입니다.

8 필기 시험에 통과한 친구에게 펫시터 합격 배지를 제공합니다.

1 하루에 1~2명에게 병아리가 어느 정도 컸는지 부화기는 잘 작동이 되고 있는지 확인하는 역할을 주면 학생들이 책임감 있게 수행합니다.

2 펫시터 자격증을 받기 위해 동물에 대해서 스스로 공부하고 어떻게 키워야 하는지 탐색하는 모습이 보기 좋았습니다.

3 알이 부화하는 데에는 온도와 습도가 매우 중요합니다. 부화기를 이용하는 편이 경제적이고 효율적입니다.

4 알 중 부화가 안 되는 알은 미리 중간에 빼 두는 것이 학생들의 실망감을 줄일 수 있습니다.

활동 모습

펫시터 자격증에 관해 미리 학생들에게 공지합니다.

조명 위에 알을 올려놓고 어느 정도 자랐는지 확인합니다.

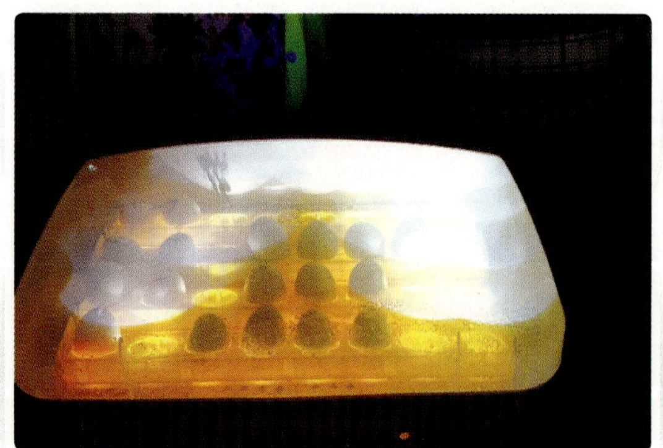

중간에 자라지 않는 알에는 X표시 해 둡니다.

조명 위에 알을 두면 핏줄 등이 보이고 성장하는 것을 관찰할 수 있습니다.

1 레시피 변형하기 1

– 교실 안에 병아리 부화기를 두고 매일 점검하면 더욱 좋습니다.

2 레시피 변형하기 2

– 병아리와 함께 곤충도 기르면 더욱 좋습니다.

레시피를 **안전하게!**

✔ 알을 다룰 때에는 떨어뜨리지 않도록 주의합니다.

✔ 알에 지나치게 오랜 시간 동안 빛을 비추면 부화가 잘 되지 않을 수 있으므로 주의합니다.

✔ 병아리 집을 만들 때 가위나 칼은 주의해서 사용합니다.

레시피 후기

선생님

● **선생님**: 병아리가 태어나는 장면을 직접 보는 것은 쉬운 일이 아닙니다. 펫시터 프로젝트를 하면서 동물을 대하는 태도와 마음가짐을 배울 수 있는 수업이었습니다.

● **학생 1**: 병아리 집을 만들 때 왠지 모르게 엄마가 된 느낌이 들었습니다. 집에 데리고 가서 키우고 싶었습니다.

● **학생 2**: 병아리가 부화하는 것을 직접 관찰하며 펫시터 자격증을 받아 기분이 정말 좋았습니다.

학생

내 꿈은 펫시터(2)

동물을 기르는 프로젝트에 더해 펫시터(PET-SITTER) 자격증을 부여하여 학생 스스로 동물을 기르는 데 있어 전문 지식과 함께 많은 힘과 노력이 필요함을 깨닫는 수업입니다. 학생 스스로 동물을 사랑하고 소중히 생각하는 태도를 기를 수 있습니다.

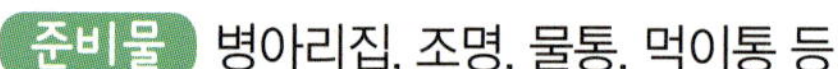
준비물 병아리집, 조명, 물통, 먹이통 등

1 병아리를 키우기 위한 준비물입니다.

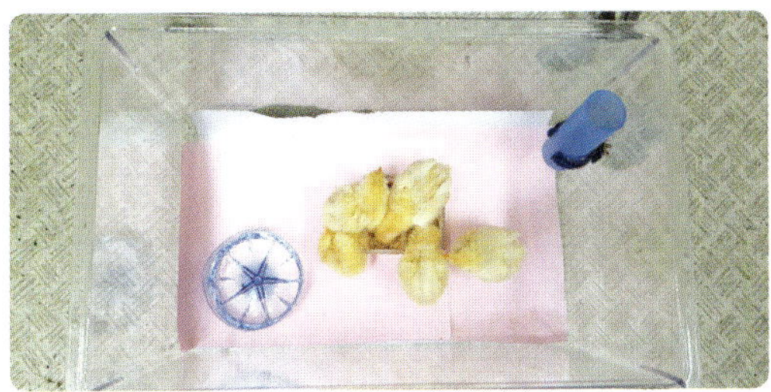

2 병아리를 잘 자라게 하는 데 가장 중요한 것은 따뜻한 온도입니다.

3 당번 친구가 매일 먹이를 주고 청소합니다.

4 청소할 때에는 물티슈와 물로 깨끗하게 바닥을 깨끗이 닦아 줍니다.

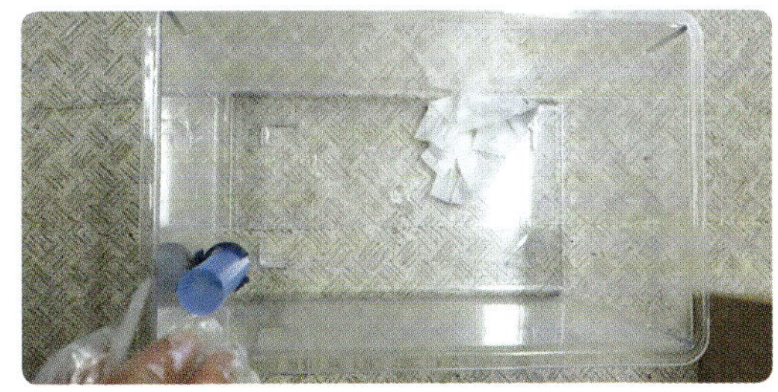

5 2주가 지나니 점점 덩치가 커지는 귀여운 병아리들입니다.

6 덩치가 많이 큰 병아리는 아이들이 직접 만든 상자로 이동시킵니다(적절한 먹이 분배를 위해).

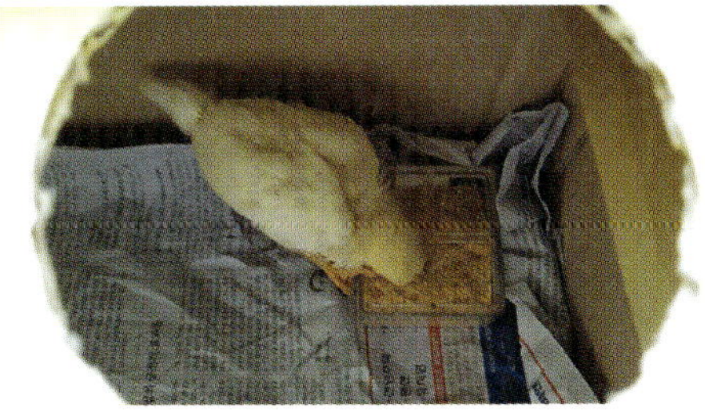

7 병아리 분양 신청서를 받습니다.

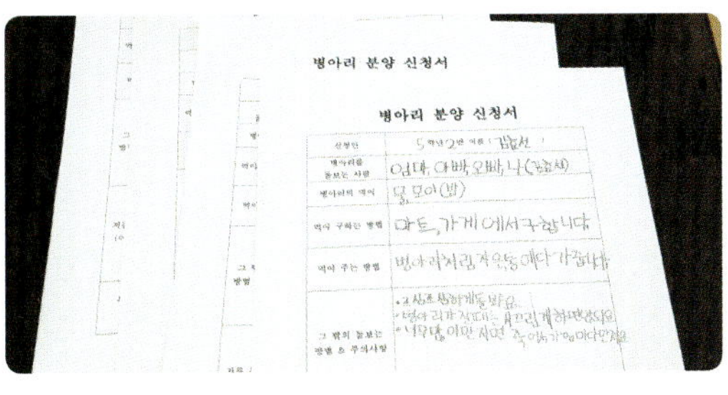

8 분양된 학생의 집에서 졸고 있는 병아리입니다.

1 알에서 시작해 부화한 병아리까지 일련의 과정을 직접 볼 수 있는 기회를 제공할 수 있습니다.

2 매일 당번을 정해 병아리 집을 청소하고 물과 먹이를 바꿔 주며 책임감을 기를 수 있도록 합니다.

3 복도에서 병아리를 챙기며 조용히 걸어가는 학생들의 모습을 볼 수 있습니다.

4 학교에서 병아리를 기르는 것에서 그치지 않고 분양하여 집에서 기르도록 합니다.

활동 모습

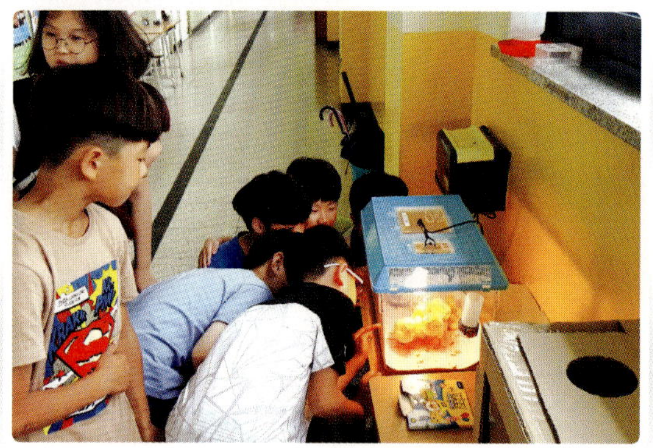

삐약이들이 너무 신기해요!

복도에서 뛰면 병아리가 위험해요.

병아리가 놀라지 않게 살살 걸어다녀요.

따뜻하게 전구를 비춰 주고 모이를 땅에 뿌려 줍니다.

1 레시피 변형하기 1

　– 학교에서 울타리나 닭장을 만들어 계속 키울 수 있으면 더 좋습니다.

2 레시피 변형하기 2

　– 우리가 키운 닭을 먹을 것인지에 대해서 토론해 보는 시간을 가질 수 있습니다. 가치 판단 도덕
　수업과 연계할 수 있습니다.

레시피를 안전하게!

✔ 병아리의 건강을 위해 물과 먹이를 매일 갈아 줍니다.

✔ 병아리를 싫어하는 학생은 관찰하는 것으로 충분합니다.

✔ 복도에서 장난치다가 병아리 집을 파손하거나 부딪치는 일이 없도록 합니다.

레시피 후기

● **선생님**: 복도에서 아이들이 뛰지 않고 병아리가 잔다고 조용히 걷는 모습이
무척 귀여웠습니다. 병아리를 키우는 것에서 그치지 않고 집으로 분양해 가
서 어떻게 잘 자라는지 사진과 동영상을 공유하여 반 아이들이 함께 닭이 될
때까지 관심을 가져 준다는 점이 뜻깊었습니다.

선생님

● **학생 1**: 복도에 나가면 '짹짹' 소리가 나서 너무 귀여웠어요.

● **학생 2**: 집에 병아리를 분양해 가서 키우니까 너무 귀엽
고 좋았어요.

학생

4. 기술 시스템
식물 가꾸기

텃밭 가게(1)

봄에서 여름까지 학교 텃밭 또는 긴 화분을 활용하여
모둠별로 감자, 오이 등의 작물을 가꾸고 재배하여
음식을 판매하는 프로젝트 전반 단계의 활동입니다
('기술적 문제 해결 능력'과 '기술 활용 능력' 향상을 위한 활동).

준비물 씨감자, 오이나 상추 등의 모종, 텃밭 또는 화분 및 흙, 농기구 등

1 텃밭에 어떤 작물을 심을지 고민해 보고 모둠을 구성하여 직접 찾아보게 합니다.

2 텃밭에 직접 비료를 주고 고랑을 만들게 합니다.

3 씨감자(3월)를 구매하고 잘라 고랑에 심습니다.

4 오이 모종과 상추 모종(4월 말)을 구매하여 모종을 심습니다.

5 감자와 오이, 상추 모종이 커지면 모둠별로 물을 주고 잘 가꿉니다.

6 감자, 오이, 상추 등이 잘 자라도록 잡초를 제거합니다.

7 감자를 수확합니다.

8 오이와 상추를 수확합니다.

1 준비물 구매 비용 또는 학급 운영비 등으로 씨감자나 모종을 준비하세요.

2 학교에 텃밭이 없다면 대야 또는 긴 화분에 심어도 좋습니다.

3 감자를 선택한 까닭은 싹이 튼 이후에 물을 주는 것 외에 별다른 관리가 필요하기 않기 때문입니다.

4 감자는 3월 중순에 심고 6월 장마가 오기 전 수확합니다.

활동 모습

비닐도 우리가 씌워요.

오이가 잘 올라갈 수 있게 지주대와 망을 설치해요.

오이가 잘 타고 올라가요.

오이와 상추 주변의 잡초를 제거해요.

1 레시피 변형하기 1: 오이고추 심기

– 봄, 여름에 부담 없이 오이고추를 심고 수확해도 좋습니다. 지주대를 세워야 하며 감자보다는 물을 많이 주어야 합니다.

2 레시피 변형하기 2: 방울토마토 심기

– 마찬가지로 봄, 여름에 부담 없이 심을 수 있는 작물입니다. 단, 햇빛과 물을 많이 주어야 하고 가지치기를 해야 합니다.

레시피를 안전하게!

✔ 칼을 이용해 씨감자를 자를 때에는 미리 사전 지도를 충분히 하시고 선생님이 대신 잘라 주셔도 좋습니다.

✔ 지주대를 세울 때 뾰족한 부분에 다치지 않도록 미리 안내하고 주의를 줍니다.

레시피 후기

● **선생님**: 아이들이 즐겁게 활동에 참여했고, 모둠으로 활동하며 서로 협동하는 모습도 볼 수 있어 의미 있는 프로젝트였습니다.

선생님

● **학생 1**: 가꾸는 과정은 힘들었지만 수확할 때 정말 보람 있었어요.

● **학생 2**: 오이와 상추는 물을 많이 주어야 해서 힘들었어요.

학생

4. 기술 시스템
식물 가꾸기

텃밭 가게(2)

봄에서 여름까지 모둠별로 수확한 감자, 오이 등을 이용해
음식을 만들어 학생들에게 판매하는
프로젝트의 후반 단계의 활동입니다
('기술적 문제 해결 능력'과 '기술 활용 능력' 향상을 위한 활동)

준비물 수확한 작물, 음식 만들기 도구 및 준비물, 포스터 도구, 가짜 돈 등

1 재배한 작물을 이용해 조리할 음식을 모둠별로 정합니다.

2 음식점 이름, 메뉴, 역할, 준비물, 가격 등을 정합니다.

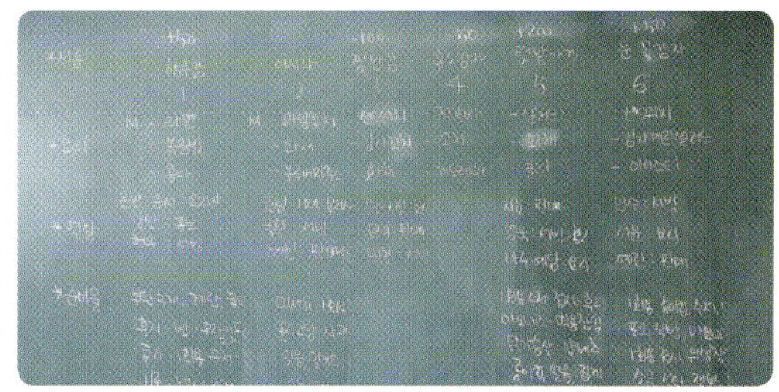

3 음식점 포스터, 메뉴판, 광고물 등을 만듭니다.

4 만든 포스터 등을 복도나 학교 주변에 붙입니다.

5 가짜 돈을 인쇄하여 필요한 학급에게 나누어 주고, 음식을 만듭니다.

6 음식을 만들어 전시하고 손님을 기다립니다.

7 만든 음식을 다른 학급 아이들에게 팝니다.

8 정리한 후 가장 많이 판매한 모둠 승리!

1 준비 과정이나 준비물 등을 공정하게 역할 분담하고 있는지 확인합니다.

2 가짜 돈은 특별한 양식 없이 사전에 원하는 학급에 미리 나누어 주고 전체 금액을 활동하는 아이들에게 공지해 줍니다 (미리 가격을 정할 수 있도록).

3 수업 시간에 만들고 쉬는 시간에 판매할 수 있도록 합니다. 이때 쓰레기 정리도 확실하게 할 수 있도록 사전에 안내합니다.

4 음식 만들기 할 때에도 위생에 신경 쓰고 쓰레기를 바로 정리할 수 있도록 안내합니다.

활동 모습

어떤 음식을 만들지 회의해요.

가게 포스터를 열심히 만들어 보아요.

음식을 재미있게 만들어 보아요.

음식 판매 준비 완료!

1 레시피 변형하기 1: 준비 토론 대결!

   – 텃밭 가게를 준비할 때 음식, 준비물, 역할 분담에 대해 모둠별로 소개합니다.
이때 다른 모둠은 음식에 맞지 않는 준비물이나 역할 분담에 대해 토론을 진행할 수 있으며 준비 모둠이 제대로 대답하지 못할 때 그 준비를 마저 해야 하며 지적한 모둠은 미리 가짜 돈을 보상받을 수 있습니다.

2 레시피 변형하기 2: 만남(만들어 남 주기)

   – 음식을 만들어 다른 학급 친구들에게 파는 활동 대신 자기 모둠이 만든 음식은 먹을 수 없고 다른 모둠에게 주는 활동입니다.

레시피를 안전하게!

✔ 칼과 같이 날카로운 조리 도구를 사용할 때에는 조심하세요.

✔ 불을 이용하여 조리할 때에는 화상을 입지 않도록 조심하세요.

✔ 조리의 기본은 위생입니다. 청결한 상태로 실습해 주세요.

레시피 후기

• **선생님**: 작물을 그냥 수확하기보다는 그것으로 음식을 계획하여 조리하고 판매하는 과정으로 프로그램을 진행하니 더 즐겁고 의미 있었던 것 같습니다.

선생님

• **학생 1**: 우리가 직접 수확한 작물로 음식 만들 때 정말 재미있었습니다.

• **학생 2**: 우리가 만든 음식을 다른 친구들에게 팔 때 힘들지만 정말 재미있었습니다.

학생

김장하기

다양한 김장 재료를 가꾸고 재료를 준비하여
김장까지 직접 해 보는 프로젝트 활동입니다
('기술적 문제 해결 능력'과 '기술 활용 능력' 향상을 위한 활동)

준비물 배추 모종, 재료 작물 모종, 김장 재료, 음식 만들기 도구 등

1 배추 모종 심는 방법을 익힌 후 모종을 심습니다.

2 어떤 김치를 만들 것인지 협의한 후 필요한 작물 재료(무와 갓 등)를 직접 심습니다.

3 배추나 다양한 재료 작물이 잘 자라도록 관리합니다.

4 다양한 재료 작물을 수확합니다.

5 모둠별로 필요한 재료를 조사하여 준비합니다.

6 키운 배추를 수확하여 반으로 자릅니다.

7 배추를 소금에 절입니다.

8 준비한 재료로 김치 속을 직접 만들어 김치를 완성합니다.

1 모둠별로 어떤 김치를 만들 것인지 정하고 재료를 조사한 후 작물을 심도록 합니다.

2 준비한 재료나 사온 재료가 엉뚱한 것이거나 만드는 방법이 다소 엉뚱해도 크게 교정해 주거나 만드는 방법을 다 알려 주지 않습니다.

3 가을부터 겨울까지 수확할 수 있는 재료 작물들을 미리 확인하여 심을 수 있도록 합니다.

4 재료를 마트에서 사올 때 가급적 모둠이 함께 하거나 제한 시간을 두고 재료를 모둠별로 사 올 수 있도록 지도합니다(핵심 포인트!).

활동 모습

모둠별로 김장 재료를 함께 사 보아요.

배추를 소금물에 담가 보아요.

준비한 재료로 김치 속을 만들어 보아요.

완성된 김치와 데운 보쌈 고기를 맛있게 먹어 볼까요?

1 레시피 변형하기 1: 제한 시간 내에 장 보기

– 재료를 준비할 때 선생님과 함께 제한 시간 내에 정해진 돈으로 장을 보는 놀이를 진행하면 아이들 스스로 빠른 시간 내에 속도감 있게 활동을 진행할 수 있습니다.

2 레시피 변형하기 2: 만든 김치로 여러 활동하기

– 완성한 김치를 바탕으로 보쌈 고기를 데워 보쌈 파티를 즐겨도 좋습니다.

– 완성한 김치를 바탕으로 불우한 이웃 또는 나눔이 필요한 사람에게 김치를 나누는 활동으로 연계해도 좋습니다.

레시피를 안전하게!

✔ 칼과 같이 날카로운 조리 도구를 사용할 때에는 안전에 유의하도록 미리 안내해 주세요.

✔ 김장을 할 때 위생은 기본입니다. 청결한 상태로 실습해 주세요.

레시피 후기

- **선생님**: 아이늘이 배추를 심고 수확하여 김장까지 연계하는 활동에 석극석으로 참여하고 서로 나누는 활동을 통하여 진정한 나눔의 정신을 느낄 수 있었던 것 같습니다.

선생님

- **학생 1**: 어느 정도 만들어진 상태에서 만든 것이 아닌 처음부터 직접 김치를 만든 것이라 많은 것을 배운 것 같습니다.

- **학생 2**: 모둠원과 함께 마트에서 시간 내에 장을 보고 직접 김장을 해 볼 수 있어서 재미있었습니다.

학생

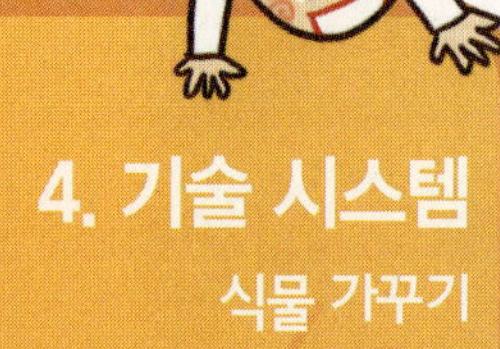

시드페이퍼 가꾸기

시드페이퍼를 이용하여 자신의 꿈이나 원하는 것을 적고
시드페이퍼에 식물을 가꾸는 활동입니다. 종이 안에
씨앗이 있는 신기한 시드페이퍼로 즐거운 실과 수업을 만들어 보세요
('기술적 문제 해결 능력' 향상을 위한 활동).

준비물 시드페이퍼, 패트리 접시, 거즈(휴지), 물, 플라스틱 재활용 컵, 흙, 모종삽 등

1 친구들과 함께 자신의 꿈과 진로에 대해서 이야기합니다.

2 카드에 자신의 꿈과 진로에 대한 다짐이나 글을 씁니다.

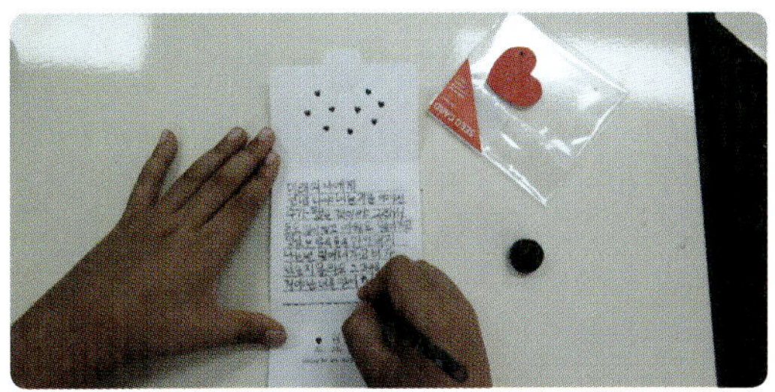

3 시드페이퍼에 자신의 꿈이나 진로를 적습니다.

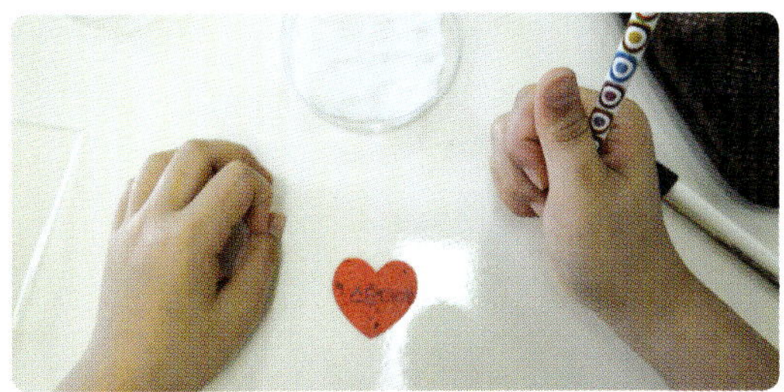

4 페트리 접시에 거즈를 넣고 물을 적신 다음 시드페이퍼를 심습니다.

5 햇볕이 잘 드는 창가에 시드페이퍼가 담긴 접시를 놓습니다.

6 자신의 시드페이퍼가 담긴 접시에 물이 마르지 않도록 매일 관리하며 싹이 나올 때까지 기다립니다(2주 정도).

7 시드페이퍼에 싹이 나면 재활용 컵에 흙을 담고 옮겨 심습니다.

8 영양분과 물을 충분히 주면서 자신의 꿈을 품은 식물을 길러 봅시다.

1 시드페이퍼가 잘 자랄 수 있도록 햇빛이 잘 드는 곳에 두고 물이 마르지 않도록 관리해 줍니다.

2 시드페이퍼란 다양한 종류의 씨앗이 들어 있는 종이로 진로 활동 및 실과 수업 등에 다양하게 활용할 수 있습니다.

3 재활용 컵 종류나 크기는 학생들이 직접 가져올 수 있도록 합니다.

4 가끔씩 종이에서 씨앗이 나오지 않는 경우도 있으니 미리 학생들에게 알려 주고 다시 할 수 있도록 여분의 시드페이퍼를 준비합니다.

활동 모습

나의 꿈에 대한 글을 카드에 써 봐요.

시드페이퍼에도 나의 꿈이나 소중한 것을 적어 봐요.

매일 자신의 꿈이 적힌 종이에 씨앗이 잘 자랄 수 있도록 물도 주고 좋은 말도 해 주세요.

나의 꿈을 품고 자란 씨앗을 재활용 컵에 심어 보아요.

1 레시피 변형하기 1

– 패트리 접시에 씨앗을 심지 않고 학교의 화단이나 학급 화분에 심을 수도 있습니다.

– 패트리 접시가 아니라 일회용 접시나 개인 컵 등 다양한 도구로도 씨앗을 틔울 수 있습니다.

2 레시피 변형하기 2

– 큰 시드페이퍼를 구매하여 모둠원이 학급 친구들에게 원하는 것, 학급 약속 등을 쓰고 심은 다음 다 같이 씨앗을 틔울 수 있도록 하여 협동심을 기르는 활동으로 변형할 수 있습니다.

레시피를 안전하게!

✔ 칼이나 날카로운 도구를 사용할 때에는 조심하세요.

✔ 다른 친구의 생각을 비난하지 않고 응원해 주세요.

레시피 후기

● **선생님:** 씨앗이 들어 있는 종이에 학생들의 생각이나 진로를 적어 보고 직접 씨앗을 길러 봄으로써 자신의 꿈을 매일 생각해 보는 기회와 식물의 소중함을 느끼게 하는 활동이었습니다.

선생님

● **학생 1:** 종이 안에서 씨앗을 나와서 신기했어요.

● **학생 2:** 내 시드페이퍼의 씨앗이 작아서 실망했는데 시간이 지나면서 크게 자라서 기뻤어요.

학생

농촌 사랑
현수막 만들기

농촌 사랑 캠페인 프로젝트 수업을 하면서 땅과 물의 소중함을 깨닫고, 친구들과 협력할 수 있는 계기를 제공할 수 있습니다. 또 공동체와 환경을 고려한 조화로운 삶을 위한 관계 형성 능력을 기를 수 있습니다.

준비물 천 마커(Fabric Marker), 천(1.5m×5m) 등

1 준비물입니다.

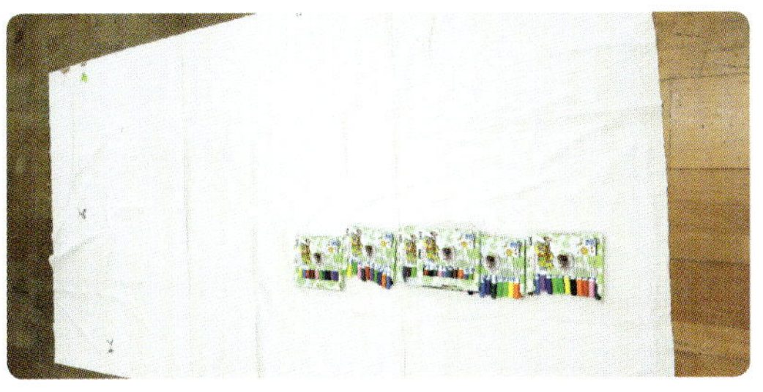

2 어떻게 그리면 좋을지 반 친구들의 의견을 모읍니다.

3 칠판에 반 친구들의 의견을 담으며 구현된 장면을 상상하며 채워 나갑니다.

4 각자 맡은 부분을 책임지며 최선을 다해 천을 채워 나갑니다.

5 가운데는 내가 책임질게!

6 작품이 완성되었습니다.

7 우리 작품이 어떤가요, 참 잘했죠?

8 농촌을 찾아 흙의 소중함도 배우고 농촌을 사랑하는 캠페인을 합니다.

1 그 지역의 특산품을 알아보고 농촌 일을 도와드리는 것도 좋습니다.

2 농촌으로 여행가는 느낌으로 자연과 하나 되는 기회를 가질 수 있습니다.

3 도심이 생활권인 친구들의 경우에는 집 근처 산으로 체험을 떠나는 것도 좋습니다.

활동 모습

집중하고 재미있게 활동을 합니다.

그림을 잘 그려 인기 좋은 학생 사진! 서로 도와가며 작품을 완성합니다.

선생님을 보며 찰칵! 정말 재미있어요!

필요한 부분을 채워 넣습니다.

1 레시피 변형하기 1

– 농촌에 직접 가서 감자 캐기나 고구마 캐기 등을 함께 체험하면 더욱 좋습니다.

2 레시피 변형하기 2

– 농촌에 계신 할머니, 할아버지께 인사드리고 어깨나 팔을 주물러 드리는 활동까지 하면 더욱 좋습니다.

✔ 농촌에서 벌레나 곤충을 조심합니다.

✔ 환경 보호를 위해 흙을 마음대로 파거나 나무 등을 훼손하지 않습니다.

✔ 농촌 일을 도울 때 도구 사용을 안전하게 합니다.

✔ 놀러간 것이 아니므로 조용하고 진지하게 활동합니다.

● **선생님**: 방과 후에 학원에 가는 친구와 맞벌이로 주말에 집에서 쉬는 때가 많은 학부모를 대신해서 자연으로 나들이 가는 기분이 좋았고, 농촌의 소중함을 일깨워 주는 시간을 가진 것이 뜻깊은 수업이었습니다.

● **학생 1**: 할머니 댁에 온 기분이 들어서 너무 좋았어요.

● **학생 2**: 오랜만에 버스 타고 이렇게 먼 곳에 오니 공기도 맑고 좋았어요.

 5~6학년 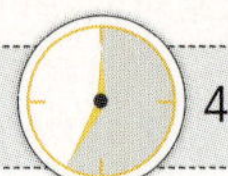 40분  교실

마리모 키우기

LED 유리병 속에 나만의 마리모 집을 꾸미고 마리모를 키워 보는 활동입니다. 기분이 좋으면 물 위로 떠오른다는 마리모의 재미있는 이야기를 배경으로 친구들과 즐겁게 수업할 수 있습니다.

준비물 LED 유리병, 마리모, 색 자갈, 노끈, 꾸밈 재료, 핀셋 등

1 재료를 준비합니다(LED 유리병에 맞는 건전지를 구매해야 합니다. 세트로 많이 나와 있어요. 꾸밈 재료: 작은 피규어, 나뭇가지, 작은 소라 등).

3 핀셋을 이용하여 꾸밈 재료를 넣고 자리를 잡아 줍니다.

5 유리병에 물을 넣습니다. 종이컵 입구를 접은 다음 물을 따르면 좋습니다.

7 노끈으로 유리병을 꾸며 줍니다.

2 내가 꾸미고 싶은 마리모 집을 생각하고 유리병에 자갈을 넣어 줍니다.

4 유리병 뚜껑에 LED등과 건전지를 넣습니다.

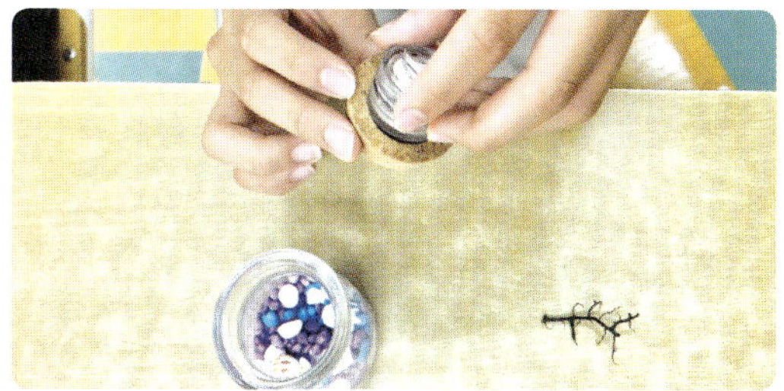

6 마리모를 유리병 속에 넣어줍니다.

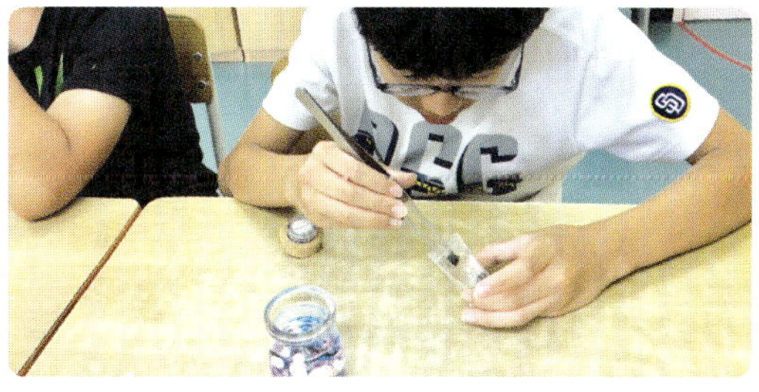

8 완성! 일주일마다 물을 갈아 주며 마리모를 키워 봅시다.

1 마리모는 추운 곳에 살던 식물이에요. 유리병에는 차가운 물을 넣어 주세요.

2 직사광선이 없는 서늘한 곳에서 마리모를 키웁니다.

3 날씨가 더워서 마리모가 노랗게 변하면 냉장고에 잠깐 넣어 주세요.

활동 모습

여러 가지 색의 자갈을 섞어서 사용해도 좋습니다.

어떤 마리모가 가장 먼저 물 위로 떠오를지 관찰해 볼까요?

마리모의 이름을 지어 봅시다.

마리모가 행운을 가져온다는 전설이 있대요. 정성스럽게 키워 봅시다.

1 레시피 변형하기 1

– 유리병을 재활용하여 마리모의 집을 만들고 꾸밀 수 있습니다.

– 블럭 장난감 등을 활용하여 마리모의 친구를 만들어 주어도 좋습니다.

2 레시피 변형하기 2

– 일본 아칸 호수 근처에는 마리모에 관한 전설이 있다고 합니다. 어떤 전설일지 상상하여 이야기
해 봅시다.

– 친구들의 이야기를 모아 '우리 반 마리모 전설'을 만들어 봅시다.

레시피를 안전하게!

✔ 마리모를 핀셋이나 손으로 세게 잡으면 마리모가 힘들어해요.

✔ 물을 한꺼번에 너무 많이 넣으면 자갈이 위로 올라옵니다. 조금씩 넣으세요.

✔ 유리병을 다 꾸몄으면 물을 넣기 전에 미리 책상 위를 정리해 주세요.

레시피 후기

●**선생님**: 재미있는 전설을 지니고 있는 녹조류 식물인 마리모 집을 만들고 일
상생활 속에서 마리모 키우기를 경험해 보는 활동입니다. 마리모를 정말 좋
아하는 아이들의 모습을 보며 '애완식물'에 대해 함께 이야기해 봐도 좋을 것
같았습니다.

●**학생 1**: 동글동글 마리모가 너무 귀여웠어요. 마리모랑
이야기도 많이 하고 물도 잘 갈아 주어서 마리모가 물 위
로 두둥실 떴으면 좋겠어요.

●**학생 2**: 마리모에 대한 전설이 재미있었어요. 저도 매일
매일 소원을 빌어 봐야겠어요.

무순 토피어리 인형 키우기

무순 토피어리 인형을 만들어 무순을 기르는 활동입니다.
인형을 만들고, 인형 머리(무순)를 기르고, 자르는 활동을 통해
즐겁고 의미 있는 실과 수업을 만들어 보세요.

준비물 불린 토피어리 수태(인형 2개분이 75g), 불린 무 씨앗, 스타킹, 꾸미기 도구 등

1 재료(불린 토피어리 수태, 불린 무 씨앗, 스타킹, 꾸미기 도구 등)를 준비합니다.

2 토피어리 수태의 물을 짜낸 후 둥글게 말아서 스타킹에 넣습니다.

3 인형 얼굴을 꾸며 줍니다.

4 잘 건져 낸 건강한 무 씨앗을 인형 머리에 잘 넣고, 물을 흠뻑 뿌려 줍니다.

5 무순 인형이 마르지 않도록 자주 물을 주고, 특히 자기 전에는 흠뻑 줍니다.

6 일주일 정도 지난 후 머리가 자란 무순 인형의 머리(무순)를 자릅니다.

7 자른 무순을 씻어서 요리 재료로 씁니다.

8 피자나 샐러드, 비빔밥과 같이 양념 또는 소스가 센 요리에 무순을 넣어서 맛있게 먹습니다.

1 무순 토피어리 인형을 만들고, 키우면서 식물을 가꾸어 보는 활동입니다.

2 무 씨앗은 1시간 이상 불리는 것이 좋습니다.

3 주말에는 무순 인형을 집에 가져가서 돌보도록 합니다.

4 토피어리 수태 75g이면 무순 인형 2개를 만들 수 있습니다. 개별로 만들 것인지, 모둠별 또는 짝과 함께 인형을 만들 것인지에 따라 토피어리 수태의 구매량을 조절합니다.

5 무순을 요리 재료로 쓸 때 양념이나 소스가 강한 요리에 넣으면 무순의 쓴맛을 중화할 수 있습니다.

활동 모습

토피어리 수태의 물을 짜면서 둥글게 모양을 만들어요.

스타킹이 찢어지지 않도록 주의해요.

인형의 머리 부분이 너무 좁지 않게 스타킹 윗부분을 잘라 줘요.

이발 직후의 무순 토피어리 인형!

1 레시피 변형하기 1

– 무순 인형의 머리를 이발하는 부분에 집중하여 무순 인형 헤어컷 콘테스트를 개최합니다.

2 레시피 변형하기 2

– 조리하는 부분에 더 집중한다면 조리 실습과 연계하여 무순을 더 창의적인 방법으로 조리할 수 있습니다. 이때 무순 조리 대회를 개최합니다.

레시피를 안전하게!

✔ 가위를 사용할 때 다치지 않도록 주의하세요.

✔ 모둠별 또는 짝과 협력하여 무순 토피어리 인형을 이발할 때 여러 명이 동시에 가위질하지 않고, 안전하게 한 명씩 돌아가면서 해요.

레시피 후기

선생님: 이 수업에는 여러 학생들의 다양한 능력이 필요하기 때문에 개별 활동보다는 모둠별 또는 짝꿍 활동으로 하면 협동심도 기르고, 자신이 잘하는 부분에 더 집중하여 시너지 효과를 낼 수 있습니다.

학생 1: 하루가 다르게 자라는 무순을 보면서 내가 자라는 모습을 지켜보는 부모님의 마음도 이럴까 생각해 보았습니다.

학생 2: 내가 직접 만들고, 키우고, 자른 것으로 조리까지 할 수 있다니 뿌듯했습니다.

4. 기술 시스템
수송 기술과 생활

미래 자동차, 6색 사고 모자 기법으로 그리기

6색 사고 모자 기법 활동으로 미래 자동차를 생각해 보는 활동입니다.
학생들의 창의적인 생각으로 즐거운 실과 수업을 만들어 보세요
('기술적 문제 해결 능력' 향상을 위한 활동).

준비물 붙임 딱지, 8절지 6색 도화지(하양, 노랑, 검정, 초록, 빨강, 파랑) 종이,
A4 용지, 색연필, 사인펜 등

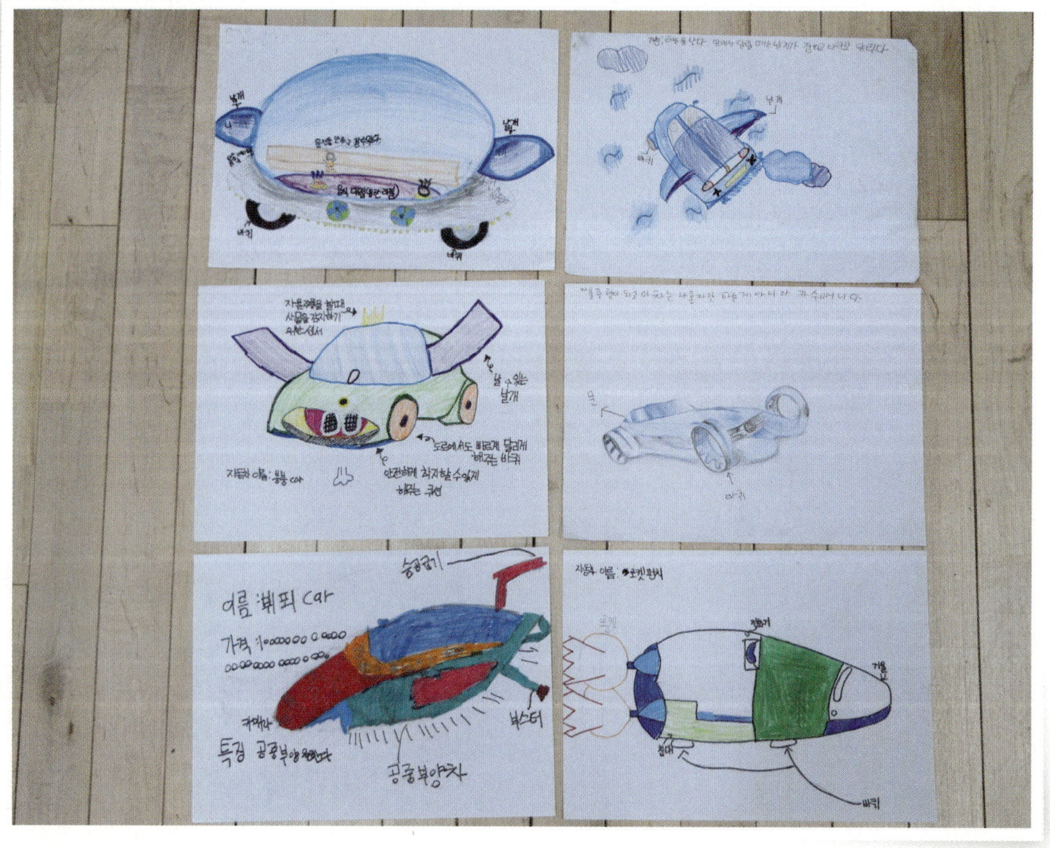

1 6색 사고 모자 기법을 순서대로 실시합니다. 먼저 '자동차에 대한 객관적인 정보'를 붙임 딱지에 써서 하양 도화지 위에 붙이고 모둠별로 발표합니다.

2 각자 '기존 자동차의 장점'을 붙임 딱지에 써서 노랑 도화지 위에 붙이고 모둠별로 발표합니다.

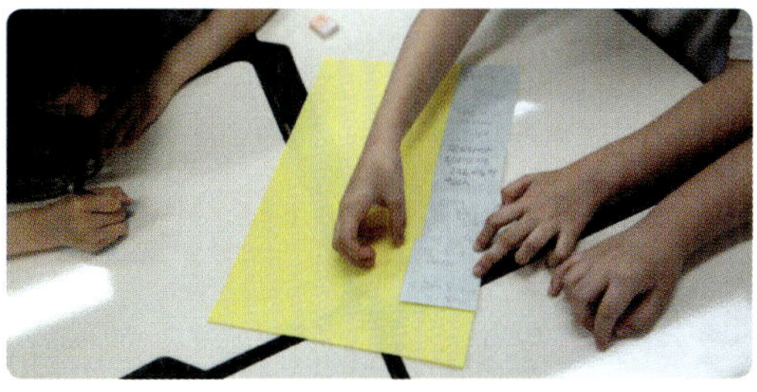

3 각자 '현재 자동차의 불편한 점, 문제점'을 붙임 딱지에 써서 검은색 도화지 위에 붙이고 모둠별로 발표합니다.

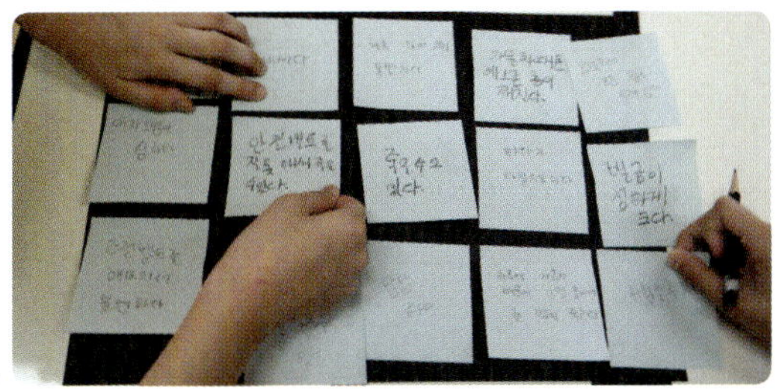

4 각자 '자동차에 무엇을 추가하면 좋을까?'를 붙임 딱지에 써서 초록 도화지 위에 붙이고 모둠별로 발표합니다.

5 각자 '새로운 아이디어에 대한 내 생각과 느낌'을 붙임 딱지에 써서 빨강 도화지 위에 붙이고 모둠별로 발표합니다.

6 각자 '미래 자동차는 어떤 모습인가?'를 붙임 딱지에 써서 파랑 도화지 위에 붙이고 모둠별로 발표합니다.

7 6색 사고 모자 기법으로 생각한 미래 자동차 모습을 A4 용지에 구체적으로 그립니다.

8 자신이 그린 미래 자동차를 친구들 앞에서 발표합니다.

1 6색 사고 모자 기법은 모자 색에 따라 생각 방향을 정해 놓고 그 생각만 집중하는 기법입니다.

2 학생들이 자신의 생각을 자유롭게 쓸 수 있도록 개방적인 분위기를 만들어 주세요.

3 정답을 쓰기보다는 많은 생각을 쓸 수 있도록 격려해 주세요.

4 처음에는 어려울 수 있으니 다양한 주제로 연습을 한 뒤에 활용하면 더욱 효과적입니다.

활동 모습

6색 사고 모자 기법으로 모둠별로 쓴 생각을 발표하고 서로 비교해 보세요.

6색 사고 모자 색에 따라 쓴 종이는 모둠별로 정리하도록 하세요.

6색 사고 모자 기법이 다 끝난 다음 자신들이 모은 생각을 다시 종합할 수 있도록 해 주세요.

학급 전체 친구들에게 발표하기 전에 모둠별로 진행해도 좋아요.

1 레시피 변형하기 1

– 8절 도화지 6가지를 종이배처럼 접어서 모자로 만들어 직접 쓰면서 활동을 하면 더욱 실감 나고 역동적인 활동이 됩니다.

2 레시피 변형하기 2

– 6색 사고 모자 기법 후 그리기를 할 때 모둠별이나 학급 전체 학생들이 협동하여 할 수 있습니다.

– 그리기를 한 후 직접 만들기로 연결하여 심화 활동으로 할 수도 있습니다.

레시피를 안전하게!

✔ 친구들의 생각이나 의견을 비난하지 않도록 하세요.

✔ 정답을 쓰려고 고민하지 말고 생각나는 대로 자유롭게 써 보세요.

✔ 자신의 생각을 표현할 때 다른 친구들이 쉽게 이해할 수 있도록 설명해 주세요.

레시피 후기

● **선생님:** 미래 자동차에 대해서 막연한 생각을 6가지 방향으로 생각할 수 있도록 해 줌으로써 학생 자신의 생각을 정리하고 창의적으로 표현할 수 있습니다.

선생님

● **학생 1:** 처음에는 어려웠는데 생각나는 대로 쓰다 보니 재미있었어요.

● **학생 2:** 친구들이 그린 미래 자동차를 보니 정말로 개발될 수 있을 것 같아요.

학생

4. 기술 시스템
수송 기술과 생활

사제 동행 자전거 여행

자전거 면허증을 발급하고 근처 공원이나 자전거 전용 도로를 이용하여
자전거 여행을 떠나는 프로젝트입니다. 기술 발달과 사회 변화에
대처하여 기초 운송 수단인 자전거 타는 법을 배우고 실제로 자전거를
이동 수단으로 활용하는 수업입니다.

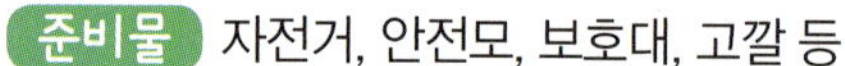

준비물 자전거, 안전모, 보호대, 고깔 등

1 자전거 여행을 위한 첫 번째 단계는 자전거 면허 시험을 합격하는 것입니다.

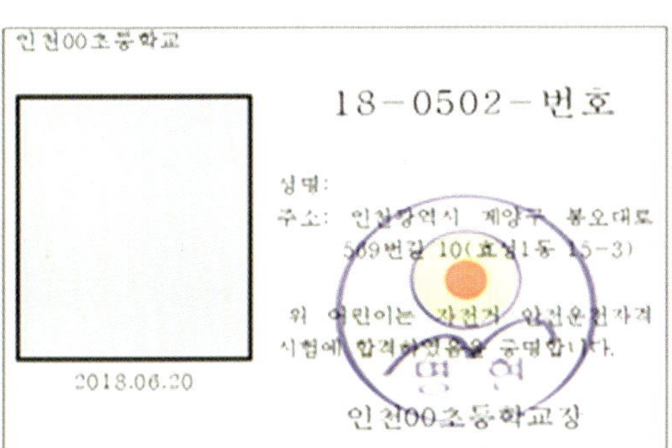

2 실기 시험에 꼭 합격하자!

3 지그재그 구간에서 고깔을 밟으면 실점합니다.

4 횡단보도에서는 걸어갑니다. 교통 규칙을 잘 지키는지 확인합니다.

5 자연 친화적인 장소로 자전거 여행을 떠납니다.

6 부상 없는 자전거 여행 출발!

1 자전거 면허 시험에는 필기 시험과 실기 시험이 있습니다.

2 먼저 교통안전공단의 자전거 수칙을 학생들에게 안내한 후, 관련 문제를 뽑아 필기 시험 합격 유무를 정하도록 합니다.

3 실기 시험은 운동장에 고깔을 이용하여 곡선 도로, 직선 도로, 횡단보도, 돌발 지역 등을 만들어 실점을 표시하여 실기 시험 합격 유무를 정합니다.

4 자전거 수업에서 가장 중요한 것은 안전모와 보호대를 착용하는 것임을 안내합니다.

활동 모습

자전거를 처음 타는 학생이나 초보자는 한 발로 서기 등을 통해 중심 잡기 연습을 합니다.

간격을 맞춰서 한 줄로 가도록 지도합니다.

돌발 구간은 위급 상황이므로 브레이크를 잡고 자전거 옆에 서도록 합니다.

자, 이제 자전거 여행을 떠나 볼까요?

1 레시피 변형하기 1

– 필기 시험과 실기 시험 점수보다 중요한 것은 평소에 안전모와 보호대를 착용하는 습관입니다.

– 자전거 시험을 칠 때에는 자전거를 타고 등교하는 학생들의 자전거를 이용합니다.

2 레시피 변형하기 2

– 사제 동행 자전거 여행을 떠날 때 무엇보다 중요한 것은 안전 거리 확보입니다.

– 집에 자전거가 없는 학생들이 있을 수 있으므로 자전거 여행 시에는 근처 공원에서 자전거를 대여하는 편이 좋습니다.

레시피를 안전하게!

✔ 자전거를 타고 내릴 때 넘어지지 않도록 조심합니다.

✔ 안전모를 꼭 착용하도록 합니다.

✔ 무릎 보호대와 팔꿈치 보호대를 꼭 착용합니다.

✔ 속도를 내지 않고 안전 거리를 지키도록 합니다.

레시피 후기

선생님: 학생들이 자전거 필기 시험과 실기 시험을 치면서 자전거를 탈 수 있도록 지도했다는 점에서 좋은 수업이라고 생각합니다. 또 자전거 여행까지 떠나 자연과 하나 되는 기쁨을 느껴 뜻깊은 행사였습니다.

선생님

학생 1: 선생님께서 자전거를 탈 수 있도록 지도해 주시고 나도 자전거를 탈 수 있게 되어 너무 기분이 좋았습니다.

학생 2: 자전거를 배워 보니 신기하기도 하고 자전거 여행까지 가서 좋은 추억거리로 남을 것 같습니다.

학생

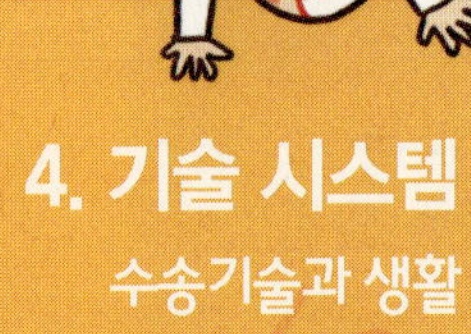

잠수함 만들기

고무줄을 이용하여 동력을 얻는 잠수함을 만들어 보는 활동입니다.
음료수병과 고무줄만 있으면 간단하고 쉽게 만들 수 있습니다.
기술에 대한 이해를 바탕으로 일상생활에 적용할 수 있는
기술 활용 능력을 기를 수 있습니다.

준비물 페트병(500mL) 1개, 음료수병 1개, 고무줄 4개, 가위, 클립 2개 등

1 준비물을 확인합니다.

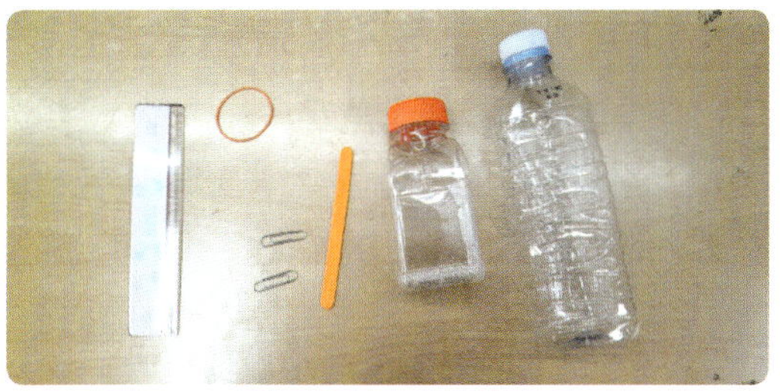

2 병의 뚜껑과 아랫부분을 송곳으로 뚫어 줍니다.

3 클립 한쪽은 일자로 펴고 끝 부분만 갈고리를 만들어 고정한 후 다른 한쪽은 클립 안으로 고무줄을 고정시킵니다.

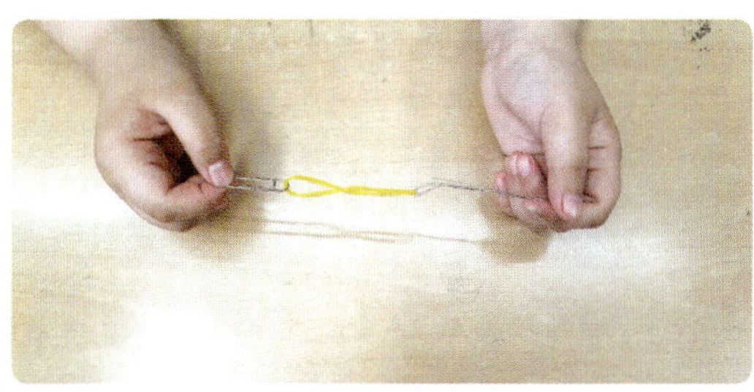

4 병 아랫부분의 구멍을 통해 안으로 넣어 당깁니다.

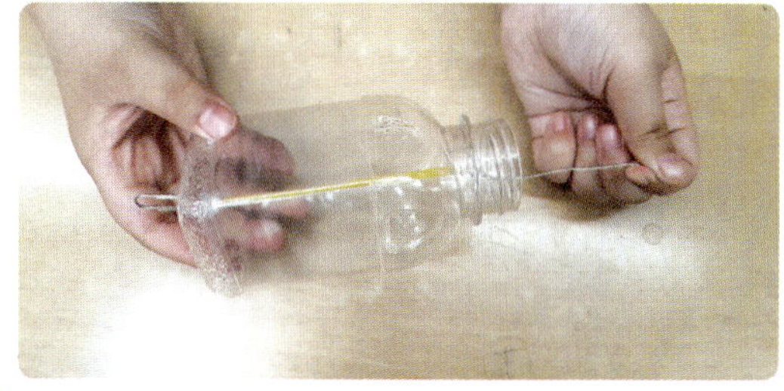

5 뚜껑(주황)으로 통과시킨 후 페트병 뚜껑(파랑)으로 통과시켜 클립을 90도로 꺾어 고정시킵니다.

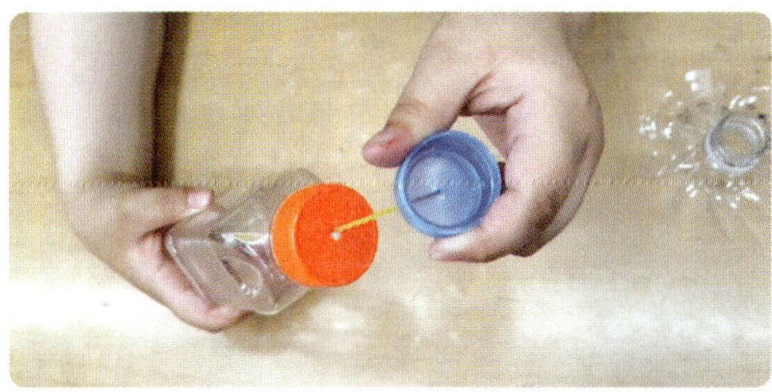

6 페트병 입구 부분으로 만든 프로펠러를 뚜껑(파랑)에 돌려 고정시킵니다.

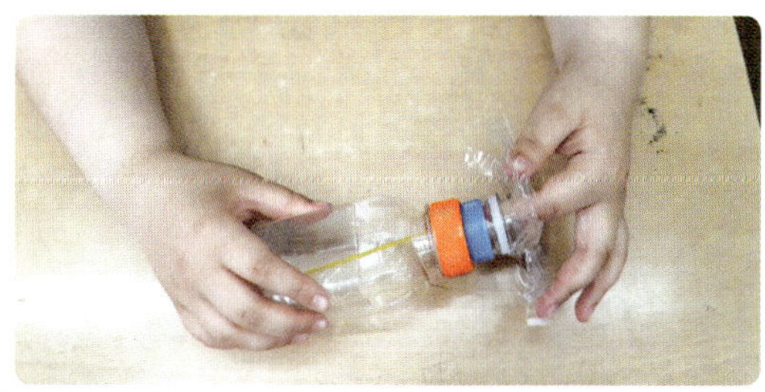

7 무게 중심을 잘 잡을 수 있도록 자를 달아 줍니다.

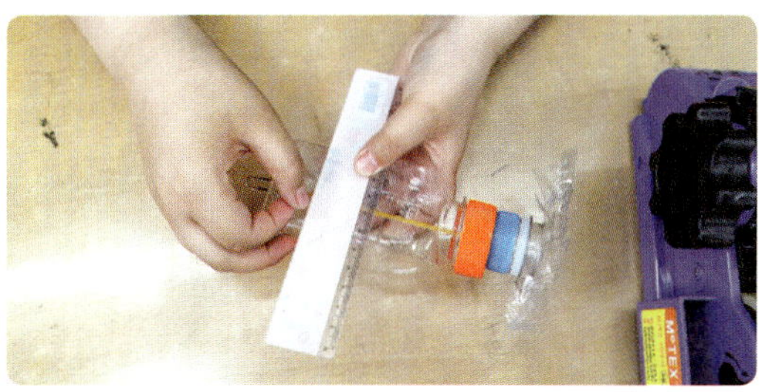

8 프로펠러를 한 방향으로 20~30 바퀴 돌려 고무줄을 꼬은 후, 물 위에 놓습니다.

1 페트병에 프로펠러를 달 때에는 뚜껑에 철사를 테이프로 붙이거나 휘어 잘 고정이 되도록 합니다.

2 먼저 잠수함을 학생 스스로 만들도록 해 봅니다.

3 다음으로 고무줄과 프로펠러를 이용한다는 점을 알려 주고 학생이 동력을 어디서 얻는 것이 좋은 지 생각할 시간을 준 후 선생님께서 설명해 줍니다.

4 프로펠러가 바람을 잘 이용할 수 있도록 '기역 자' 모양으로 접어 줍니다.

활동 모습

다른 물병 입구를 이용하여 프로펠러를 만듭니다.

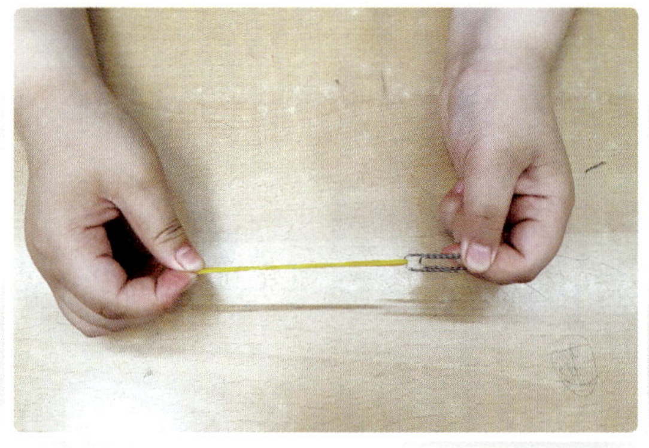

클립에 고무줄 2~3개를 클립 사이 안으로 넣어 연결합니다.

음료수병 아랫부분, 음료수병 뚜껑, 물병, 뚜껑에 송곳으로 구멍을 뚫습니다.

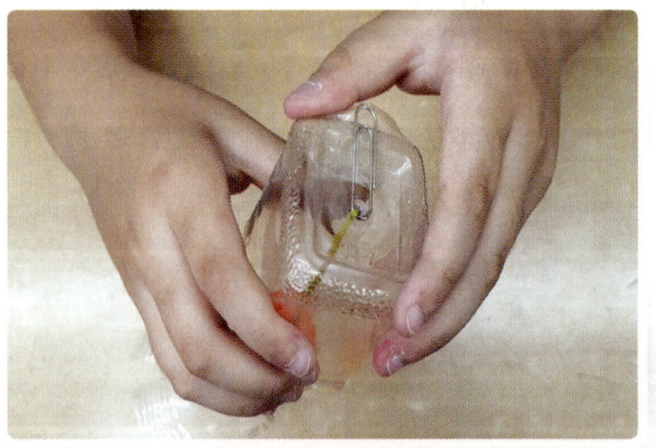

음료수병 아랫부분 클립은 테이프로 단단히 고정시킵니다.

1 레시피 변형하기 1

– 팽팽한 고무줄을 사용하면 좀 더 빠른 잠수함을 만들 수 있습니다.

2 레시피 변형하기 2

– 큰 통이나 고무 수영장이 있으면 잠수함으로 경주를 할 수 있습니다.

레시피를 안전하게!

✔ 가위나 칼을 사용할 때에는 안전에 유의하고 사용이 서투른 학생들은 선생님의 도움을 받을 수 있도록 합니다.

✔ 글루건은 뜨겁기 때문에 반드시 장갑을 끼고 사용합니다.

✔ 송곳으로 구멍을 뚫을 때에는 송곳 방향이 몸의 반대 방향으로 가도록 지도합니다.

레시피 후기

● **선생님**: 페트병과 음료수병을 이용하여 간단하게 물 위에 떠다니는 잠수함(배)을 만들 수 있다는 점에서 쉽게 접근할 수 있는 수업입니다. 또 실제 배가 동력을 받아 프로펠러로 물을 밀어내므로 재미있는 수업이 됩니다.

● **학생 1**: 스스로 만들 때에는 좀 힘들었는데 선생님께서 가르쳐 주시고 고무줄과 프로펠러를 이용해 배가 앞으로 나간다는 점이 신기했습니다.

● **학생 2**: 물에서 앞으로 잘 안 나아갈 것 같았는데 빠르게 나아가서 신기했습니다.

4. 기술 시스템
수송 기술과 생활

하늘을 나는 열기구 만들기

하늘을 나는 간이 열기구를 만들어 날려 보내는 활동입니다.
쉽게 만들 수 있고 하늘에 소원과 함께 보내는 활동으로
재미있는 실과 수업을 하는 데에 좋은 수업입니다.
일상생활에 적용할 수 있는 기술적 문제 해결 능력을 기를 수 있습니다.

준비물 대형 비닐, 은박 접시, 철사, 솜, 알코올, 성냥 등

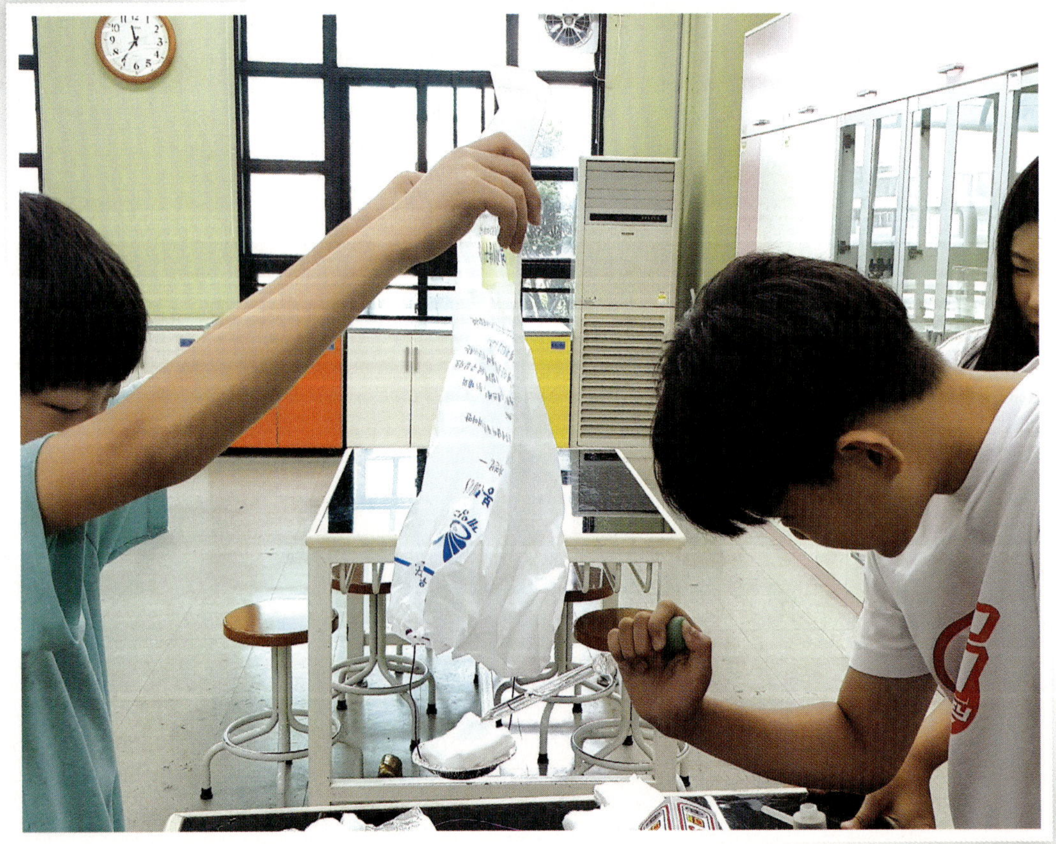

1 필요한 준비물입니다.

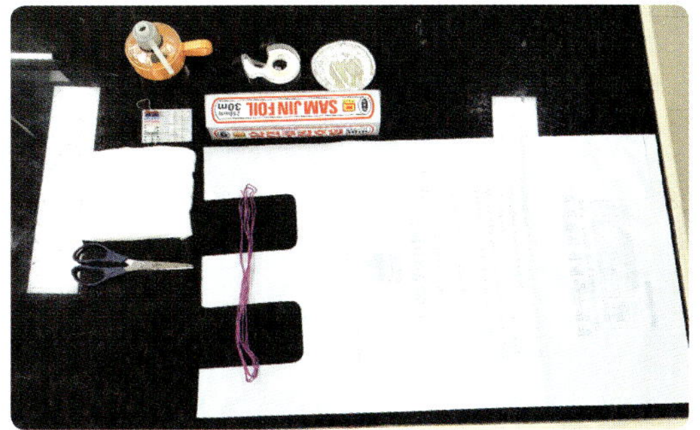

2 철사로 비닐을 뚫어 열기구(비닐) 아래 입구 부분을 조여 줍니다.

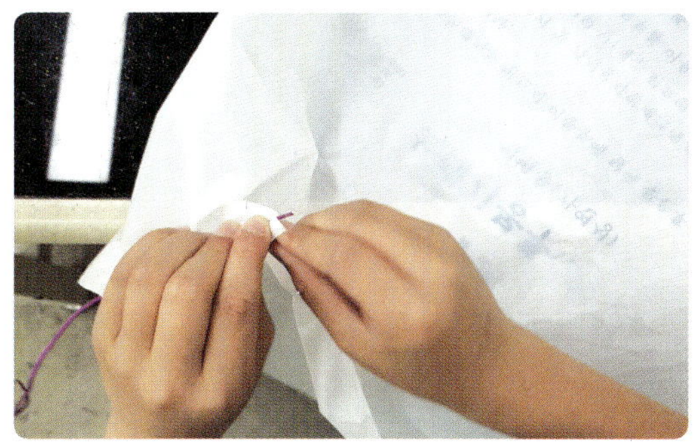

3 철사로 은박 접시를 열기구(비닐) 입구에 연결합니다.

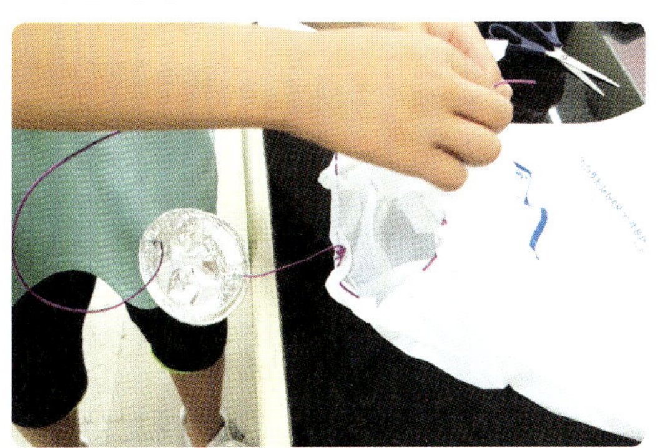

4 받침대 위에 솜을 놓고, 알코올로 적셔 줍니다.

5 완성 열기구를 한 친구는 들고 있고, 다른 친구는 불을 붙입니다.

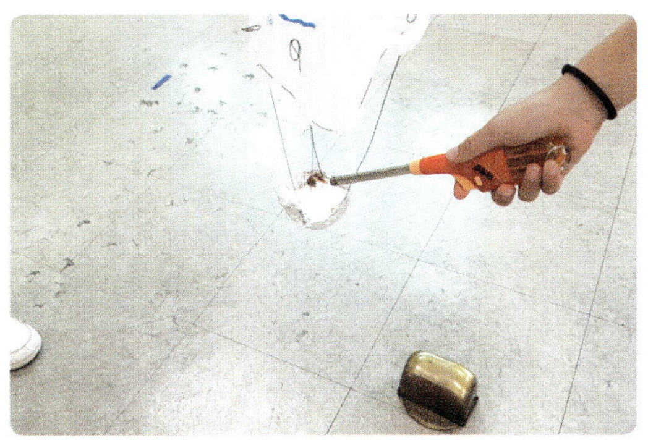

6 시간(10초)이 지나면 열기구가 떠오릅니다.

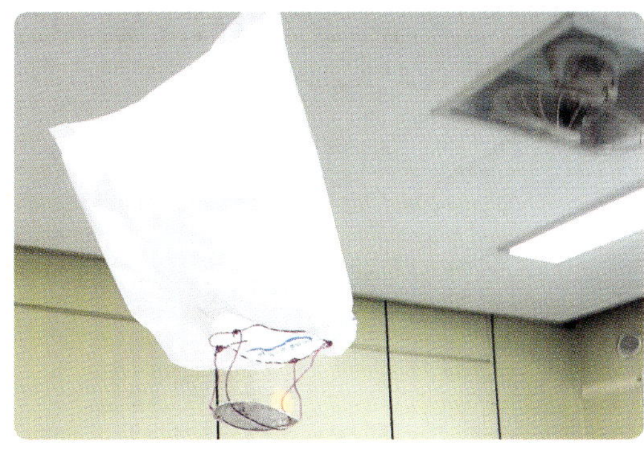

1 비닐에 철사를 끼울 때에는 최대한 입구를 좁게 만듭니다.

2 안에 따뜻한 공기가 가득 찰 수 있도록 비닐을 일정 시간 동안 잡아 줍니다.

3 실내에서 하면 바람의 영향을 적게 받아 쉽게 띄울 수 있습니다.

4 불을 붙이는 학생과 비닐을 잡는 학생의 협동력이 필요한 활동입니다.

활동 모습

열기구 무게가 가벼울수록 쉽게 떠오릅니다. 따라서 솜의 양을 적게 하는 것이 좋습니다.

열기구 무게를 줄이기 위해 얇은 철사를 사용하고 알코올도 불이 꺼지지 않을 정도만 적셔 줍니다.

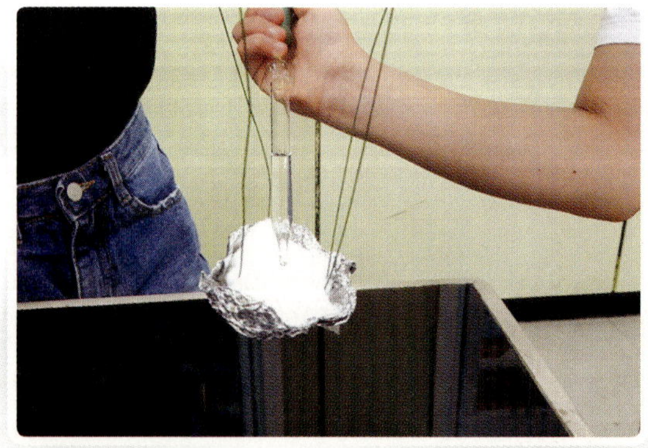

은박 접시가 없을 경우에는 호일을 이용하여 열기구 접시를 만들 수 있습니다.

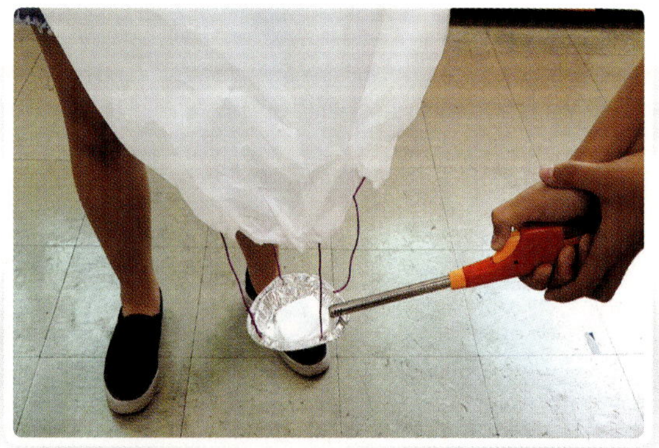

날려 보내기 전에 비닐을 꼭 한 사람이 잡고, 다른 한 사람이 불을 붙여야 바닥에 불이 닿지 않아 안전합니다.

1 레시피 변형하기 1

– 열기구 비닐에 소원을 빌고 하늘 높이 날리는 활동을 추가할 수 있습니다.

2 레시피 변형하기 2

– 비닐 크기를 크게 해서 반 전체 친구들이 하나의 열기구를 날려 보낼 수 있습니다.

레시피를 안전하게!

✔ 화학 제품(알코올)을 만질 때는 주의 사항을 염두에 두고 사용해야 합니다.

✔ 불을 붙일 때 바닥에서 떨어진 상태에서 붙입니다.

✔ 철사를 자를 때 칼이나 가위를 사용하기보다는 펜치를 사용하는 것이 좋습니다.

레시피 후기

• **선생님**: 하늘을 나는 열기구를 아이들이 재활용품과 비닐 등을 이용해서 만들어 보는 뜻깊은 시간이있습니다. 터키에서 유명한 열기구에 대해서 영싱을 통해 추가로 공부했는데 학생들이 집중해서 재미있게 활동한 점이 인상깊었습니다.

• **학생 1**: 처음에는 열기구가 잘 안 날 것 같아서 걱정했는데 막상 불을 붙이고 나니 서서히 떠서 천장에 붙는 게 신기했습니다.

• **학생 2**: 풍선이 날아가는 것은 많이 봤지만 열기구를 직접 따뜻한 공기를 이용해서 띄우는 것을 해 보니 새로웠습니다.

고무 동력 자동차 만들기

고무줄을 이용하여 동력을 얻는 자동차를 만들어 보는 활동입니다.
페트병과 고무줄만 있으면 간단하게 쉽게 만들 수 있습니다.
기술에 대한 이해를 바탕으로 일상생활에 적용할 수 있는
기술 활용 능력을 기를 수 있습니다.

준비물 페트병(500mL) 2개, 뚜껑 5개, 글루건, 고무줄 4개,
가위, 이쑤시개(대나무 꼬치) 등

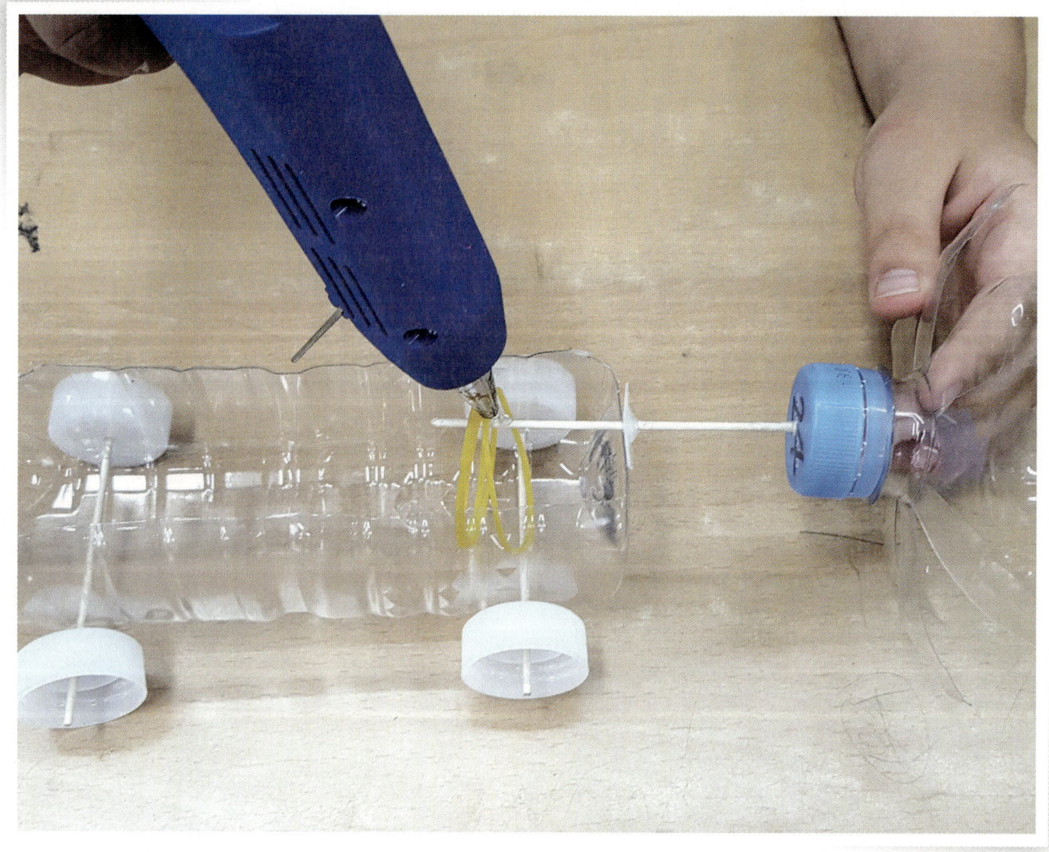

1 준비물을 확인합니다.

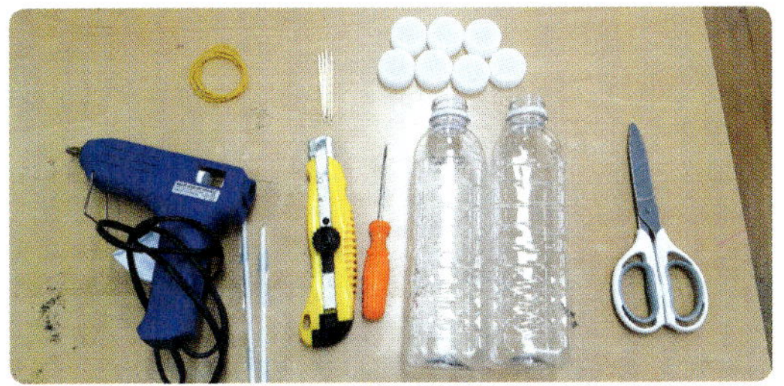

2 칼과 가위를 이용해서 잘라 줍니다.

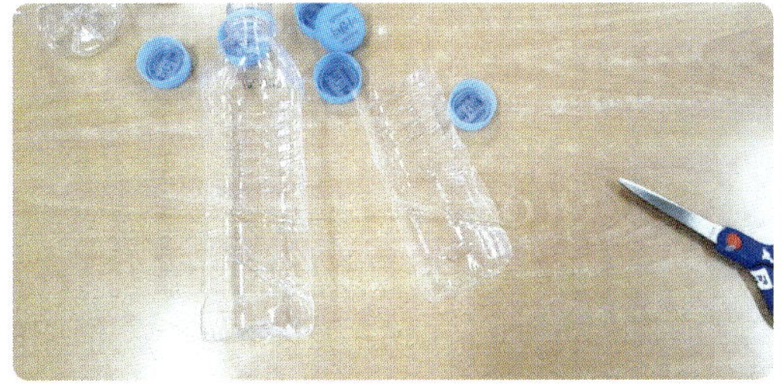

3 또다른 페트병을 이용하여 프로펠러를 만들어 줍니다.

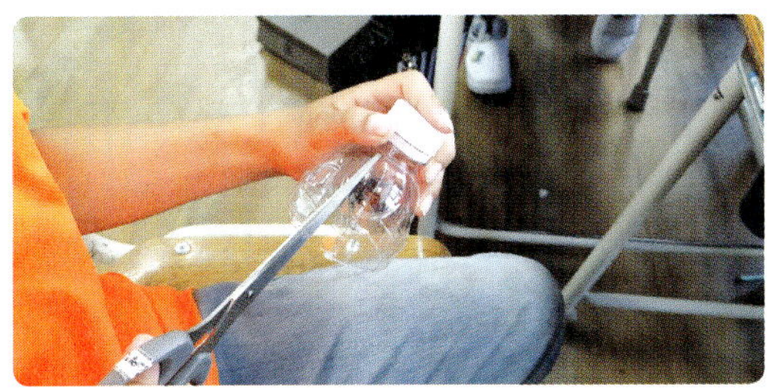

4 바퀴 4개를 뚜껑을 이용하여 만들어 줍니다.

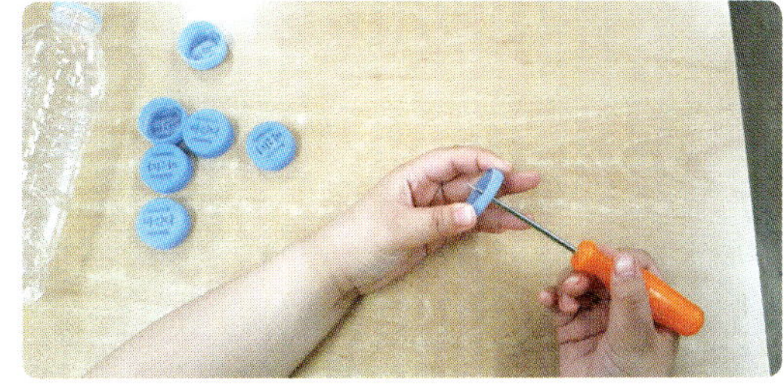

5 대나무 꼬치를 이용하여 구멍 뚫린 뚜껑과 글루건을 고정시킵니다.

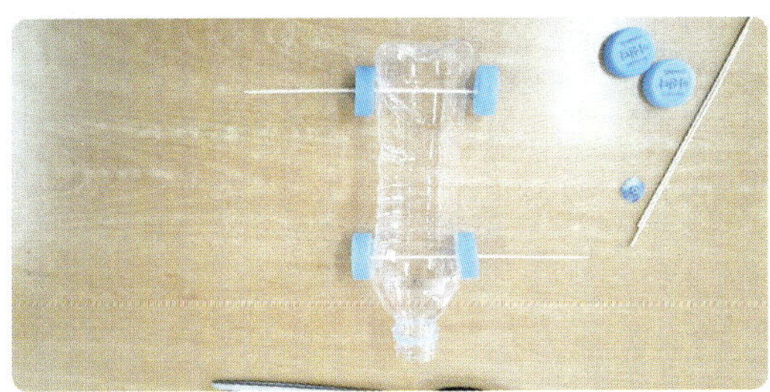

6 바닥에 송곳으로 구멍을 뚫어 대나무꼬치가 달려 있는 프로펠러를 연결합니다.

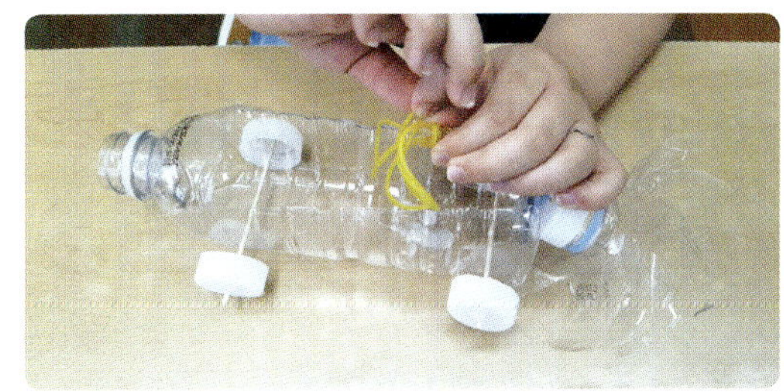

7 프로펠러 꼬치에 고무줄을 글루건으로 고정시킨 후 뚜껑을 열어 고무줄을 끼우고 뚜껑을 닫아 고정합니다.

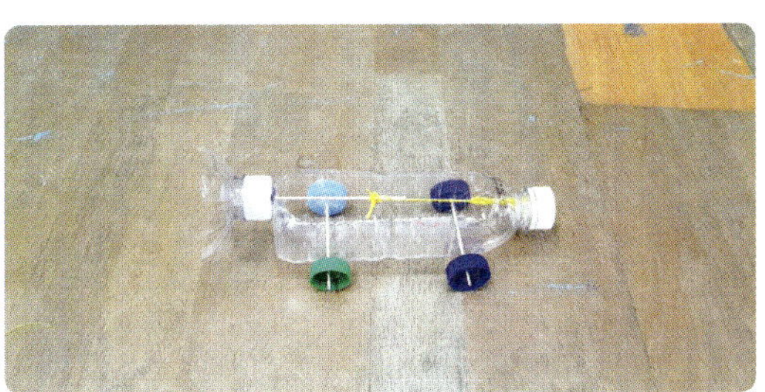

8 프로펠러를 돌려 고무줄을 꼽니다. 잡고 있던 프로펠러를 놓으면 자동차가 앞으로 나아갑니다.

1 페트병에 바퀴를 달 때에는 바퀴가 땅에 닿을 수 있도록 페트병 아랫부분에 구멍을 뚫어 바퀴가 뜨지 않도록 합니다.

2 먼저 자동차를 스스로 만들도록 합니다.

3 다음으로 바퀴와 동력을 어디서 얻는 것이 좋은지 생각할 시간을 주면서 선생님께서 설명해 줍니다.

4 실패했을 때에는 학생에게 생각할 시간을 충분히 주고 다시 도전하게 하는 것이 좋습니다.

활동 모습

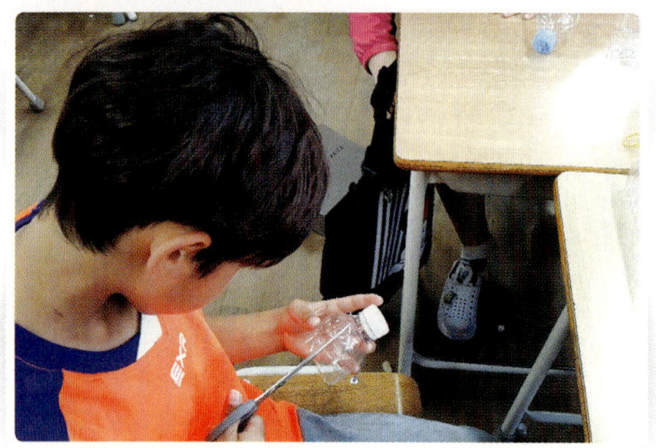

프로펠러를 만들기 위해 가위로 페트병 입구를 자르는 중입니다.

만드는 것이 정말 재밌어요!

페트병은 자동차 본체가 되고, 페트병 입구는 프로펠러가 됩니다.

뚜껑은 바퀴가 됩니다. 글루건으로 나무 꼬치와 고정해 줍니다.

1 레시피 변형하기 1

– 팽팽한 고무줄을 사용하면 좀 더 빠른 고무 동력 자동차를 만들 수 있습니다.

2 레시피 변형하기 2

– 철사를 사용하면 프로펠러가 고무줄을 지탱하는 힘이 강해 금방 부서지지 않습니다.

✔ 가위나 칼을 사용할 때에는 안전에 유의하고 서투른 학생들은 선생님의 도움을 받을 수 있도록 합니다.

✔ 글루건을 사용할 때에는 뜨겁기 때문에 장갑을 끼고 사용합니다.

✔ 송곳으로 구멍을 뚫을 때에는 송곳 방향이 몸의 반대 방향으로 가도록 지도합니다.

● **선생님**: 동력에는 여러 가지가 있지만 초등학생에게 가장 쉽고 간단하게 사용할 수 있는 부분이 고무 동력이라 고무줄 자동차를 만들었는데 학생들이 자동차의 기능과 부품을 이해하기에 좋은 수업이라 생각합니다.

● **학생 1**: 고무줄을 이용해서 자동차를 만들었는데 고무줄을 좀 더 굵은 것으로 하고 좀 더 많이 감아야겠다고 생각했습니다.

● **학생 2**: 재활용품을 이용해서 쉽고 간단하게 자동차를 만들어서 재미있었습니다.

4. 기술 시스템
수송 기술과 생활

수송 수단의
새로운 변신

아이디어 발상법 중 하나인 스캠퍼 기법을 활용하여
수송 수단을 구상해 보는 활동입니다. 다양한 방법을 활용하여
기존의 수송 수단을 창의적으로 바꿔 보세요
('기술 시스템 설계 능력' 향상을 위한 활동).

준비물 컴퓨터, 도화지, 색연필, 사인펜, 활동지 등

1 수송 수단이 발전해 온 모습을 함께 알아봅니다.

2 다양한 수송 수단을 검색해 보며 바꾸고 싶은 자전거, 비행기, 자동차 등을 정합니다.

3 대체, 결합, 확대, 축소, 제거 등의 스캠퍼 법을 활용하여 수송 수단을 바꿔 봅니다(428쪽 활동지 참고).

4 자신이 생각한 여러 방법 중 원하는 몇 가지를 선택하여 그림으로 표현합니다.

5 자신이 그린 수송 수단에 변경, 추가, 제거한 부분에 대한 설명을 적습니다.

6 친구들의 구상도를 함께 보며 생활에 가장 유용한 것 또는 앞으로 생기면 좋을 것 같은 수송 수단을 골라 보며 감상합니다.

1 다양한 수송 수단 중 자신이 원하는 것을 자유롭게 선택할 수 있도록 합니다.

2 대체, 결합, 확대, 축소 등 여러 가지 스캠퍼 기법을 모두 활용하지는 않아도 됩니다.

3 그림을 잘 그릴 필요는 없으나, 자신의 의도를 잘 전달할 수 있도록 구상도를 표현합니다.

4 우리 생활과 수송 수단의 관계를 생각해 보며 친구들의 작품을 감상하도록 합니다.

활동 모습

자전거를 좀 더 편리하게 변신시켜 볼까요?

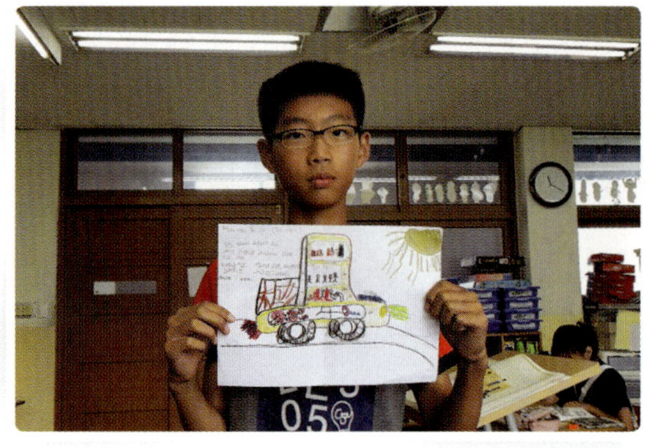

제가 구상한 자동차라면 많은 사람들이 편하게 운전할 수 있을 것 같아요.

제가 생각한 멋진 자동차를 소개합니다.

너희들은 어떤 수송 수단이 마음에 드니?

1 레시피 변형하기 1

– 자신이 구상한 수송 수단을 클레이 또는 다양한 오브제를 활용하여 입체로 만들 수 있어요.

2 레시피 변형하기 2

– 자신이 구상한 수송 수단이 다니는 모습을 상상하여 이야기를 만드는 활동으로 연결할 수 있어요.

레시피를 안전하게!

✔ 수송 수단을 구상할 때 안전의 문제점은 없는지 생각해 볼 수 있도록 유도합니다.

레시피 후기

● **선생님:** 아이디어 발상법 중 하나인 스캠퍼 기법을 학생들이 접근하기 쉽도록 단순화하여 수송 수단을 변형할 수 있도록 안내하였습니다. 이 기법을 적용함으로써 많은 학생들이 좀 더 구체적이고 창의적으로 수송 수단에 변화를 주는 것을 확인할 수 있었습니다.

선생님

● **학생 1:** 우리가 생각해 낸 자동차가 실제로 존재한다면 사고도 나지 않고 모두가 좀 더 편하게 이동할 수 있을 것 같아요.

● **학생 2:** 저는 바꾸기와 합치기를 활용했어요. 우선 연료를 태양열로 바꿨고, 자동차에 비행기 날개를 합쳤어요.

학생

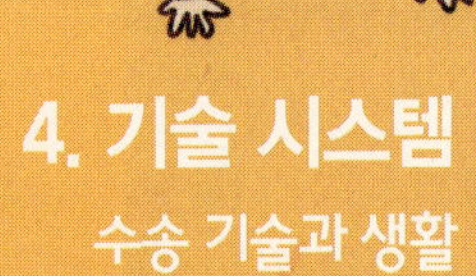

4. 기술 시스템
수송 기술과 생활

수송 수단 딩고 게임

딩고 게임을 통해 수송 수단의 특징과 장단점을 알아보는
활동입니다. 수송 수단 카드 5장을 모으는 딩고 게임을 통해
즐겁고 의미 있는 실과 수업을 만들어 보세요.

준비물 활동지, 딩고 게임 빈칸 카드, 그리기 도구(연필 포함),
바둑알(다른 것으로 대체 가능), 가위, 붙임 딱지 등

1 수송 수단에 대한 자료를 스마트폰으로 조사하여 특징 및 장단점을 정리합니다(컴퓨터나 태블릿으로 대체 가능).

2 한 사람당 하나의 수송 수단을 맡아서 카드 5장에 그림을 그리고 색칠하여 딩고 카드를 만듭니다(429~431쪽 활동지 참고).

3 참가자는 바둑알 3개, 무작위 카드 5장을 가집니다. 게임이 시작하여 리더가 '하나, 둘, 셋!'을 외치면 각자 카드 중 1장을 골라 오른쪽 사람에게 안 보이게 넘깁니다.

4 왼쪽 사람에게 받은 카드를 재빨리 확인하고, 필요 없는 카드를 리더의 구령에 맞추어 전달합니다. 같은 종류의 카드 5장을 모았다면 '딩고'라고 외치며 손을 책상 원하는 위치에 놓습니다.

5 다른 사람들은 '딩고'를 외친 사람 손 위에 자신의 손을 포갭니다. 제일 늦게 포갠 사람은 자신의 바둑알 1개를 그 판의 승리자에게 주고, 누군가 바둑알 3개를 모두 잃으면 게임이 끝납니다.

6 수송 수단 딩고 게임을 한 소감을 붙임 딱지에 작성한 후 서로 나눕니다.

1 수송 수단의 특징, 장점, 단점을 직접 조사해서 정리하고, 그것을 토대로 딩고 카드를 만든 후 딩고 게임을 통해 수송 수단을 익히는 활동입니다.

2 수송 수단을 그리는 것에 집중해서 너무 많은 시간을 쏟지 않도록 합니다.

3 딩고 게임에서 해당 판의 승리자는 다음 판의 리더가 되어 구령을 외칩니다.

4 딩고 게임에서 카드를 받은 후 같은 종류의 카드 5장이 아니라면 누군가 그 조건을 달성할 때까지 카드 넘기기를 반복합니다.

활동 모습

스마트폰을 사용하는 대신 컴퓨터실에 가서 자료 조사를 할 수도 있어요.

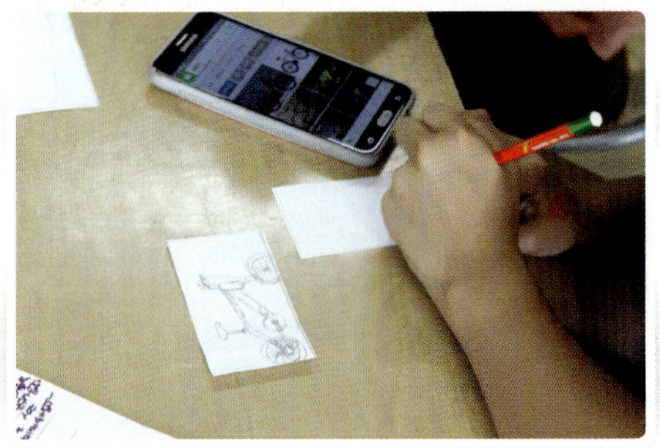

자전거를 자세하게 그립니다.

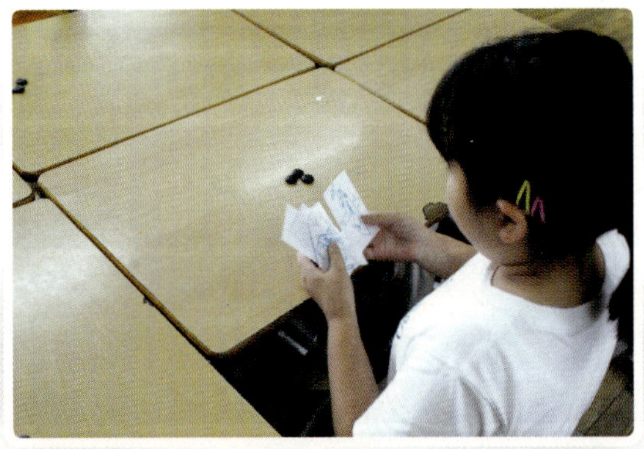

딩고 게임 시작 후 카드를 받으면 최대한 빨리 정리를 해야 유리해요.

수송 수단 딩고 게임에 집중합니다.

1 레시피 변형하기 1

– 현재 수송 수단 외에도 미래 수송 수단을 상상하여 카드에 추가하는 것도 좋습니다.

2 레시피 변형하기 2

– 수송 수단의 특징을 간단히 키워드로 정리한 후 그림 카드 외에 특징 카드를 추가해서 딩고 게임을 할 수 있습니다(한 수송 수단에 관한 그림과 특징을 합쳐 5장 모으기).

✔ 가위로 카드를 오릴 때 다치지 않도록 주의하세요.

✔ 딩고 게임을 할 때 지나치게 흥분하여 소리를 지르거나 카드를 구기는 일이 없도록 유의하세요.

● **선생님**: 딩고 게임 규칙이 어렵지 않아서 학생들이 금방 익숙하게 게임을 하며 수송 수단을 익힐 수 있어요.

● **학생 1**: 놀이를 통해 수송 수단을 익히니 시간 가는 줄 모르고 집중했어요.

● **학생 2**: 직접 자료를 조사해서 딩고 카드를 만드니 조사한 내용도 더 잘 기억나요.

5~6학년 | 80분 | 컴퓨터실

Cospaces로
쉽게 만드는 VR

Cospaces라는 웹 기반 프로그램을 활용하여 3D, VR을 만들어 보는
활동입니다. 쉬운 방식으로 나만의 3D, VR 세상을 만들어 보세요
('기술 활용 능력' 향상을 위한 활동)

준비물 PC, 스마트폰, 카드 보드 등

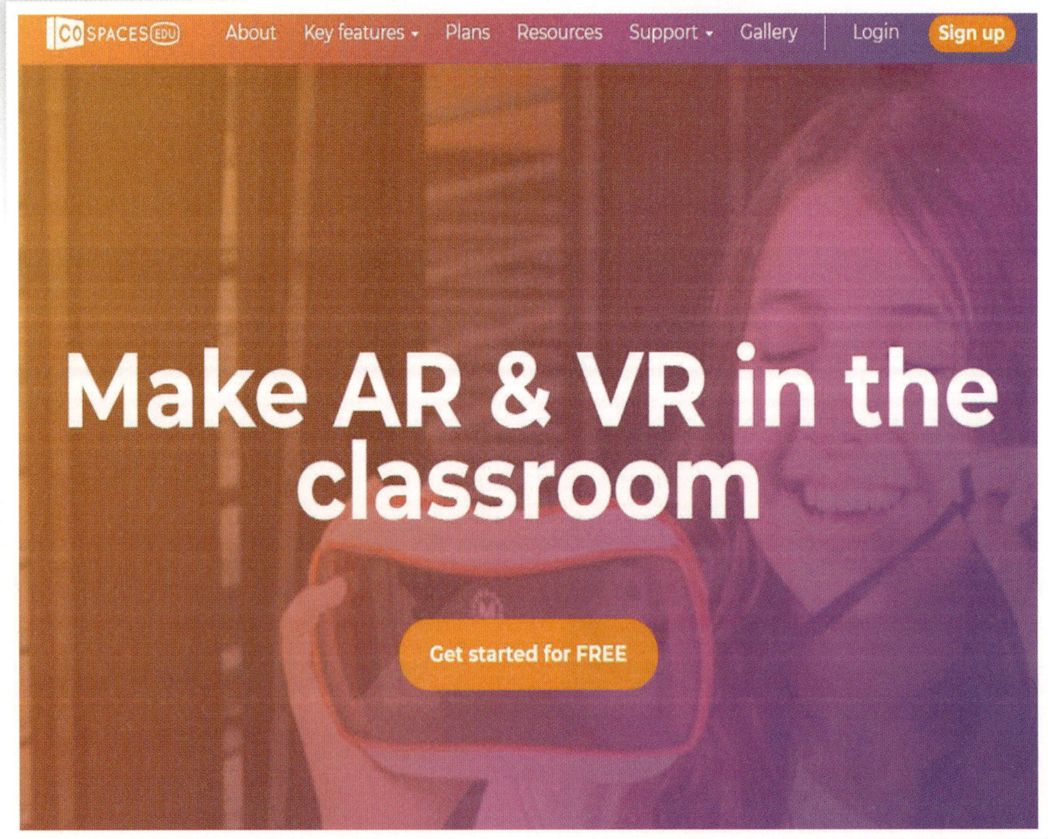

1 Cospaces(cospaces.io) 누리집에 접속합니다.

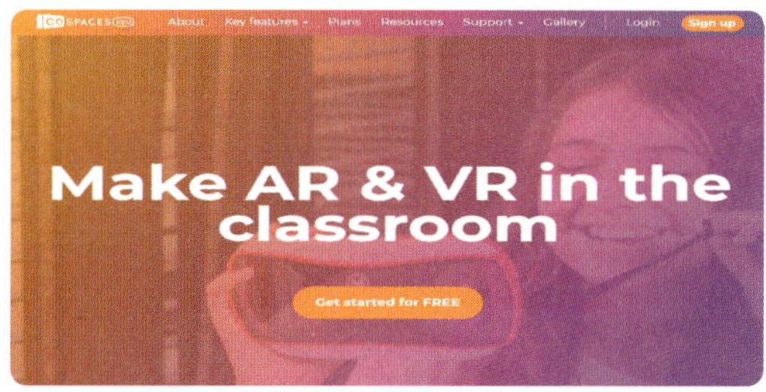

2 교사가 먼저 교사용으로 가입을 해야 합니다.

3 학급을 만들고 학생에게 방문 코드로 가입을 할 수 있도록 안내합니다.

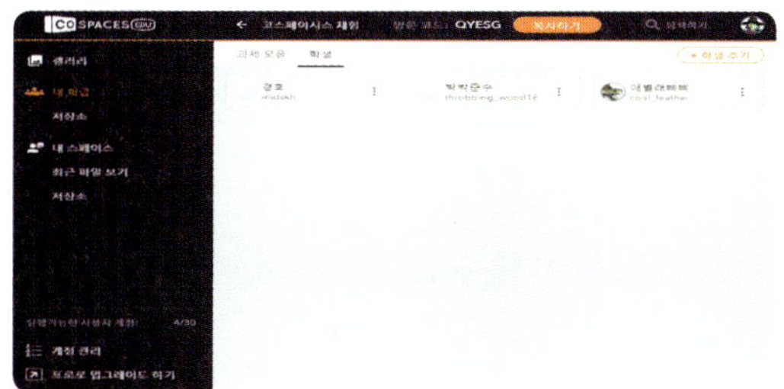

4 '내 스페이스'에서 '스페이스 만들기'를 눌러 구성 화면으로 들어갑니다.

5 구성 화면에 들어오면 격자와 카메라 이외에 아무것도 없습니다.

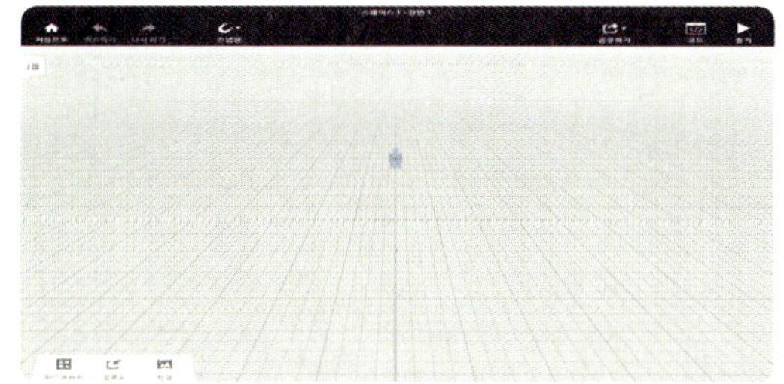

6 좌측 하단부에 '환경'을 누르면 기본 환경을 설정할 수 있습니다.

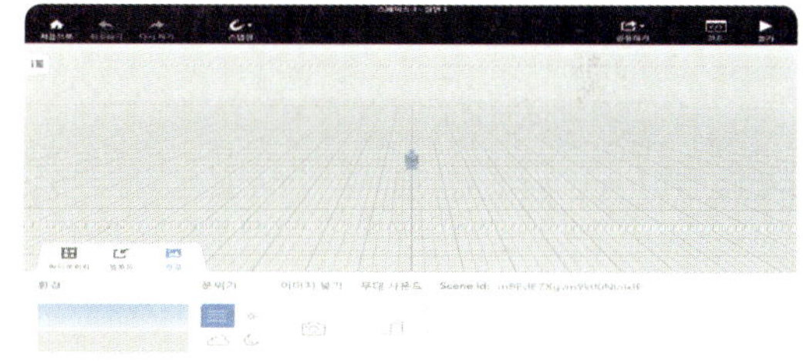

7 '환경'에서는 다양한 배경들 중에 원하는 것을 선택할 수 있습니다.

8 '업로드'에서는 이미지, 오디오, 파일을 올려 화면에 적용할 수 있습니다.

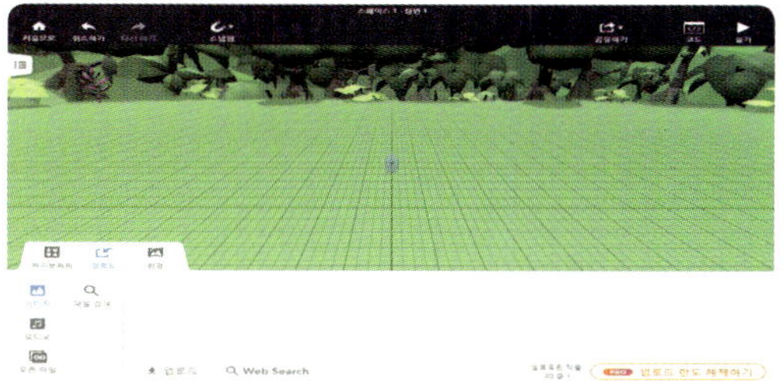

9 '라이브러리'에는 다양한 3D 객체를 제공하며 원하는 객체를 마우스로 가지고 올 수 있습니다.

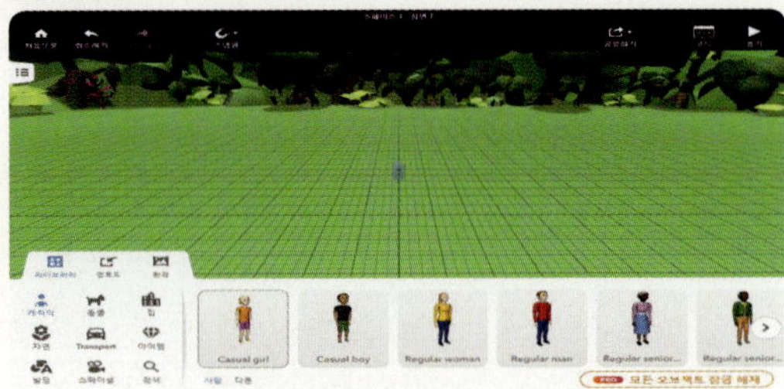

10 가져온 객체의 높이, 크기, 회전을 바꿀 수 있습니다.

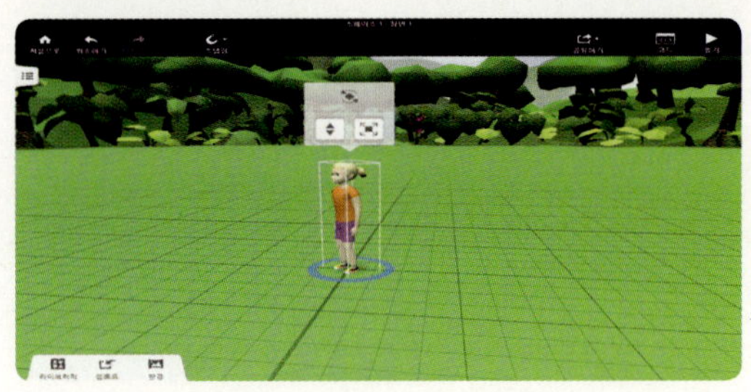

11 객체의 이름, 대화나 생각, 행동 등을 조정할 수 있습니다.

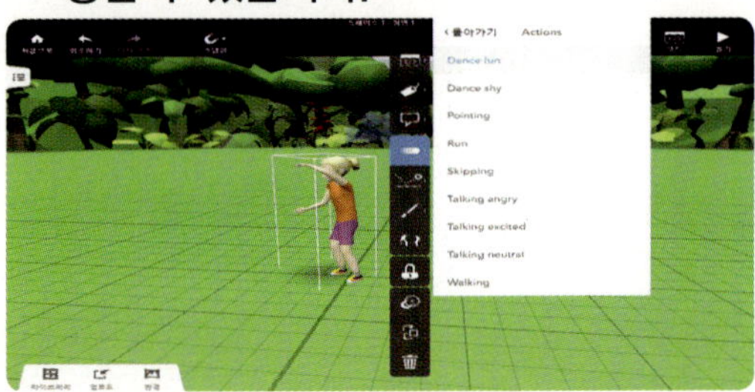

12 명령 블럭을 활용하여 이벤트를 추가할 수 있습니다.

레시피 Key Point

1 Cospaces edu 버전으로 학생들이 방문 코드로 가입해야 다양한 3D 객체를 무료로 사용할 수 있습니다.

2 마인크래프트처럼 3D로 나만의 환경을 구성하는 활동이라고 안내하면 학생들이 어렵지 않게 이 활동에 임할 수 있습니다.

3 다 만들고 나면 자시의 작품을 3D, VR로 손쉽게 시연할 수 있습니다.

1 레시피 변형하기 1

- 주제를 정해 줍니다(예: 나의 꿈).

- 그 주제에 대한 다양한 자료를 설명하는 갤러리를 만들어 보도록 안내합니다.

- 3D 오브젝트, 이미지, 오디오 등 다양한 자료를 활용하여 갤러리를 완성합니다.

2 레시피 변형하기 2

- 3D로 할 수 있는 간단한 게임 만들기를 할 수 있습니다.

- 미로 찾기, 보물찾기 등 쉬운 3D 게임을 구성하여 완성하고 다른 친구들이 그 작품을 실행하여 몇 초 안에 미로를 탈출하는지, 보물을 찾는지 경쟁을 해 볼 수 있게 합니다.

✔ 1인 1 디바이스(PC, 태블릿, 스마트폰)가 필요하기 때문에 주로 컴퓨터실, 융합과학실 등 장비가 있는 곳에서 이루어져야 합니다.

✔ 특별실에서 활동을 진행하는 경우 학생들이 들뜨는 경우가 더러 있으므로 활동 시간을 확보하기 위해 적절한 질서는 유지될 수 있도록 합니다.

✔ 디바이스의 화면을 주로 보면서 활동을 해야 하기 때문에 바른 자세를 유지하고 눈과 디바이스 간의 적당한 거리를 두어 활동에 임할 수 있도록 합니다.

✔ VR로 시연할 경우 멀미 증상이 나타날 수 있으므로 너무 오랜 시간동안 VR로 시연하지 않도록 주의합니다.

- **선생님**: 단순히 게임이나 3D 컨텐츠를 소비하는 입장에서 직접 만들어 3D, VR을 만들고 시연해 보면서 이러한 것들이 어렵지 않고 재미있게 할 수 있다는 자신감을 얻을 수 있습니다.

- **학생 1**: 마인크래프트처럼 어렵지 않게 만들 수 있었고, 내가 만든 것을 친구가 해 볼 때 뿌듯했어요.

- **학생 2**: 여러 가지 내가 원하는 사진을 불러와서 나만의 갤러리를 만들 수 있어서 재미있었어요.

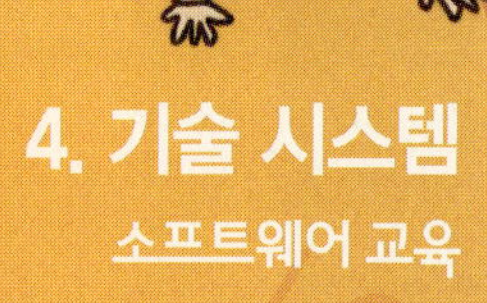

Code.org
나만의 게임 만들기

code.org 활동 중 '플래피 코드'를 활용하여 나만의 플래피 게임을 만들어 보세요. 완성된 게임은 스마트폰에서 실행할 수 있습니다 ('기술 활용 능력' 향상울 위한 활동).

준비물 PC, 스마트폰 등

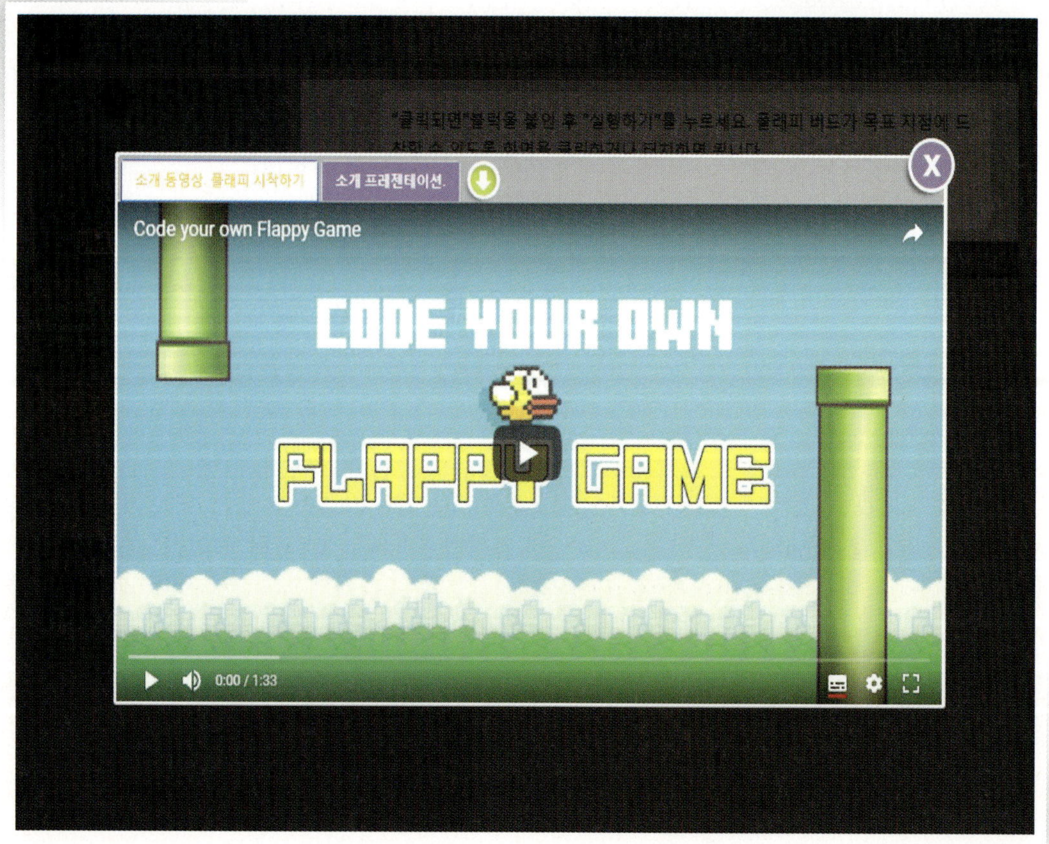

1 code.org 누리집에 접속하여 한국어를 선택한 후 '제출하기'를 누릅니다.

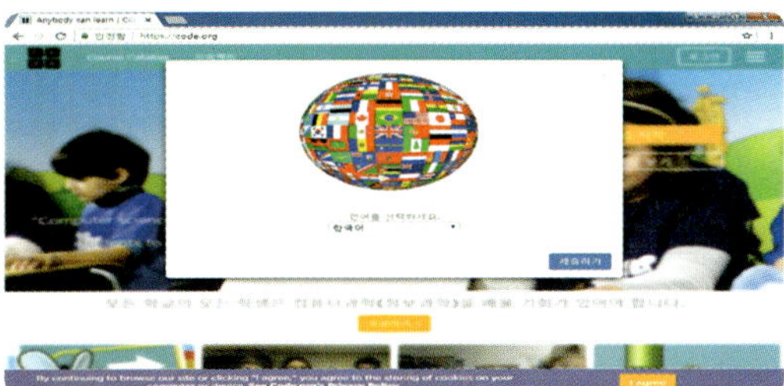

2 처음 화면에 보이는 플래피 코드를 눌러 들어갑니다.

3 처음 시작 화면에서 나오는 영상을 시청하고 어떤 활동인지 알아봅니다.

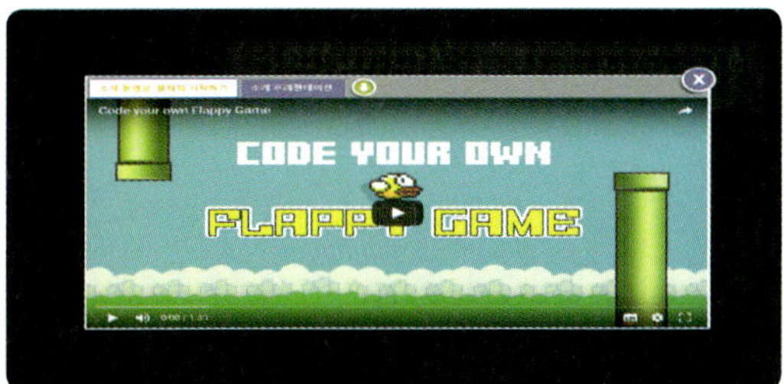

4 단계별로 제시되는 목표를 달성하기 위하여 블록을 옮겨 놓습니다. 그리고 확인을 위해 실행해 봅니다.

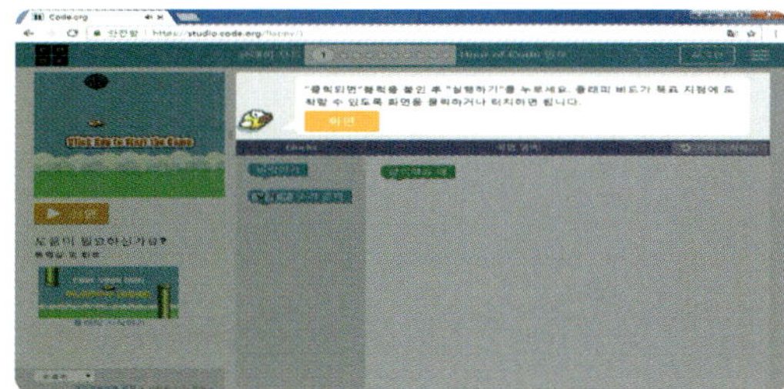

5 1단계부터 시작을 하는데 처음에는 매우 기초적이고 쉬운 활동을 유도합니다.

6 단계가 높아질수록 해당 단계의 목표가 점점 어려워집니다.

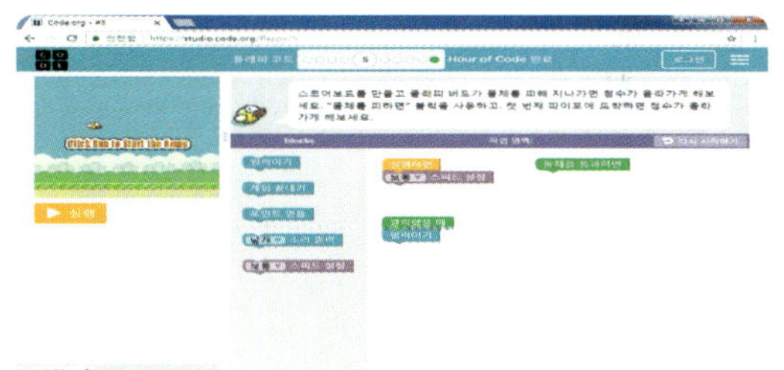

7 마지막 10단계에서는 나만의 플래피 게임을 만들어 보는 활동을 합니다.

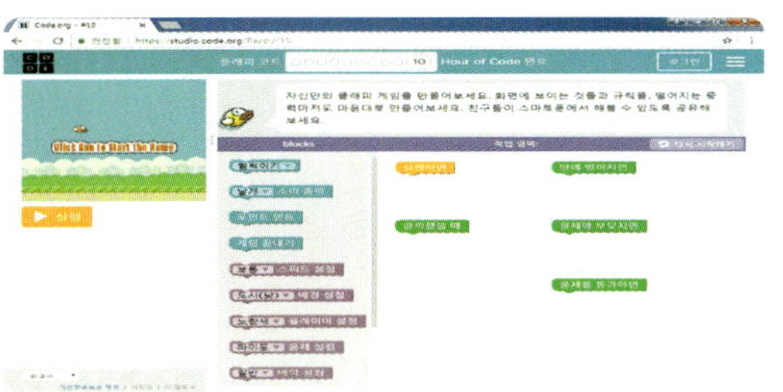

8 어떤 게임을 만들지 먼저 생각한 후 블록을 조합하여 게임을 완성합니다.

9 실행까지 마치고 나면 내가 만든 게임의 주소가 뜨게 됩니다.

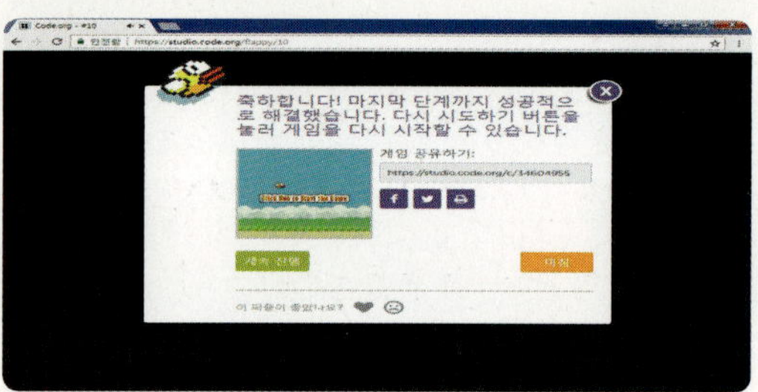

10 마침을 누르면 해당 과정 인증서를 받을 수 있습니다.

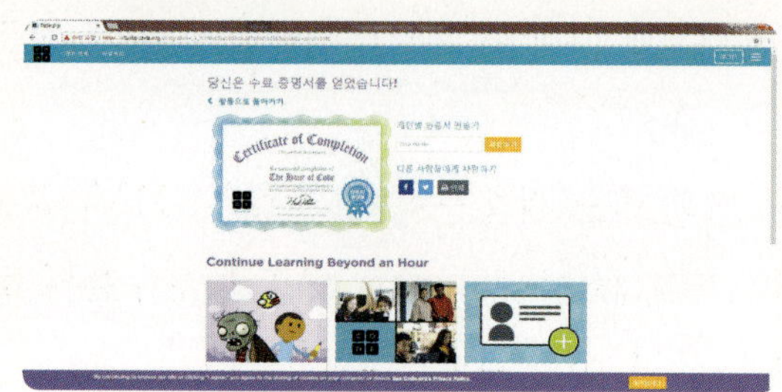

레시피 Key Point

1. 10단계 이전 단계들은 결국 나만의 게임을 만들기 위한 연습 및 준비 단계이므로 1~9단계를 착실하게 익혀야 재미있는 게임을 완성할 수 있습니다.
2. 쉽게 점수를 따는 게임보다 적절한 난이도가 적용된 게임을 만들도록 합니다.
3. 완성된 게임 주소를 활용하여 스마트폰에서 내가 만든 게임을 실행합니다.

활동 모습

1~9단계 기초 익히기 활동

10단계 나만의 게임 만들기 활동

1 레시피 변형하기 1

- 중간 난이도를 목표로 게임을 만들어 보도록 합니다.

- 난이도 검증을 위해 완성된 게임을 친구들에게 해 보라고 하고 10명의 친구들의 점수를 기록하여 평균값을 냅니다.

- 미리 지정한 값(6~8)에 평균값이 들어오면 성공으로 보상합니다.

2 레시피 변형하기 2

- 높은 난이도를 목표로 게임을 만들어 보도록 합니다.

- 높은 난이도지만 게임 제작자인 자신은 그 게임에서 점수를 받아야 합니다.

- 다른 친구들 5명이 게임에서 점수 얻는 것에 실패하는 동안 자신은 점수를 어느 정도(3점 이상) 받아야 합니다.

- 위의 조건에 해당되면 보상을 합니다.

레시피를 안전하게!

✔ 1인 1 디바이스(PC, 태블릿, 스마트폰)가 필요하기 때문에 주로 컴퓨터실, 융합과학실 등 장비가 있는 곳에서 이루어져야 합니다.

✔ 특별실에서 활동을 진행하는 경우 학생들이 들뜨는 경우가 더러 있으므로 활동 시간을 확보하기 위해 적절한 질서는 유지될 수 있도록 합니다.

✔ 디바이스의 화면을 주로 보면서 활동을 해야 하기 때문에 바른 자세를 유지하고 눈과 디바이스 간의 적당한 거리를 두어 활동에 임할 수 있도록 합니다.

레시피 후기

- **선생님**: 간단하지만 자신이 만든 게임을 스마트폰에서 직접 시연해 봄으로써 성취감을 맛볼 수 있습니다. 또 학급 커뮤니티에 올려 서로의 게임을 해 보며 피드백을 주고받으며 학생 간의 상호 작용을 유도할 수 있습니다.

- **학생 1**: 쉽게 만든 게임이 내 스마트폰에서 실행되는 모습이 신기했어요.

- **학생 2**: 친구가 만든 어려운 난이도의 게임을 하기 위해 엄청 노력했어요. 잘하지는 못했지만 그래도 재미있었어요.

4. 기술 시스템
소프트웨어 교육

엔트리-라인레인저스와 샐리 구하기

라인레인저스와 샐리 구하기를 통해 컴퓨팅 사고력을 길러 봅시다.
초급, 중급, 고급 중 나에게 맞는 수준을 선택하면 됩니다
('기술 활용 능력' 향상을 위한 활동).

준비물 PC

1 엔트리 누리집(playentry.org)에 접속합니다.

2 [엔트리 학습하기]에서 라인레인저스와 샐리 구하기를 찾아 접속합니다.

3 (초급인 경우) 샐리를 찾아서 미션을 시작합니다.

4 (초급인 경우) 샐리를 찾아서 미션의 앞부분 애니메이션을 시청합니다.

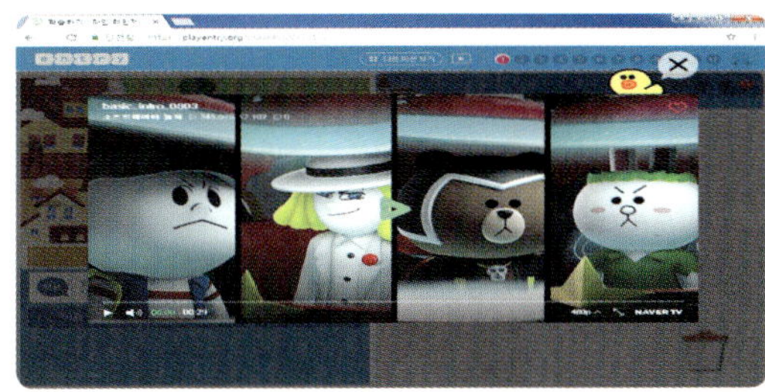

5 (초급인 경우) 각 단계에 들어가면 해당 단계의 미션이 제시됩니다.

6 (초급인 경우) 미션을 확인한 후 블록을 활용하여 미션을 해결합니다.

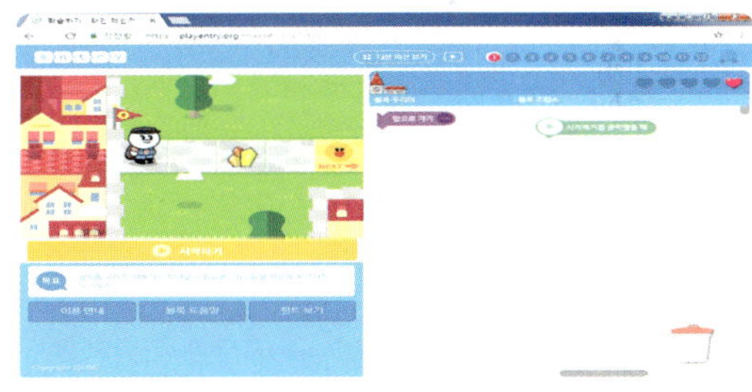

7 (중급인 경우) 샐리 구하기 미션을 시작합니다.

8 (중급인 경우) 샐리 구하기 미션의 앞부분 애니메이션을 시청합니다.

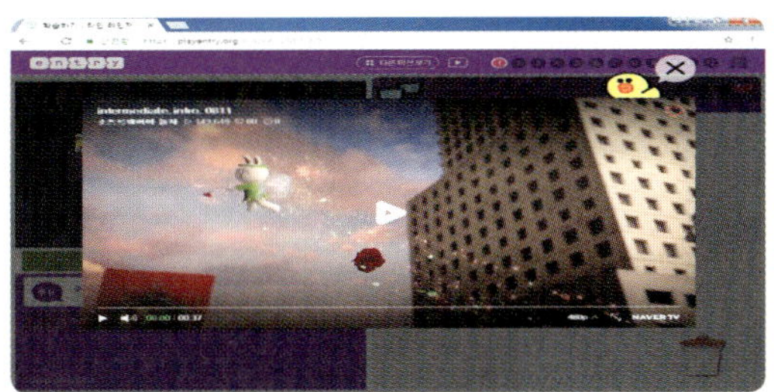

9 (중급인 경우) 미션을 확인한 후 블록을 활용하여 미션을 해결합니다.

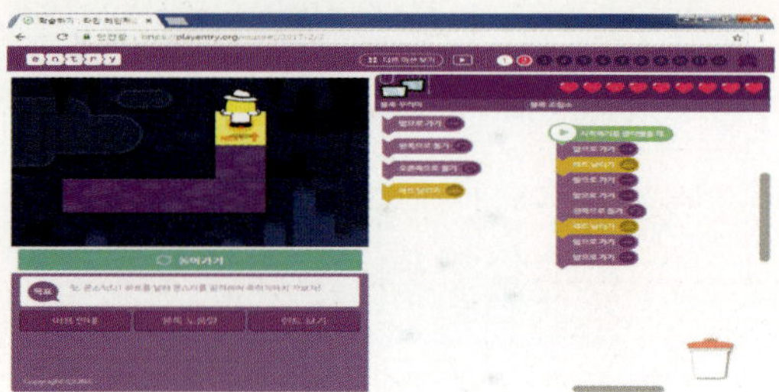

10 (고급인 경우) 샐리 탈출하기 미션을 시작합니다.

11 (고급인 경우) 샐리 탈출하기 미션의 앞부분 애니메이션을 시청합니다.

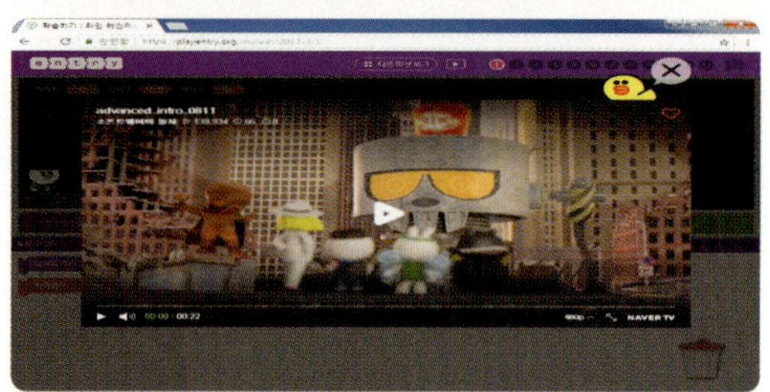

12 (고급인 경우) 미션을 확인한 후 블록을 활용하여 미션을 해결합니다.

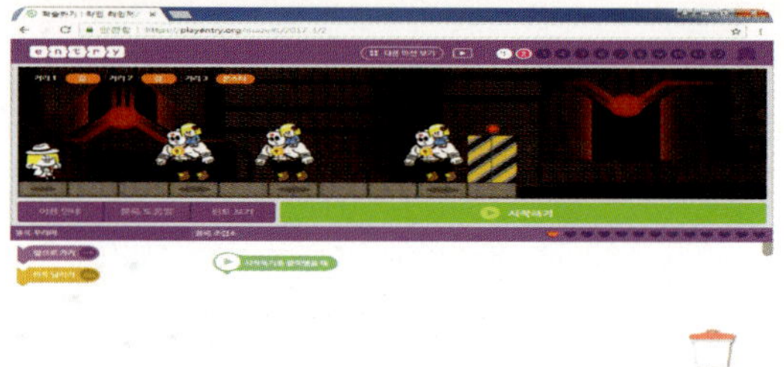

레시피 Key Point

1 수준에 따라 초급, 중급, 고급으로 활동을 나누어서 실시할 수 있습니다.

2 자신의 수준을 잘 모르는 학생은 중급을 기준으로 해 보고 쉽다면 고급으로 어렵다면 초급으로 다시 선택하여 실시하도록 안내합니다.

3 미션 해결 시 이른 시간에 완료하는 학생들에게는 단계별 지정된 하트에 맞춰서(사용해야 할 블록의 개수) 미션을 해결할 수 있도록 격려합니다.

1 레시피 변형하기 1

– 경쟁 요소를 추가하여 활동을 할 수 있습니다.

– 개인 대 개인으로 경쟁을 한다고 하면 자신의 수준을 탐색해 볼 수 있는 시간을 줍니다.

– 자신의 수준이 정해졌으면 준비 시작과 함께 각 수준별로 가장 빨리 마무리하는 순위를 기록하여 보상합니다.

2 레시피 변형하기 2

– 협동의 요소를 추가하여 활동을 할 수 있습니다.

– 초급, 중급, 고급의 학생이 수준별로 균등하게 모둠을 구성합니다.

– 블록을 옮길 때 한 사람이 하나의 블록만 옮길 수 있는 릴레이 블록 옮기기 규칙을 정해 주고 미션을 가장 빨리 마치는 모둠의 순서를 정해 보상합니다.

레시피를 안전하게!

✔ 1인 1 디바이스(PC, 태블릿, 스마트폰)가 필요하기 때문에 주로 컴퓨터실, 융합과학실 등 장비가 있는 곳에서 이루어져야 합니다.

✔ 특별실에서 활동을 진행하는 경우 학생들이 들뜨는 경우가 더러 있으므로 활동 시간을 확보하기 위해 적절한 질서는 유지될 수 있도록 합니다.

✔ 디바이스의 화면을 주로 보면서 활동을 해야 하기 때문에 바른 자세를 유지하고 눈과 디바이스 간의 적당한 거리를 두어 활동에 임할 수 있도록 합니다.

✔ 모둠 활동 시 모둠원이 해당 미션을 잘못하는 경우 화를 내거나 무시하지 않도록 지도합니다.

레시피 후기

- **선생님:** 라인레인저스 캐릭터와 엔트리 블록을 활용하여 재미있게 컴퓨팅 사고력을 기를 수 있습니다. 귀여운 캐릭터가 학생 스스로 구성한 블록에 따라 움직일 때 묘한 성취감을 느낄 수 있습니다.

- **학생 1:** 귀여운 캐릭터와 함께 활동을 하니 더 재미있어요.

- **학생 2:** 다른 친구들과 경쟁하면서 하니 긴장되면서도 재미있어요.

4. 기술 시스템
소프트웨어 교육

엔트리-핑크빈과 함께 신나는 메이플 월드로!

'핑크빈과 함께 신나는 메이플 월드로'를 통해 컴퓨팅 사고력을 신장해 봅시다. 초급, 중급, 고급 중 나에게 맞는 수준을 선택하면 됩니다 ('기술 활용 능력' 향상을 위한 활동).

준비물 PC

1 엔트리 누리집(playentry.org)에 접속합니다.

2 엔트리 학습하기에서 핑크빈과 함께 신나는 메이플 월드로를 찾아 접속합니다.

3 (초급인 경우) 헤네시스 미션을 시작합니다.

4 (초급인 경우) 헤네시스의 전체 미션을 확인합니다.

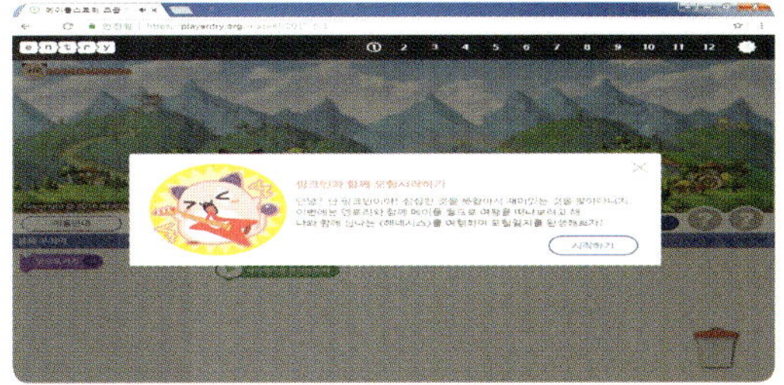

5 (초급인 경우) 본격적으로 미션을 해결하기 전에 이용 안내를 확인합니다.

6 (초급인 경우) 블록을 활용하여 단계별 미션을 해결합니다.

7 (중급인 경우) 엘리니아 미션을 시작합니다.

8 (중급인 경우) 엘리니아 전체 미션을 확인합니다.

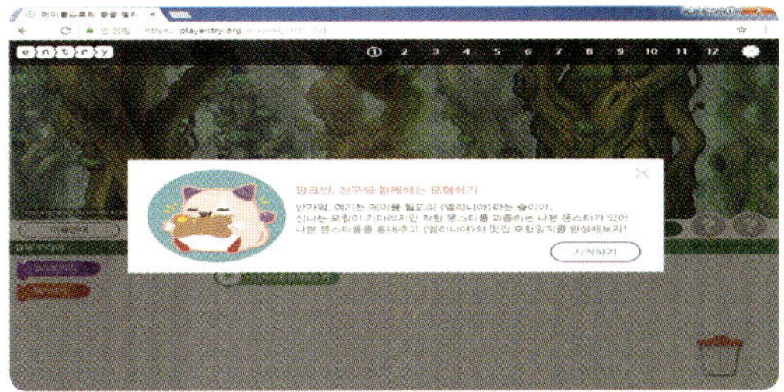

9 (중급인 경우) 블록을 활용하여 단계별 미션을 해결합니다.

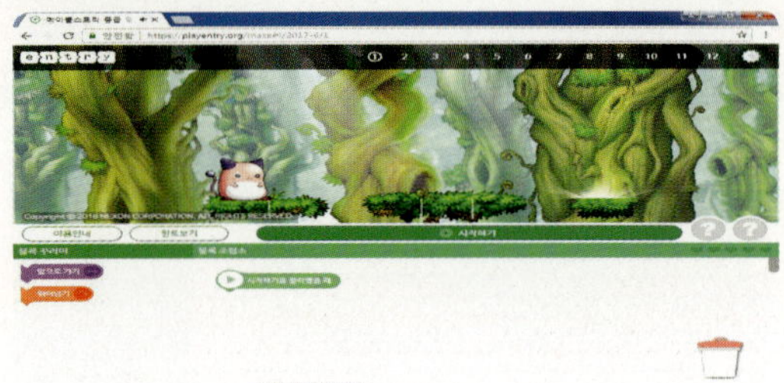

10 (고급인 경우) 엘나스 미션을 시작합니다.

11 (고급인 경우) 엘나스의 전체 미션을 확인합니다.

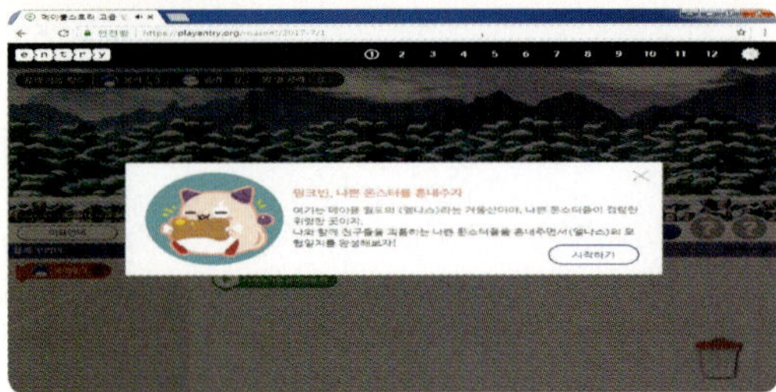

12 (고급인 경우) 블록을 활용하여 단계별 미션을 해결합니다.

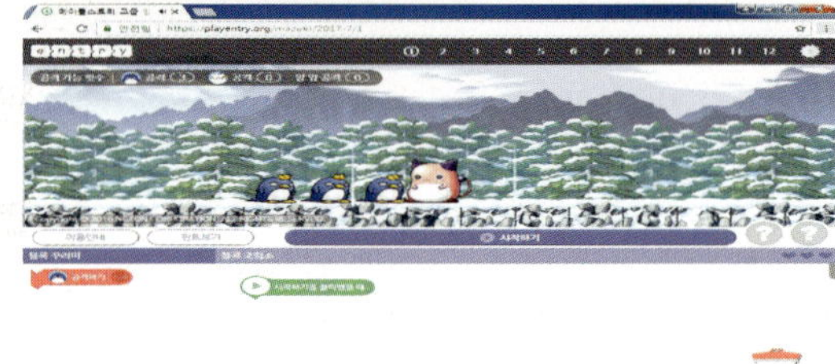

레시피 Key Point

1 수준에 따라 초급, 중급, 고급으로 활동을 나누어서 실시할 수 있습니다.

2 자신의 수준을 잘 모르는 학생은 중급을 기준으로 해 보고 너무 쉽다면 고급으로, 너무 어렵다면 초급으로 다시 선택하여 실시하도록 안내합니다.

3 미션 해결 시 너무 이른 시간에 완료하는 학생들에게는 단계별 지정된 하트에 맞춰서(사용해야 할 블록의 개수) 미션을 해결할 수 있도록 격려합니다.

1 레시피 변형하기 1

- 컴퓨터실을 활용할 수 없는 경우에도 협동과 경쟁 요소를 추가하여 활동을 할 수 있습니다.

- 교실에서 선생님의 컴퓨터로 초급의 화면을 보여 줍니다.

- 모둠에서는 협의를 통해 어떻게 블록을 조합하면 좋은지 써서 제출합니다.

- 맞힌 모둠에게는 보상을 합니다.

2 레시피 변형하기 2

- 컴퓨터실을 활용할 수 없는 경우에도 협동 요소를 추가하여 활동을 할 수 있습니다.

- 교실에서 선생님의 컴퓨터로 중급의 화면을 보여 줍니다.

- 모둠별 활동 순서를 정하고 블록 릴레이 옮기기로 해당 미션을 성공할 때까지 초를 재서 다른 모둠과 비교 후 순위별로 보상을 합니다.

레시피를 안전하게!

✔ 1인 1 디바이스(PC, 태블릿, 스마트폰)가 필요하기 때문에 주로 컴퓨터실, 융합과학실 등 장비가 있는 곳에서 이루어져야 합니다.

✔ 특별실에서 활동을 진행하는 경우 학생들이 들뜨는 경우가 더러 있으므로 활동 시간을 확보하기 위해 적절한 질서는 유지될 수 있도록 합니다.

✔ 모둠 활동 시 모둠원이 해당 미션을 잘 못하는 경우 화를 내거나 무시하지 않도록 지도합니다.

레시피 후기

- **선생님**: 핑크빈 캐릭터와 메이플 월드라는 학생들에게 친숙한 소재와 엔트리 블록을 활용하여 재미있게 컴퓨팅 사고력을 기를 수 있습니다.

- **학생 1**: 놀면서 공부하는 것 같아요. 코딩이 어렵지 않아요.
- **학생 2**: 핑크빈과 함께 모험을 떠나는 것 같아요. 계속 더 하고 싶어요.

선생님

학생

5~6학년　80분　컴퓨터실

Mixital-
나만의 게임 만들기

Mixital이라는 웹 기반 프로그램을 활용하여 나만의 게임을 만들어 보는 활동입니다. 다양한 게임 플랫폼으로 나만의 게임을 만들어 보세요 ('기술 활용 능력' 향상을 위한 활동)

준비물 PC

1 Mixital(mixital.co.uk) 누리집에 접속합니다.

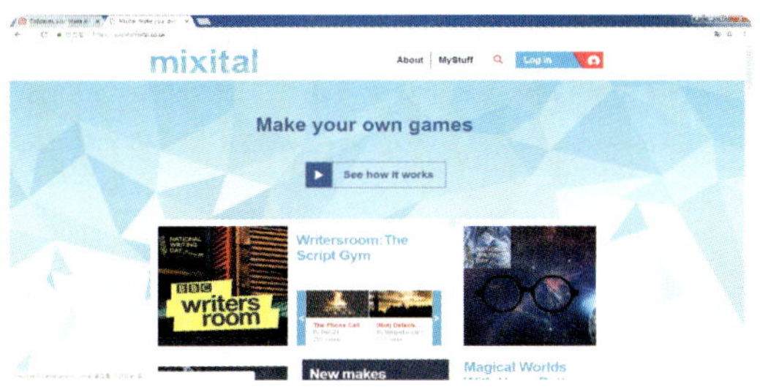

2 Make your own Gold Rush era games을 누르고 Create a game을 누릅니다.

3 GOLD RUSH라는 게임을 만드는 플랫폼이 뜨면 GO를 누릅니다.

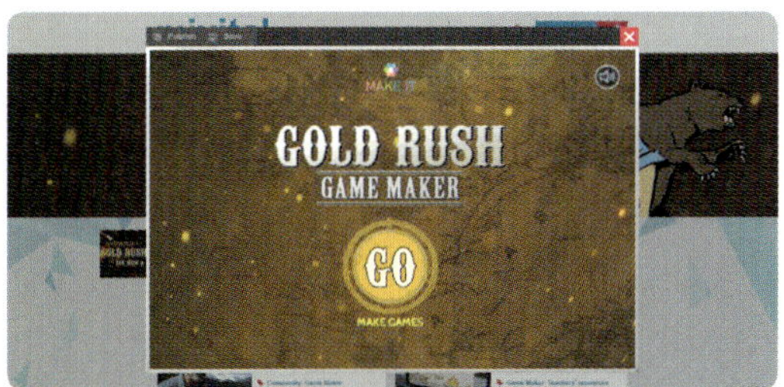

4 만들고 싶은 게임 템플릿을 고릅니다(빈, 플랫폼, 점프, 보트, 말, 공 게임).

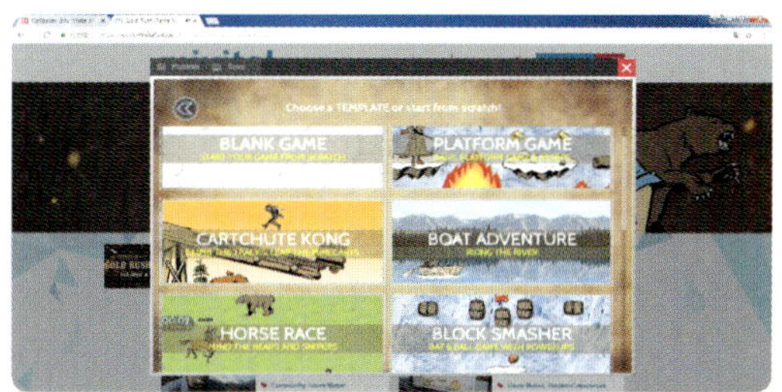

5 만들고 싶은 게임 템플릿을 고릅니다(미로, 레이서, 점프패드 게임).

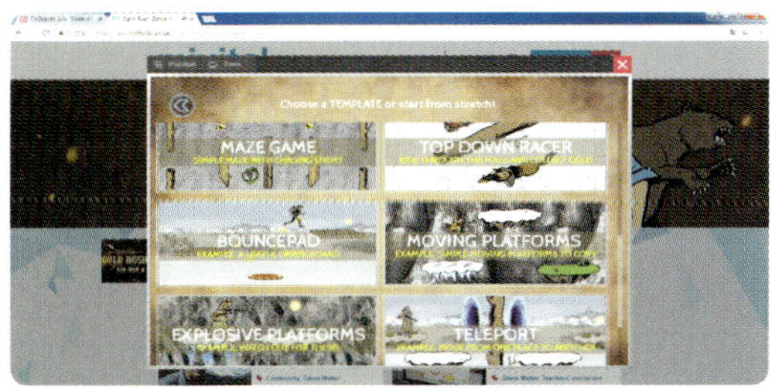

6 만들고 싶은 게임 템플릿을 고릅니다(움직이는 플랫폼, 플랫폼 탐험, 순간 이동, 벽돌 깨기 게임)

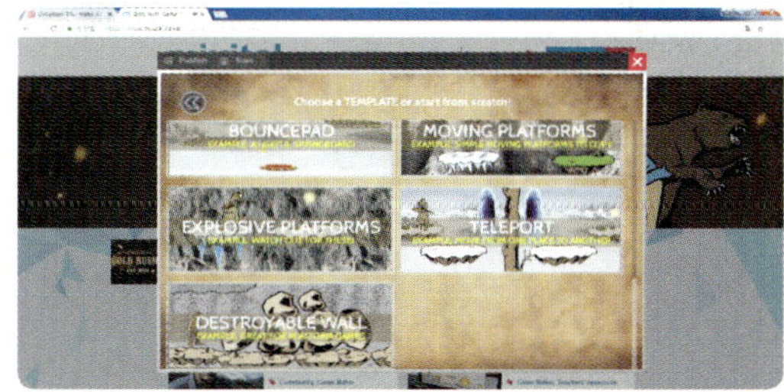

7 템플릿을 고르고 기본형으로 어떻게 게임이 구성되어 있는지 확인합니다.

8 게임 제작을 위한 기초 항목에 대해 배울 수 있습니다.

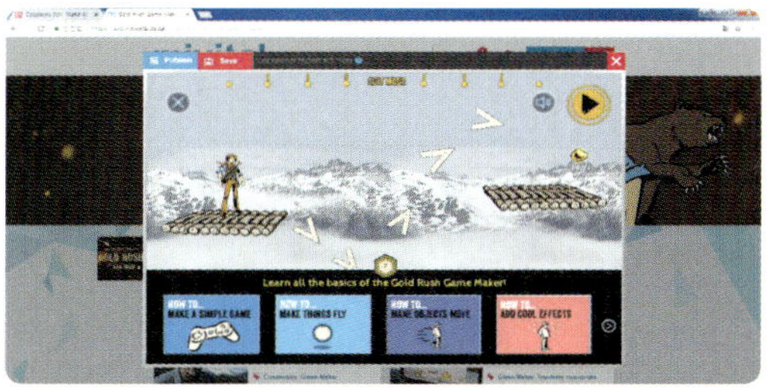

9 좌측 하단 '+' 버튼을 누르면 다양한 오브젝트를 추가할 수 있습니다.

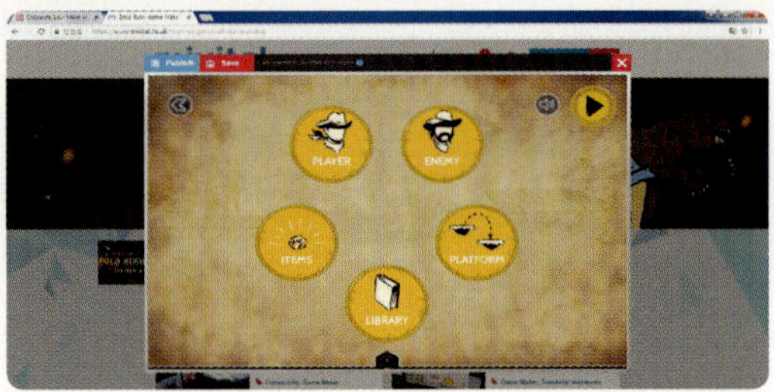

10 우측 하단 'Level 1' 버튼을 누르면 배경, 승패 조건, 게임 영역을 정할 수 있습니다.

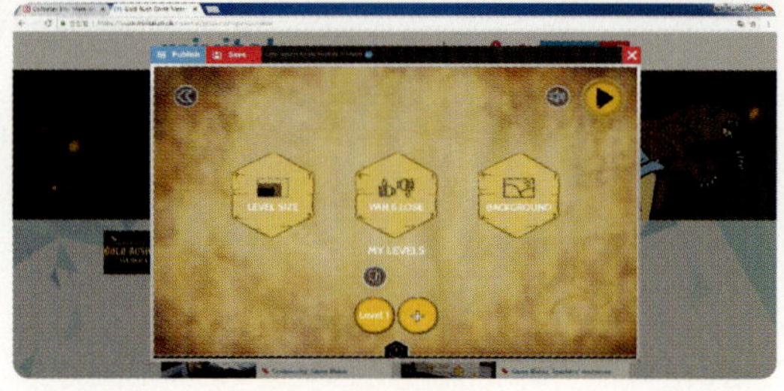

11 9~10의 항목을 활용하여 나만의 게임을 구성합니다.

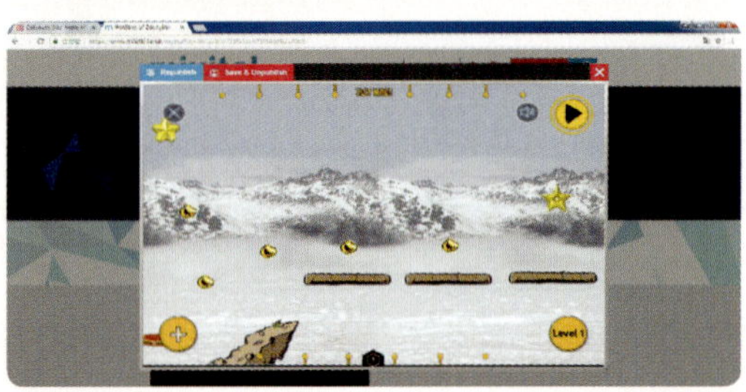

12 내가 완성한 게임을 해 보면서 수정하며 완성도를 높입니다.

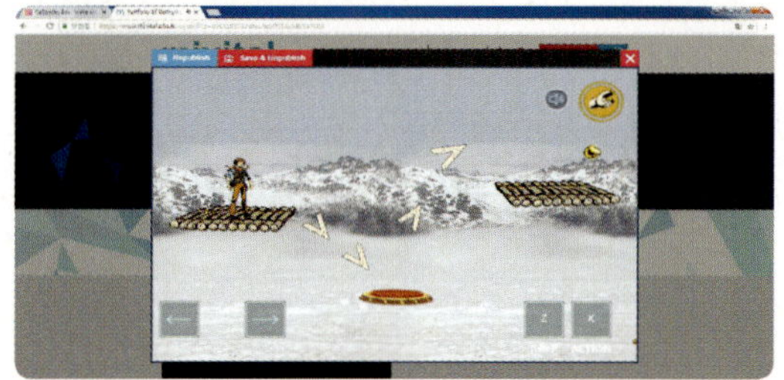

레시피 Key Point

1 Mixital에서는 다양한 게임을 만들 수 있는 템플릿을 제공합니다.

2 템플릿 중에 비어 있는 템플릿은 되도록 다른 활동을 한 후에 학생들 스스로 만들어 볼 수 있도록 안내합니다.

3 교사 주도로 한 가지 템플릿을 선정하여 학생들과 함께 만들어 보고 다양한 기능을 안내하면 학생들이 추후 다양한 게임을 만들어 낼 수 있습니다.

1 레시피 변형하기 1

- 게임 템플릿을 한 가지 정합니다.

- 모둠에서 협의를 통해 그 게임 템플릿을 활용하여 가장 재미있는 게임을 만들어 보도록 합니다.

- 만든 게임은 다른 모둠이 직접 해 보고 평가를 해 주고 가장 높은 평가를 받은 모둠에 보상을 합니다.

2 레시피 변형하기 2

- 개인별로 자유롭게 자신만의 게임을 만들도록 합니다.

- 친구들이 만든 게임을 해 보고 가장 높은 점수를 받은 친구에게 그 게임을 만든 사람이 점수를 부여합니다.

- 가장 많은 점수를 모으는 모둠에 보상을 합니다.

레시피를 안전하게!

✔ 1인 1 디바이스(PC, 태블릿, 스마트폰)가 필요하기 때문에 주로 컴퓨터실, 융합과학실 등 장비가 있는 곳에서 이루어져야 합니다.

✔ 특별실에서 활동을 진행하는 경우 학생들이 들뜨는 경우가 더러 있으므로 활동 시간을 확보하기 위해 적절한 질서는 유지될 수 있도록 합니다.

✔ 디바이스의 화면을 주로 보면서 활동을 해야 하기 때문에 바른 자세를 유지하고 눈과 디바이스 간의 적당한 거리를 두어 활동에 임할 수 있도록 합니다.

레시피 후기

• 선생님: 평소 게임을 하는 것을 좋아했던 아이들이 자신이 직접 만든 게임을 친구들에게 소개하고 해 보라고 권유하는 활동을 통해 성취감을 느끼는 것을 볼 수 있었습니다.

선생님

• 학생 2: 내가 만든 게임을 친구들이 재미있게 해서 뿌듯했어요.

• 학생 1: 게임을 이렇게 쉽게 만들 수 있다니 신기했어요.

학생

이진수로 놀기

컴퓨터에서 다루는 모든 정보(사진, 영상 등)는 0 과 1 두 가지 수로
표현이 됩니다. 이 개념을 놀이와 접목하여 알아봅시다
('기술 활용 능력' 향상을 위한 활동).

준비물 흰색 바탕에 검은 점이 출력되어 있는 자료

1 점이 1개, 2개, 4개, 8개, 16개 있는 카드를 준비합니다(뒷면은 검정).

2 점이 1개 있는 카드를 잡고 가장 오른쪽에 서 있습니다.

3 점 2개 카드를 잡은 학생은 점 1개 카드를 잡은 학생 왼쪽에 섭니다.

4 점 4개 카드를 잡은 학생은 점 2개 카드를 잡은 학생 왼쪽에 섭니다.

5 점 8개 카드를 잡은 학생은 점 4개 카드를 잡은 학생 왼쪽에 섭니다.

6 점 16개 카드를 잡은 학생은 점 8개 잡은 학생 왼쪽에 섭니다.

7 이렇게 연달아 선 후 연습으로 숫자 3을 카드로 만들어 보고 00011로 표현된다는 것을 확인합니다.

8 5명 기준 1~31까지의 숫자 중에서 아무 숫자를 말하여 모둠원끼리 숫자를 만들어 볼 수 있도록 합니다.

1 카드를 보는 사람 기준으로 16-8-4-2-1의 순서로 학생들이 카드를 들고 서 있어야 합니다.

2 카드를 든 학생들이 순서대로 서면 앞에 앉은 학생들은 어떤 규칙이 있는지 찾아볼 수 있도록 유도합니다.

3 우리가 평소 쓰고 있는 숫자가 어떻게 이진수로 표현이 되는지 학생들과 함께 만들어 보면서 알려 줍니다.

00001 ➡ 1, 00010 ➡ 2, 00011 ➡ 3, 00100 ➡ 4, 00101 ➡ 5

4 모둠 및 개인 활동으로 해 볼 수 있도록 작은 점 카드를 출력해서 학생들에 나누어 줍니다.

활동 모습

15를 만들어 보세요! 어떻게 해야 하는지 회의!

15를 만들었습니다. (1111)

10을 만들어 보세요. (1010)

5를 만들어 보세요. (0101)

1 레시피 변형하기 1

– 흰색 바탕에 점이 있는 이유는 학생들에게 직관적으로 이진수의 자릿수에 따라 얼마의 정보를 가지는지 알게 하기 위함입니다.

– 어느 정도 숙달이 된 상황이라면 점이 있는 흰색 종이 대신 흰 도화지와 검은 도화지만으로도 같은 활동을 할 수 있습니다.

2 레시피 변형하기 2

– 카드 5장으로 활동을 하는 경우(1~31)까지에 해당하는 알파벳을 제시하여 암호를 만들어 보고, 그 암호를 해독해 보는 활동을 할 수 있습니다.

– A=1, B=2, C=3, D=4, E=5, F=6, G=7, H=8, I=9, J=10, K=11, L=12, M=13, N=14, O=15, P=16, Q=17, R=18, S=19, T=20, U=21, V=22, W=23, X=24, Y=25, Z=26, !=27, ?=28

레시피를 안전하게!

✔ 앞에서 나와서 활동을 하는 경우 친구들을 밀지 않도록 조심합니다.

✔ 카드의 네 귀퉁이가 날카로울 수 있으니 카드로 장난치지 않도록 합니다.

레시피 후기

● **선생님:** 구체적인 사물을 활용한 조작 활동을 통하여 십진수가 어떻게 이진수로 변환되는지 체험할 수 있도록 하였습니다. 딱딱한 이진수보다는 놀이 활동으로 재미있게 배울 수 있도록 하였습니다.

● **학생 1:** 이진수에 대해서 잘 몰랐는데 어느 정도 알 것 같아요.

● **학생 2:** 카드를 가지고 활동을 하니 재미있어요. 모둠 친구와 같이 나와서 숫자를 만들 때 재미있어요.

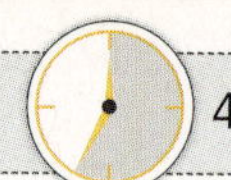

카드 뒤집기 묘기

카드 뒤집기 묘기를 통해 컴퓨터가 정보를 처리할 때 받은 정보가
참인지 거짓인지를 알아내는 원리를 알아봅시다
('기술 활용 능력' 향상을 위한 활동).

준비물 흰색 카드와 검은색 카드, 판 자석, 자석 칠판 등

1 흰색 카드 25장과 검은색 카드 25장을 준비합니다(뒷면에는 판 자석).

2 학생 한 명이 나와서 가로 4줄 세로 4줄로 자유롭게 붙입니다.

3 선생님이 추가하여 한 줄씩 더 붙여 5×5를 만들어 줍니다.

4 한 명이 그 중 한 카드의 색을 바꿉니다.

5 바꾸는 과정은 학생만 보고 선생님은 안 보고 있다가 바뀐 카드를 찾습니다.

6 어떻게 선생님이 바뀐 카드를 알아냈는지 생각해 그 방법을 찾도록 합니다.

1 가로 4칸, 세로 4칸으로 카드를 무작위로 붙이게 한 후 선생님이 가로, 세로 1줄씩 추가할 때 각 줄에 있는 검은색 카드를 기준으로 검은색 카드가 1장, 3장이면 검은색 카드를 추가하고 검은색 카드가 2장, 4장이면 흰색 카드를 추가해서 만들어 줍니다.

2 학생 한 명이 하나의 카드 색깔을 바꾸게 하고 아까 새로 만들어 준 규칙으로 그 바꾼 카드를 찾아냅니다. 별표가 되어 있는 곳을 바꾸었다면 세로와 가로의 빨간 동그라미로 이상한 점을 찾아내어 서로가 만나는 별표 위치를 찾아내면 됩니다.

 → 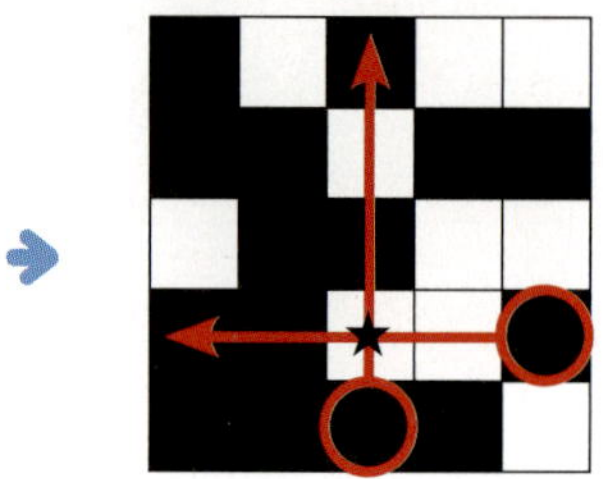

활동 모습

자, 잘 섞어 보세요.

자, 이제 한번 카드를 추가해 볼까?

규칙에 맞게 카드 추가하기

이제 바뀐 것을 찾아봅시다.

1 레시피 변형하기 1

- 가로 4, 세로 4의 상황을 익숙하게 해결한다면 가로 5, 세로 5로 또는 그 이상으로 확장하여 같은 활동을 진행할 수 있습니다.

2 레시피 변형하기 2

- 경쟁 요소를 넣어 몇 초 만에 바뀐 것을 찾아내는지 기록하고 순위에 따라 보상을 할 수 있습니다.

레시피를 **안전하게!**

✔ 카드의 네 귀퉁이가 날카로울 수 있으니 카드를 가지고 장난치지 않도록 합니다.

✔ 앞에 나와서 활동 시 경쟁에 치우쳐서 부주의하게 움직이다 안전사고가 나지 않도록 주의합니다.

레시피 **후기**

- **선생님**: 패리티 비트와 해밍 코드에 대한 내용을 재미있는 활동으로 체험할 수 있도록 하여 컴퓨터에서 어떻게 정보의 신뢰성을 확보하는지 알아볼 수 있도록 하였습니다.

선생님

- **학생 1**: 친구가 바꾼 카드를 직접 찾았을 때 신기했어요.
- **학생 2**: 카드를 통해 직접 활동하다 보니 어려운 내용도 쉽게 이해가 되었어요.

학생

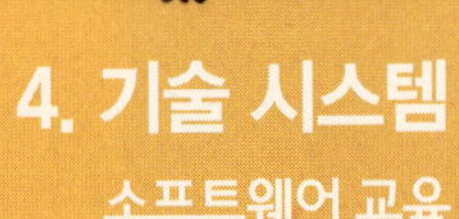

4. 기술 시스템
소프트웨어 교육

순차 놀이 – 학교에 가면

순차 구조를 익히기 위한 놀이입니다.
'학교에 가면' 놀이를 통하여 소프트웨어 교육에서 나오는
순차 구조에 대한 개념 및 원리를 익혀 보아요
('기술 활용 능력' 향상을 위한 활동).

준비물 의자

1 책상은 벽 쪽으로 밀고 가운데로 의자만 가지고 와서 둥글게 앉습니다.

2 먼저 섞어서 앉을 수 있도록 자리 섞기 게임을 합니다.

3 시작이 되는 첫 번째 학생을 정하고 그 학생은 일어서서 "학교에 가면 ○○ 있고"라고 합니다.

4 그 옆에 있는 친구는 첫 번째 친구에 이어서 "학교에 가면 ○○ 있고, ○○ 있고"라고 합니다.

5 옆에 있는 학생도 앞서 했던 것과 같은 방식으로 말을 합니다.

6 마지막 친구가 말하지 못하면 바로 전에 성공한 친구가 점수를 받습니다.

1 처음에 익숙하지 않을 때에는 단어의 수를 정해 줍니다(2~4자).

2 우리 반 친구의 이름은 넣지 않는 것으로 해야 합니다.

3 핵심은 다음 사람이 앞에서 말한 내용을 순서대로 말하고 자신의 것을 덧붙이는 활동입니다.

4 활동을 하고 난 후 순차 구조 개념을 소개하여 단순히 활동으로 끝나는 것이 아니라 자연스럽게 소프트웨어 교육으로 이어질 수 있도록 합니다.

활동 모습

자, 6명의 친구들이 했던 것을 순서대로 말할 수 있을까요?

앞에 했던 친구의 말이 기억이 나지 않아요.

처음에는 쉬우니까 빠르게 갑니다.

친구의 얼굴을 보며 무슨 말을 했는지 떠올려요!

1 레시피 변형하기 1

– 글자 제한을 두지 않고 수식어를 붙인 단어를 말할 수 있도록 합니다. 단, 첫 번째 사람은 하나의 수식어만, 두 번째 사람은 두 개의 수식어만 할 수 있도록 하여 뒤에서 말해야 하는 학생의 부담을 줄여 줍니다.

– ㉠ 첫 번째 학생은 "학교에 가면 예쁜 꽃도 있고", 두 번째 학생은 "학교에 가면 예쁜 꽃도 있고, 멋지고 잘 생긴 선생님도 있고⋯⋯".

2 레시피 변형하기 2

– 모둠별로 순서를 정하여 앞으로 나옵니다.

– 앞에서 순서대로 같은 방식으로 게임을 시작합니다.

– '1번째 학생–2번째 학생–3번째 학생–4번째 학생–3번째 학생–2번째 학생–1번째 학생–2번째 학생–3번째 학생–4번째 학생⋯⋯' 이러한 순서로 하되 가장 많이 기억을 하는 모둠에게 보상을 합니다(순서는 연습을 해 보고 개인의 능력과 자신감을 고려하여 정할 수 있도록 합니다).

레시피를 안전하게!

✔ 책상을 벽으로 밀고 의자만 가지고 가운데로 모일 때 위험하게 의자를 높이 들거나 장난하지 않도록 합니다.

✔ 자리 배치 게임을 할 때 친구들을 심하게 밀어서 다치지 않도록 합니다.

레시피 후기

● **선생님**: 소프트웨어 교육에 나오는 순차 구조의 개념을 단순한 설명이 아니라 놀이를 통해 체험하며 즐겁고 자연스럽게 알 수 있도록 의도하였습니다.

● **학생 1**: 재미있게 놀이했는데 소프트웨어를 함께 공부할 수 있다니 신기했어요.

● **학생 2**: 앞의 친구들은 잘했지만, 저는 실수로 틀렸어요. 그래도 정말 재미있었어요.

반복 놀이-도형 그리기

반복 구조를 익히기 위한 놀이입니다. 도형 그리기 활동을 통하여
소프트웨어 교육에서 나오는 반복 구조의 개념 및 원리를 익혀 보아요
('기술 활용 능력' 향상을 위한 활동).

준비물 붙임 딱지, 매직펜, 분필 등

1 매직펜과 붙임 딱지 2종을 준비합니다.

2 각 모둠에 매직펜과 붙임 딱지를 나누어 주고 도형을 제시하면 그것을 그리기 위한 명령어를 적도록 합니다.

3 모든 모둠이 다 적었으면 다른 모둠의 명령어가 잘 되었는지 실험하기 위해 다른 모둠의 친구 1명이 나옵니다.

4 명령어는 붙임 딱지 1개에 1개만 적어야 하고 다른 색 붙임 딱지는 반복할 수 있는 기능을 넣을 수 있습니다.

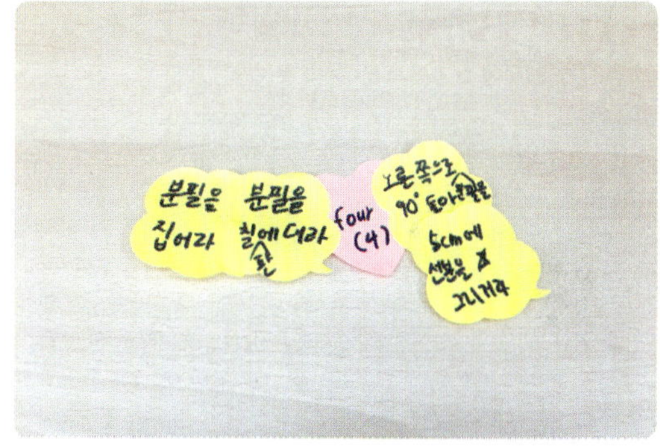

5 명령어를 만든 모둠에서 나와서 로봇 친구에게 명령어를 전달합니다.

6 로봇 친구가 도형을 제대로 그리면 성공입니다.

1 붙임 딱지 1개에는 명령어를 쓸 수 있고 1개에는 반복을 할 수 있는 횟수를 쓸 수 있습니다.

2 붙임 딱지를 가장 적게 사용하여 주어진 도형을 그려야 합니다.

3 이러한 과정에서 반복 붙임 딱지를 활용해야 합니다.

4 로봇 친구는 명령어에 적힌 대로만 움직여야 합니다.

5 지난 레시피에 익힌 순차 구조와 더불어 반복 구조의 개념이 등장하기 때문에 모든 활동을 마친 후 한번 짚어 주는 것이 필요합니다.

활동 모습

명령어를 전달 중! 입력 완료!

명령어대로 그려 보겠습니다.

3개의 명령어로 과연 사각형을 그릴 수 있을까요?

잘 이해되지는 않으나 그려 보겠습니다.

1 레시피 변형하기 1

- 전체 활동으로 그려야 하는 대상을 제시하고 모둠별로 명령어를 작성하게 합니다.
- 선생님이 로봇이 되어 각 모둠에서 작성한 명령어대로 그려 봅니다.
- 성공한 모둠에 보상을 합니다.
- 더 짧은 명령어로 성공한 모둠에 추가 보상을 해 줍니다(단, 반복 구조를 쓰도록 유도합니다.).

2 레시피 변형하기 2

- 짝 활동으로 한 명은 로봇이 되고, 한 명은 명령어를 쓰는 사람이 됩니다.
- 그려야 하는 주제는 선생님께서 정해 줍니다.
- 주제를 받으면 명령어를 쓰는 사람은 명령어를 쓰고 명령어를 받은 사람은 그대로 그립니다.
- 가장 작품이 잘 나온 모둠을 뽑습니다.
- 그 명령어를 같이 확인해 보고 보상합니다.

레시피를 안전하게!

✔ 매직펜으로 장난치지 않도록 합니다.

✔ 모둠 활동, 짝 활동 간에 질서가 유지될 수 있도록 하여 다툼이 일어나지 않도록 합니다.

레시피 후기

- **선생님**: 소프트웨어 교육에 나오는 반복 구조의 개념을 도형 그리기 활동을 통해 알아볼 수 있도록 하였습니다. 특히 친구 로봇을 활용하여 명령어에 따라 다양한 결과물이 나올 수 있도록 하여 성취감을 맛볼 수 있도록 하였습니다.

선생님

- **학생 1**: 내 명령어대로 친구가 움직여서 사각형을 그렸을 때 신기했어요.
- **학생 2**: 몇 개의 명령어를 반복하니 도형을 쉽게 그리게 할 수 있었어요.

학생

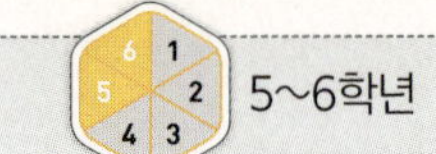 5~6학년  40분  교실

선택 놀이 - 스무고개

선택 구조를 익히기 위한 놀이입니다.
스무 고개 활동을 통하여 소프트웨어 교육에서 나오는
선택 구조에 대한 개념 및 원리를 익혀 보아요
('기술 활용 능력' 향상을 위한 활동).

 준비물 없음

1 스무 고개 문제를 낼 사람을 정합니다.

2 문제를 맞히는 모둠은 문제를 내는 사람 앞에 나와서 섭니다.

3 모둠원이 돌아가면서 질문을 1개씩 합니다.

4 문제를 내는 사람은 "예" 또는 "아니오"만 말할 수 있습니다.

5 질문을 통해 얻은 정보를 토대로 모둠 협의를 진행합니다.

6 정답을 몇 번만에 맞혔는지 기록합니다.

1 1라운드 문제는 가장 쉬운 숫자 맞히기로 시작합니다. 범위는 선생님께서 정해 줍니다.

2 처음에는 1~100까지의 숫자로 연습 게임을 해 보고 실전에서는 1~1000까지나 더 넓은 범위에서 문제를 낼 수 있습니다.

3 1라운드가 익숙해졌다면 2라운드에서는 숫자가 아니라 단어로 넘어갑니다.

4 단어로 문제를 낼 때 처음에는 학교에 있는 단어로 시작하여 나중에는 범위의 제한 없이 문제를 낼 수 있습니다.

5 스무 고개 활동에서 물어보고 정보를 얻는 활동은 대단히 중요합니다.

6 정답을 찾기 위해 정보를 선택해야 하기 때문인데 이러한 활동을 통해 선택 구조에 대해 쉽게 이해할 수 있습니다.

활동 모습

4번째 고개! ○○인가요?

아니래! 다시 생각해 보자!

정답은 ○○인가요?

이번엔 확실하게 정답은 ○○입니다!

1 레시피 변형하기 1

- 전체 활동으로 선생님이 문제를 내고 모둠원끼리 협동하여 문제의 정답을 찾아갈 수 있도록 할 수 있습니다.

- 물어보는 순서는 각 모둠에게 공평하게 기회를 주고 그 물음에 대한 답은 모두가 들을 수 있도록 합니다.

- 계속 진행하여 최저 조건으로 정답을 찾은 모둠에게 보상을 합니다.

2 레시피 변형하기 2

- 짝 활동으로 한 명은 문제를 내고 한 명은 문제의 정답을 찾을 수 있습니다.

- 짝 활동으로 문제를 낼 때에는 비교적 범위가 쉬운 문제를 낼 수 있도록 합니다.

- 문제의 정답을 찾으면 역할을 바꾸어서 문제를 내고 최저 조건으로 정답을 찾은 사람에게 보상을 합니다.

레시피를 안전하게!

✔ 모둠 활동, 짝 활동 간에 어느 정도 질서가 유지될 수 있도록 하여 모둠 활동이나 짝 활동 간에 다툼이 일어나지 않도록 합니다.

레시피 후기

- **선생님**: 소프트웨어 교육에 나오는 선택 구조의 개념을 스무 고개 활동을 통해 알아볼 수 있도록 하였습니다. 특히 모둠원과 협동하여 문제의 정답을 찾아갈 수 있도록 유도하여 모둠 전체가 성취감을 얻을 수 있도록 하였습니다.

선생님

- **학생 1**: 숫자를 맞히는 것은 몇 번 만에 빨리 맞힐 수 있어서 신났어요.

- **학생 2**: 단어를 맞히는 것은 너무 어려웠는데 그래도 정답을 맞추기 위해 친구들과 이야기하는 것이 재미있어요.

학생

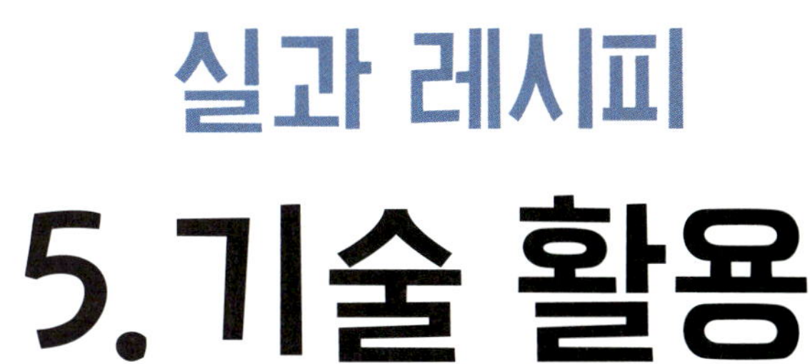

5. 기술 활용

다양하고 즐거운 놀이 활동으로
나의 진로, 발명과 로봇, 지속 가능한
발전을 체험해요!

5. 기술 활용
일과 직업의 세계

직업, 몸으로 말해요.

일과 직업의 의미와 중요성을 바르게 인식하고,
친구가 몸으로 표현하는 직업을 맞혀 보는 활동입니다.
('기술적 문제 해결 능력' 향상을 위한 활동)

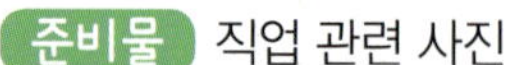 준비물 직업 관련 사진

1 직업 관련 사진과 동영상을 준비하여 직업의 특징을 생각해 봅니다.

2 친구들 앞에서 그 직업의 특징을 몸으로 표현해 봅니다.

3 말은 하지 않고, 직업의 특징을 20초간 표현합니다.

4 2명이 협동하여 표현할 수 있습니다.

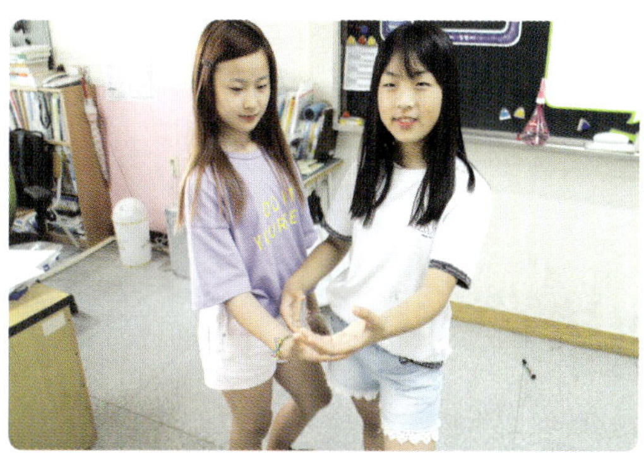

5 다양하게 짝을 이루어 자기가 미래에 하고 싶은 직업을 표현합니다.

6 직업에 대한 표현이 끝나면 직업의 의미와 가치를 서로 이야기해 봅니다.

1 친구들이 표현하는 직업의 의미와 가치를 생각해 보도록 합니다.

2 우리 주변에서 찾아볼 수 있는 직업을 표현해 볼 수 있도록 합니다.

3 우리 사회에서 꼭 필요한 일을 하는 고마운 직업에 대해서 감사한 마음을 갖도록 합니다.

4 나의 특성과 표현하는 직업의 특징을 비교해 보고 자신의 특성에 맞는 직업을 탐색할 수 있도록 합니다.

활동 모습

충성!, 손 들어 꼼짝 마! 이 직업은 무엇일까요?

군인일까? 경찰일까?

노래 부르는 걸까? 이 직업은 무엇일까?

표정 연기까지 해 주면 직업의 특성을 쉽게 표현할 수 있어요.

1 레시피 변형하기 1

– 직업을 몸으로 표현하지 않고, 말과 얼굴 표정만으로도 표현할 수 있어요.

2 레시피 변형하기 2

– 직업을 10초 안에 칠판에 그림으로 표현하며 친구들과 직업을 알아맞히고 함께 탐색할 수 있어요.

레시피를 안전하게!

✔ 몸으로 표현할 때 너무 장난스럽게 표현하지 않도록 중점을 두어 지도합니다.

✔ 학생들이 친구가 표현하는 직업의 특징을 찾고 중요성을 알 수 있도록 지도합니다.

레시피 후기

● **선생님**: 창의적 체험 활동의 진로 활동 시간에 하면 친구들의 특성과 관심 분야를 알 수 있고, 학기 초에 하면 친구의 관심 분야를 서로 알아갈 수 있는 좋은 친교 놀이도 될 수 있습니다.

● **학생 1**: 생각보다 몸으로 표현하는 것이 어려웠는데 친구들이 관심 있게 보며 직업을 맞혀 기분이 좋았어요.

● **학생 2**: ○○이가 경찰을 너무 잘 표현해서 재미있었어요. ○○이가 표현력이 좋다는 것을 알았어요.

직업인이 되어 보아요

직업에 대한 이해를 높이기 위해 직업을 골라서 자세히 조사하고,
역할 놀이와 인터뷰를 통해 친구들에게 소개하는 활동입니다
('생활 자립 능력' 향상을 위한 활동).

준비물 태블릿, 색지, 마이크, 네임펜 등

1 우리가 아는 직업, 알고 싶은 직업을 선생님과 함께 이야기합니다.

2 모둠별로 직업을 하나 정하여 좀 더 자세하고 깊이 있게 조사합니다.

3 직업에 대한 이해를 도와주기 위한 역할 놀이 대본을 작성합니다.

4 역할 놀이를 직접 하면서 다른 친구들에게 직업을 소개하는 시간을 가집니다.

5 직접 그 직업의 종사자가 되었다고 생각하고 인터뷰하는 시간을 가집니다.

6 직업인이 되어 본 소감을 붙임 딱지에 써 붙이고, 서로 감정을 공유합니다.

1 내가 직업을 스스로 조사하며 직업인이 되어서 역할 놀이와 인터뷰를 해서, 학급 친구들에게도 직업에 대해 알려 주는 것이 활동의 목표입니다.

2 자신은 한 가지 직업을 자세히 조사하지만, 다른 모둠 친구들에게 다른 여러 가지 직업에 대해서 배울 수 있는 활동입니다.

3 학생이 진짜 그 직업인이 되었다고 생각하며 애정을 가지고 직업을 소개할 수 있도록 선생님께서 지도해 주세요.

4 학생 자신이 그 직업에 감정 이입을 하여 역할 놀이와 인터뷰를 진행한다면, 다른 친구는 직업에 대해 더 흥미를 느낄 것입니다. 또한, 학생이 역할 놀이와 인터뷰를 하면서 그 직업인을 간접 체험해 보는 기회도 얻게 됩니다.

활동 모습

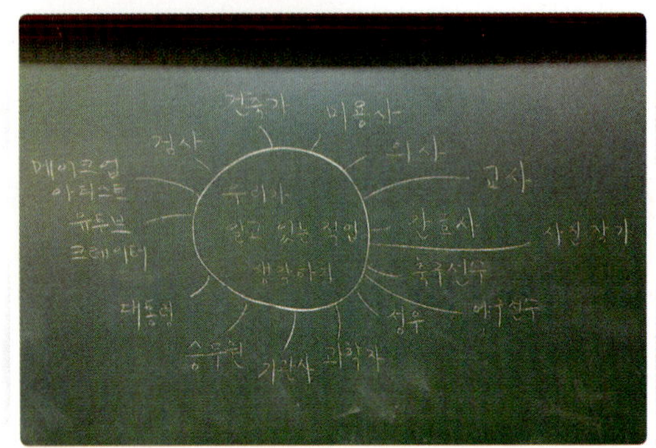

우리가 알고 있는 다양한 직업이 있어요.

우리 모둠이 정한 직업에 대해 적어 보아요.

역할 놀이를 위한 대본을 작성하고 있어요.

친구들의 소감을 읽어 보고 같이 이야기를 나누어요.

1 레시피 변형하기 1

– 질문을 추려 내어 지역 사회의 직업인을 직접 인터뷰를 하고 영상을 찍어 같이 본다면 뜻깊은 시간을 만들 수도 있습니다.

2 레시피 변형하기 2

– 모둠끼리 서로 연관되는 직업을 선택하여 역할 놀이와 인터뷰를 함께 진행하여 협동 작품이나 토론과 같은 대결 구도를 만들어도 재미있습니다.

레시피를 **안전하게!**

✓ 역할 놀이를 할 때, 좋은 역할과 그렇지 않은 역할을 하거나 하지 않으려고 싸울 수 있습니다. 선생님께서 미리 조율을 해 주세요.

✓ 인터뷰를 진행할 때, 원래 목적은 어디까지나 직업에 대해 알려 주는 것이므로, 다른 친구들을 무시한다거나 가르치듯이 말하지 않게 주의를 시키세요.

레시피 **후기** 

선생님

• **선생님**: 직업을 단순히 글을 통해 알아보는 것과 내가 이 직업인이라고 생각하고 행동하는 것에는 큰 차이가 있었습니다. 모두 교실에서만 해 보는 것인데도요. 아이들이 적극적으로 참여하는 모습이 좋았습니다.

• **학생 1**: 인터뷰를 친구들 앞에서 할 때, 마치 제가 직업인이 된 것 같은 느낌이었어요. 재미있었고 뿌듯했어요.

학생

• **학생 2**: 저는 아버지의 직업으로 역할 놀이를 해 보았습니다. 아버지께 평소 이야기를 많이 들어서 더 실감 나게 역할 놀이를 할 수 있었어요.

도전, 직업 골든벨!

직업을 각자 조사한 후 직업 퀴즈를 내 많이 맞히는 사람이
금메달을 따게 되는 방식으로 다양한 직업을 공부하는 활동입니다.
('생활 자립 능력' 향상을 위한 활동)

준비물 휴대 전화, 노트북, 네임펜, A4용지, 활동지 등

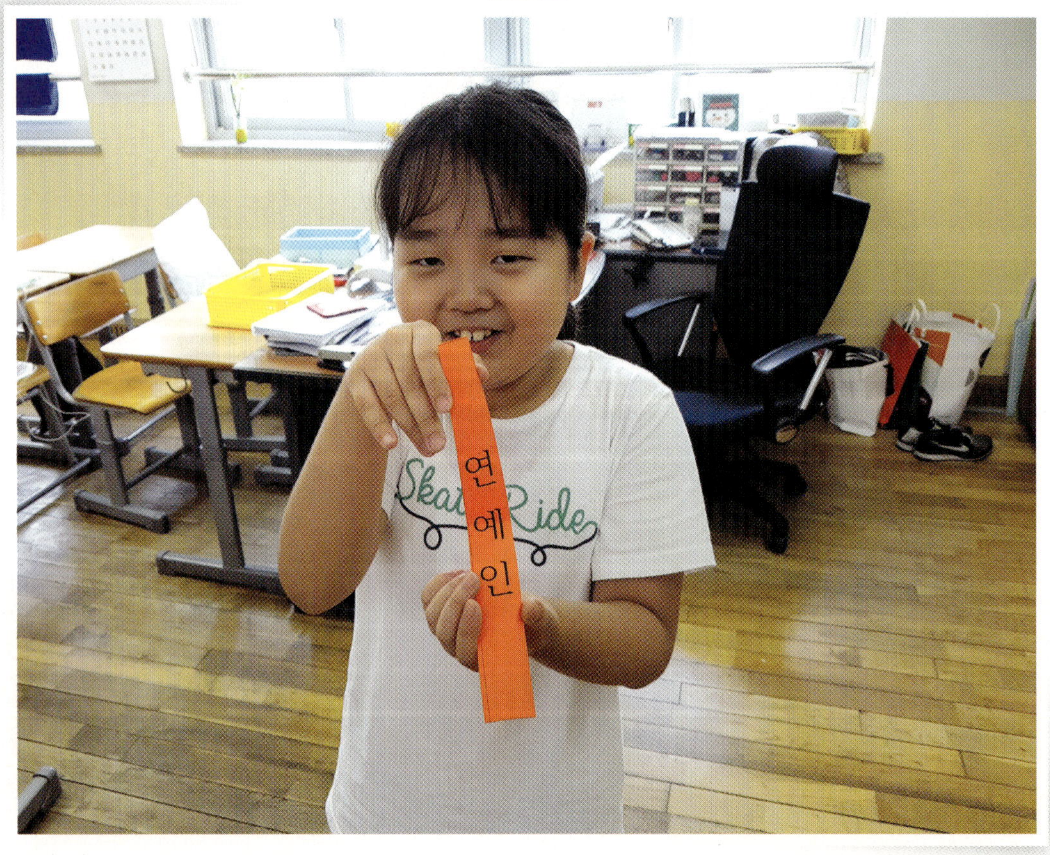

1 생각 그물 방식을 통해 여러 가지 직업에 대하여 떠올려봅니다.

2 생각 그물에서 선생님이 뽑은 직업 중 제비뽑기를 하여 내가 조사할 직업을 정합니다.

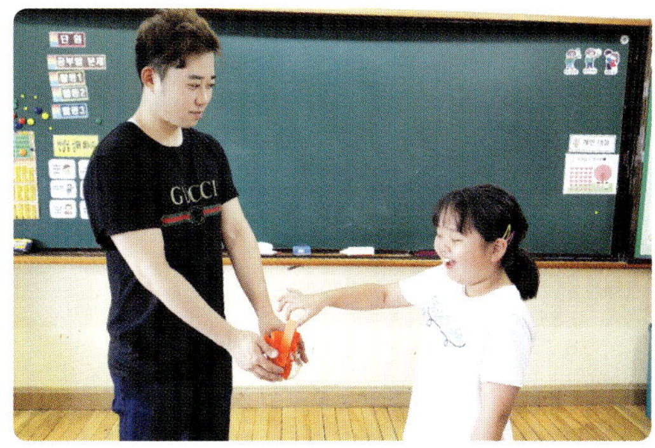

3 내 직업을 조사합니다. 휴대 전화나 관련 서적을 활용하면 좋습니다

4 A4 용지를 3등분으로 나누어 각각 글, 그림, 사진 힌트를 제공합니다.

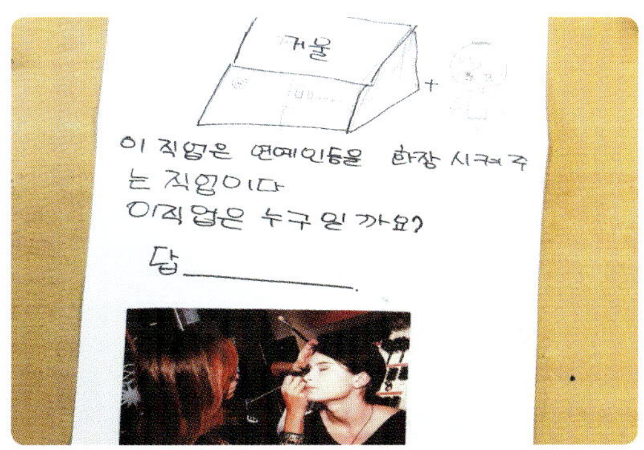

5 서로 직업에 대한 문제를 내고 맞힙니다. 가장 많이 맞힌 학생이 골든벨을 울립니다.

6 교사는 전 과정을 촬영하여 동영상을 만들고 이것을 학습 정리 시 감상합니다.

1 다양한 직업에 대해 학생 스스로 조사하면서 재미있게 공부할 수 있는 기회를 제공하는 것이 활동의 목표입니다.

2 학생이 주가 되어서 하는 활동이므로 선생님은 일련의 과정을 휴대 전화로 사진이나 영상으로 꾸준히 남겨 주세요. 앱으로 간단히 동영상을 제작하여 정리 영상으로 활용할 수 있어요.

3 그림, 글, 사진 힌트를 난이도에 따라 순서대로 제시하는 것이 좋습니다. 또한, 언제 맞히느냐에 따라 점수를 차등 지급하는 것도 재미를 더하는 방법입니다.

4 교사가 학생들이 쓴 직업과 자신이 생각하는 직업 중에서 후보군을 정하여 다양한 직업에 대해 알아볼 수 있도록 제비를 잘 정하는 것이 중요합니다.

활동 모습

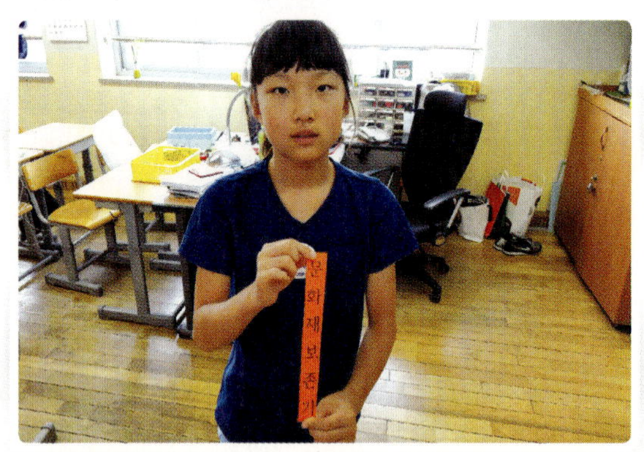

저는 문화재 보존가를 뽑았어요.

노트북 컴퓨터로 조사해 보아도 좋아요.

퀴즈 카드를 제작하고 있어요.

정답은 배드민턴 선수인 것 같아요!

1 레시피 변형하기 1

– 우연적 요소를 더하기 위해서 교사 주도로 제비뽑기를 하였지만, 학생 각자가 조사하고 싶은 직업을 조사해도 좋습니다.

2 레시피 변형하기 2

– 전체 활동뿐만 아니라 모둠별 대항전도 가능하며, 지그소(Jigsaw) 모형을 활용하여 서로가 조사한 직업을 다른 모둠에 돌아다니며 알려 줄 수도 있습니다.

레시피를 안전하게!

✔ 흥미 위주로 끝나지 않고, 진지하게 조사할 수 있도록 선생님이 이끌어 주세요. 위의 경우처럼 미리 몇 개 추려서 제비뽑기하는 것도 좋은 방법입니다.

✔ 휴대 전화나 노트북 등의 정보 기기로 인터넷을 사용할 경우, 학생이 다른 것에 빠지지 않고 직업 조사만 집중할 수 있도록 선생님이 잘 살펴 주세요.

레시피 후기

● **선생님**: 항상 직업에 대해서 조사해 오는 숙제를 내고 단순히 발표하는 선에서 그쳤는데, 친구와 함께 직업을 찾아보며 문제를 내고 골든벨 대회까지 하니 매우 좋았습니다. 학생들이 열정적으로 참여하였습니다.

선생님

● **학생 1**: 내가 찾아보고 싶었던 직업이 제비뽑기에서 나오지 않아서 아쉬웠지만, 친구와 함께 직업을 찾으며 조사하니 재미있었어요.

● **학생 2**: 골든벨 대회를 하며 다양한 직업을 자연스럽고 재미있게 배우게 되었어요.

학생

5. 기술 활용
자기 이해와 직업 탐색

장점 텔레파시, 내 장점은?

나에 대해서 얼마나 알고 있나요? 내가 생각하는 나의 장점과
친구가 생각하는 나의 장점을 비교해 보며 나에 대해 좀 더 알아봅시다.
('관계 형성 능력' 향상을 위한 활동)

준비물 도화지, 색연필, 사인펜 등

1 도화지를 반으로 접어 왼쪽에 자신의 장점을 가능한 한 많이 씁니다.

3 이 때, 친구가 적은 자신의 장점은 보지 않도록 합니다.

5 내가 생각한 장점과 친구가 생각한 장점이 같은 것은 동그라미를 그리고, 친구가 쓴 장점 중 마음에 드는 것은 별표를 그립니다.

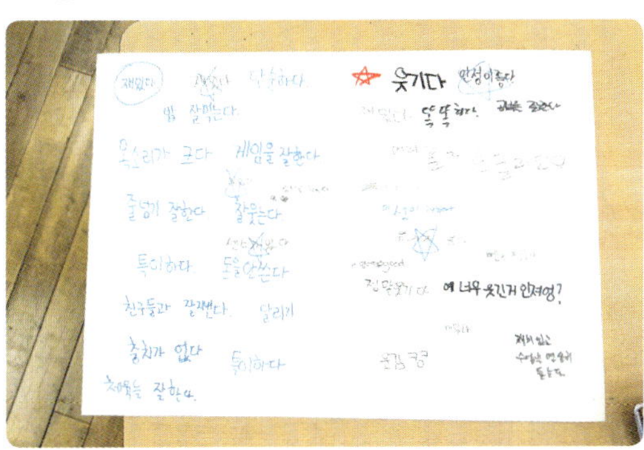

2 장점을 적은 후, 돌아다니며 도화지의 오른쪽에 내가 생각하는 친구의 장점을 서로 적어 줍니다.

4 친구들과 서로 장점 적어 주기 활동이 끝나면 종이를 펼쳐 보고 자신이 생각한 장점과 친구가 본 장점을 비교해 봅니다.

6 도화지의 뒷면에 소감, 친구에게 보내는 감사 메시지, 앞으로의 다짐을 적어 보게 합니다.

1 자신의 장점을 잘 모르는 학생을 위해, 아주 사소한 것도 장점이 될 수 있다는 것을 사전에 지도합니다.

2 상대방의 생각을 개방적인 태도로 받아들일 수 있도록 합니다.

3 친구의 장점을 쓸 때, 상처를 주는 등의 장난을 치지 않습니다.

4 활동 소감, 친구에게 하고 싶은 말 등을 릴레이 발표를 통해 전원이 이야기할 수 있도록 합니다.

활동 모습

나는 장점이 많아. 특히 축구를 잘하지.

친구야, 너는 내 장점을 뭐라고 생각해?

오! 내가 생각한 장점과 같은 것이 많네.

내 장점을 얘기해 준 친구에게 고맙다는 말을 해야겠어.

1 레시피 변형하기 1

- 등에 자신의 장점을 적은 종이를 붙여 놓고, 친구들에게 어울리는 직업을 적어 보는 활동으로 변형할 수 있어요.

2 레시피 변형하기 2

- 내가 생각하는 장점을 적고, 스무고개 형식으로 맞혀 보는 전체 활동으로 진행할 수 있어요.

레시피를 안전하게!

✔ 본 차시는 안전과는 관련이 없습니다.

레시피 후기

선생님

- **선생님**: 진로 탐색에서 가장 먼저 해야 할 것은 자신에 대한 이해입니다. 그러나 학생 스스로를 생각해 보는 것에 대해 어려워하는 경우가 많습니다. 내 생각과 친구의 생각을 비교해 보며 자신에 대해 좀 더 깊게 이해하는 계기를 마련하는 활동이었습니다.

- **학생 1**: 저는 자신감이 부족했는지, 제 장점을 잘 몰랐어요. 그런데 친구가 써 준 장점 덕분에 자신감도 얻고 저에 대해 몰랐던 것을 알게 됐어요.

학생

- **학생 2**: 친구들이 적어 준 장점 중, '성실하다' 라는 장점이 제일 마음에 들었어요.

5. 기술 활용
자기 이해와 직업 탐색

오늘은 나도 선생님

내가 잘하는 것을 친구들 앞에서 발표하고 가르쳐 주면서 자존감을
높이고 진로 탐색에 도움을 줄 수 있는 재능 기부 활동입니다. 오늘은
직접 선생님이 되어 자신이 잘하는 것을 친구들에게 가르쳐 보세요.
('기술 활용 능력' 향상을 위한 활동)

준비물 재능 기부 활동지, 필기구, 재능 기부에 필요한 물건 등

1 자신이 잘하는 것은 어떤 것이 있을지 함께 이야기를 나눕니다.

2 잘하는 것 중 친구들에게 가르쳐 주고 싶은 것을 정하고 재능 기부 계획서를 씁니다 (432~434쪽 활동지 참고).

3 개인별로 재능 기부 준비를 해도 좋지만, 잘하는 것이 같은 2~3인이 함께 준비해도 좋습니다.

4 재능 기부 계획에 따라 준비하여 친구들에게 가르쳐 줍니다. 이때, 발표 시간은 5분 정도로 준비하여 실시합니다.

5 직접 보여 주기 어려운 경우 영상이나 사진으로 촬영해 온 것을 보여 주도록 합니다,

6 활동이 끝나면 자신이 재능 기부를 하면서 느꼈던 소감을 적고 발표합니다.

1 재능 기부 실시는 한 번에 몰아서 하지 않고, 아침 활동 시간에 나누어서 실시할 수 있습니다.

2 재능 기부의 방법은 영상, 직접 시연 등 모든 방법이 가능하며, 학생들이 스스로 정할 수 있도록 합니다.

3 재능 기부의 주제는 비윤리적인 주제가 아니면 가능한 한 허용해 줄 수 있도록 합니다.

4 1인 재능 기부, 2~3인 재능 기부 모두 가능하며 여럿이 함께 할 경우, 모두가 고루 발언할 수 있도록 안내합니다.

활동 모습

우리는 게임을 잘하니까, 우리가 하는 게임을 가르쳐 주자!

공을 찰 때 중요한 것은 디딤발입니다.

내가 보여 준 샌드위치 만들기, 한번 먹어 보렴.

저희는 캐릭터를 잘 그리는 방법을 알려 드릴게요.

1 레시피 변형하기 1

- 1대 1 재능 교환 활동으로 실시할 수 있습니다. 각자 자신이 잘하는 것을 준비하고, 교실 안을 전체가 함께 돌아다니면서 서로 자신이 잘하는 것을 가르쳐 줄 수 있습니다.

2 레시피 변형하기 2

- 재능 박람회를 실시할 수 있습니다. 전시회 형태로 자신이 잘하는 재능을 준비하고 다른 학생들을 초청하여 재능에 대해 배워 볼 수 있는 기회를 제공할 수 있습니다.

레시피를 안전하게!

✔ 각자 재능 기부를 준비하면서, 사용하는 도구에 유의할 수 있도록 안내합니다. 특히 칼을 사용하는 조리법 등을 영상으로 준비하는 경우, 부모님께 허락을 받고 함께 조리 영상을 찍을 수 있도록 합니다.

레시피 후기!

선생님

● **선생님**: 이번 재능 기부 활동을 통해 학생이 잘하는 것을 친구들에게 가르쳐 주면서 자존감을 향상시킬 수 있었습니다. 또한 배우는 입장에서 직접 가르치는 주체가 되는 경험을 통해 자신이 잘하는 것을 좀 더 깊게 생각해 보는 기회가 될 수 있었습니다.

● **학생 1**: 제가 친구들의 선생님이 된다고 생각하니 엄청 떨렸어요. 그래도 제가 가르쳐 준 리코더 연주를 친구들이 잘 따라 줘서 고마웠어요.

● **학생 2**: 학급 친구들과 축구에 대해 함께 이야기한 적이 없었는데, 이번 활동을 통해서 제가 잘하는 축구에 대해 알려 줄 수 있어서 정말 좋았어요.

학생

5. 기술 활용
자기 이해와 직업 탐색

현재의 나, 그리고 미래의 나

어린 시절을 떠올리며 지금까지 살아온 삶을 돌아보고
미래를 그려 보는 활동입니다. 유년기 사진을 살펴보고, 미래의 나는
어떤 모습일지 상상해 보며 나를 이해하는 시간을 가져 보세요.
('생활 자립 능력' 향상을 위한 활동)

준비물 개인 사진, 도화지, 색연필, 사인펜 등

1 유년기 사진을 보며 누구인지 맞혀 보는 놀이로 동기를 유발합니다.

2 자신의 사진을 보여 주며 어떤 일이 있었는지 모둠원들과 이야기를 나눕니다.

3 어린 시절을 떠올리며 지금까지 자신의 모습에 대한 자서전을 씁니다.

4 친구들 앞에서 12살 자서전을 발표하며 자신의 현재까지 모습을 되돌아봅니다.

5 자신의 꿈을 이룬 30년 후 모습을 상상해 보며 살아온 삶에 대한 자서전을 씁니다.

6 미래 자서전을 발표하며 꿈을 향해 나아가는 자신의 의지를 다집니다.

1 유년기 사진 속 장면이 기억나지 않을 수 있습니다. 사전에 부모님과 함께 사진을 살펴보며 어떤 장면인지 대화를 나누게 합니다.

2 사진의 내용을 단순 기술하는 것에 초점을 맞추기 보다는 과거를 떠올리며 12~13살까지 내가 살아온 삶을 되돌아볼 수 있도록 합니다.

3 미래 자서전을 쓸 때, 내가 이루고 싶은 꿈을 이루었다고 가정하고 펼쳐지는 삶을 상상해 보도록 합니다.

4 활동이 끝나고 릴레이 발표를 통해 각자의 소감을 이야기하도록 합니다.

활동 모습

내가 어렸을 때, 부모님께서 날 키우느라 많이 힘드셨을 거라는 생각이 들었어요.

친구들과 함께 어릴 때 모습을 함께 보니 정말 즐거웠어요.

멋진 인생 이야기 한번 들어 볼래요?

저는 멋진 축구 선수가 될 거예요!

1 레시피 변형하기 1

– 미래 자서전 대신 미래 명함 만들고 자신을 소개하는 활동으로 변형하여 진행할 수 있어요.

2 레시피 변형하기 2

– 현재까지 자서전, 미래 자서전을 4~8컷 만화로 표현할 수도 있어요.

✔ 본 차시는 안전과는 관련이 없습니다.

● **선생님**: 본 활동을 통해 자신의 과거 사진을 보면서 예전 모습을 돌이켜 볼 수 있었습니다. 또한 미래 자서전을 쓰면서 앞으로 어떤 삶을 살면 좋을지 좀 더 깊이 있게 생각하고 표현하는 것을 확인할 수 있었습니다.

● **학생 1**: 어린 시절 제 사진을 친구들과 함께 보는 것 자체가 정말 즐거웠어요. 그리고 지금까지 저를 키워 주신 부모님께 감사한 마음도 들었어요.

● **학생 2**: 미래 자서전을 쓰다 보니 제 미래가 더 궁금해졌어요. 그리고 제 꿈인 세계적인 축구 선수가 되기 위해서 열심히 노력해야겠다는 생각이 들었어요.

퀴즈로 알아보는 직업 빙고

퀴즈와 빙고라는 즐거운 놀이를 통해 새로운 직업을 알아보는
활동입니다. 놀이를 통해 다양한 직업을 알아보세요
('기술 활용 능력' 향상을 위한 활동).

준비물 직업 설명 카드, 빙고용 종이, 연필, 사인펜 등

뚝딱! 실과 활동 레시피 🔍

1 학급 인원에 맞게 직업 카드를 준비하여 다양한 직업과 그 직업이 하는 일에 대해 함께 알아봅니다.

2 살펴본 직업 중 선택한 것을 빙고 판에 적습니다.

3 직업과 설명이 적힌 종이가 있는 봉투를 나누어 주고 안에 있는 직업을 확인합니다.

4 봉투 속에 적혀 있는 직업이 자신이 적은 빙고 판에 있는지 확인하고, 있으면 동그라미를 표시합니다.

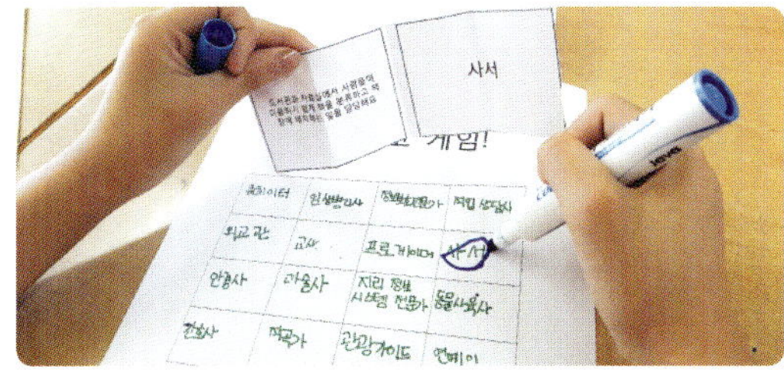

5 교실을 돌아다니며 자신과 친구가 가지고 있는 봉투 속 직업이 하는 일을 서로 이야기합니다.

6 상대방이 가진 직업을 알 것 같으면 정답이 맞는지 물어봅니다. 정답을 맞히면 빙고 판에서 그 직업에 동그라미 표시를 합니다.

7 질문의 기회는 3번을 주며 세 번 모두 맞히지 못하면 정답을 확인하고 빙고 판에서 그 직업은 ×표를 합니다.

8 돌아다니면서 5~7번의 활동을 계속하여 연속된 동그라미 두 줄을 완성하면 빙고를 외칩니다. 빙고!

1 처음 직업에 대해 알아볼 때 각자 2~3개씩 직업을 조사해 오고 나서 활동을 하는 것이 더 효과적입니다.

2 내가 두 줄을 완성했다 하더라도 다른 친구들이 할 수 있도록 계속 돌아다니며 친구의 질문을 받아 줍니다.

3 모든 학생이 빙고 또는 더 이상 불가능한 상황이 되면 직업 빙고 놀이를 끝냅니다.

4 활동을 마무리하고 교사와 함께 모든 직업을 다시 한번 맞혀 보는 활동을 하는 것이 좋습니다.

활동 모습

문화재 보존가? 나는 이 직업 처음 들어봤어.

우리가 공부한 직업을 빙고 판에 적어 볼까?

봉투 속에는 어떤 직업이 들어 있을까?

예! 두 줄 빙고 완성!

1 레시피 변형하기 1

– 직업명과 직업 설명이 같으면 점수를 얻는 놀이인 직업 카드 뒤집기로 직업을 알아보는 활동을
할 수 있어요.

2 레시피 변형하기 2

– 개인에게 직업을 하나씩 제시하고 각자 직업을 공부한 후, 스무고개 형태로 다른 친구들에게 문
제를 내고 맞히는 전체 활동으로 변형할 수 있어요.

레시피를 안전하게!

✔ 본 차시는 안전과는 관련이 없습니다.

레시피 후기

- **선생님**: 학생들이 좋아하는 빙고와 퀴즈 맞히기에 직업을 알아보는 활동을
접목하였습니다. 간단한 놀이 활동이었지만, 모두 적극적으로 참여하였고
함께 알아본 직업에 대해 기억하는 것을 확인할 수 있었습니다.

선생님

- **학생 1**: 이번 직업 빙고 활동을 통해 새로운 다양한 직업
을 알 수 있었어요.
- **학생 2**: 놀이를 통해 직업을 알아보는 것이 정말 재미있
었고 어떤 직업이 있었는지 전부 기억이 나요.

학생

단점보다는 장점 생각

나의 단점을 적어 보고 친구들의 조언을 통해 단점보다는 장점을
생각해 보며 긍정적으로 사고하는 활동입니다. 장점을 새롭게
생각해 보면서 자신을 좀 더 이해하고 자존감을 높여 보세요.
('생활 자립 능력'향상을 위한 활동)

준비물 장단점, 소감용 종이, 필기구, 풀 등

1 나뭇잎 모양의 종이에 자신의 단점을 적고, 나뭇잎 종이와 장점을 적어 주는 활동지를 각자의 자리에 놓습니다(435쪽 활동지 참고).

2 돌아다니면서 친구의 장점을 적거나 단점을 장점으로 바꿔 생각할 수 있는 조언을 적어 줍니다.

3 친구들의 조언을 살펴보며 자신의 단점을 장점으로 바꿔 생각하거나 새로운 장점을 생각해 봅니다.

4 친구들의 조언을 참고하여 열매 모양의 분홍색 종이에 자신의 장점을 적어 단점 종이와 함께 붙입니다.

5 자신이 적은 단점, 그리고 친구들의 조언을 통해 적은 장점을 발표합니다.

6 나비 모양의 노란색 종이에 단점을 장점으로 바꿔 생각해 본 소감을 적고 붙인 후, 발표합니다.

1 단점을 장점으로 바꾸면서 긍정적으로 인식할 수 있다는 것을 알려 줍니다.

2 고칠 필요가 있는 단점은 억지로 장점으로 바꾸지 않아도 된다는 점을 알려 줍니다.

3 친구에게 조언할 때 상대방이 상처받지 않도록 신중하게 적을 것을 미리 안내합니다.

4 가능한 한 모든 학생이 단점, 장점 그리고 소감을 발표할 수 있도록 합니다.

활동 모습

친구야, 말이 많다는 단점은 자신의 의견을 잘 말한다라는 장점으로 바꿔 생각해 보면 어떨까?

너는 장점이 많은 친구야! 내가 너의 장점을 말해 줄게!

멋진 인생 이야기 한번 들어 볼래요?

단점 나뭇잎, 장점 열매, 소감 나비로 나무 완성!

1 레시피 변형하기 1

– 자신의 단점을 쓴 종이를 몸 앞에 붙입니다. 돌아다니면서 친구들의 단점을 보고 그 친구의 단점을 장점으로 바꿔서 등에 붙여 줍니다.

2 레시피 변형하기 2

– 종이비행기에 익명으로 자신의 단점을 적어 날리고 다른 친구들이 그 단점을 무작위로 읽고 장점으로 바꿔 말해 주며 격려합니다.

레시피를 안전하게!

✔ 본 차시는 안전과는 관련이 없습니다.

레시피 후기

● 선생님: 자신에 대해 부정적으로 생각하는 학생에게 효과적인 활동이었습니다. 아주 사소한 것도 자신의 단점이라고 생각하는 학생에게 친구의 조언을 통해 장점으로 바꿔 생각해 볼 수 있는 기회를 줌으로써 자존감을 높이고 자신을 좀 더 이해하는 계기를 마련할 수 있었습니다.

● 학생 1: 저의 단점들 때문에 고민했었는데 친구들이 말해 준 장점을 보면서 자신감이 생기고 고민하지 않아도 될 것 같다는 생각이 들었어요.

● 학생 2: 제가 생각한 단점은 말이 너무 없다는 것이었어요. 그런데 한 친구가 다른 사람의 얘기를 잘 들어주는 장점으로 바꿔 생각해 보라고 해서 기분이 좋았아요.

나만의 진로를 JOB아라!

내가 미래에 하고 싶은 직업을 이행시, 삼행시로 지으며
친구들과 그 직업에 대해 생각해 보는 활동입니다.
('기술적 문제 해결 능력' 향상을 위한 활동)

준비물 A4용지, 펜 등

1 A4 용지에 내가 되고 싶은 직업을 적고 첫 글자에 맞추어 ○행시를 짓습니다.

2 먼저 친구들에게 초성을 보여 주고 알아맞히도록 합니다.

3 친구가 초성을 맞히면 ○행시를 발표합니다.

4 친구들이 내가 적은 직업에 대해 궁금한 것을 물어봅니다.

5 서로 직업에 대해 설명하고 격려해 줍니다.

6 미래에 멋진 직업인이 되기 위해 포즈도 취합니다.

1 진로를 탐색할 때에는 자신의 적성과 흥미를 고려합니다.

2 나의 특성을 친구나 부모님, 선생님께 미리 물어볼 수 있도록 합니다.

3 직업이 비슷한 친구끼리 모여 동작으로 표현할 수 있습니다.

4 학교에서 적성 검사 이후에 활동을 하면 더욱 효과적입니다.

활동 모습

그림도 들어간 다양한 ○행시를 지어 보아요.

친구가 자신을 선택하면 그 직업을 표현해요.

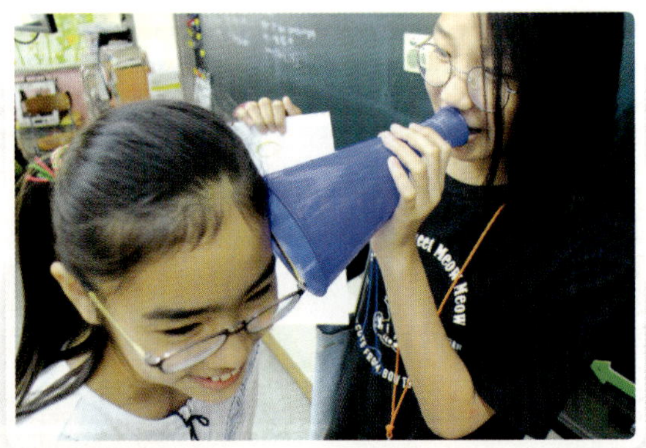

부끄러우면 소곤소곤 이야기해요.

친구들이 돌아다니다가 가장 잘 소개한 직업을 뽑습니다.

1 레시피 변형하기 1

– 직업을 간단한 그림으로 표현하여 맞혀 보도록 합니다.

2 레시피 변형하기 2

– 칠판에 초성을 적어 맞추는 대신 스무고개 놀이를 통해 알아맞히는 활동으로 변형할 수 있습니다.

레시피를 안전하게!

✔ ○행시를 표현할 때 장난식으로 하지 않도록 합니다.

✔ 활동을 할 때 친구들과 부딪치지 않도록 합니다.

레시피 후기

선생님

• **선생님**: 학생들이 자신이 표현한 직업에 대해 꾸준히 실천하고 설명할 수 있는 의지를 가지게 되어 기쁩니다.

• **학생 1**: 다양한 직업의 특성을 알게 되어 기뻤어요.

• **학생 2**: 친구들이 설명해 준 직업을 새롭게 알게 되어 즐거웠어요.

학생

5. 기술 활용
자기 이해와 직업 탐색

롤지에 30년 후 동창회 모습 그리기

긴 롤지에 30년 후 자신의 미래 모습을 상상하여 그리는 활동입니다.
학생들이 좋아하는 상상의 그리기 활동으로 즐거운 실과 수업을
만들어 보세요('생활 자립 능력' 향상을 위한 활동).

준비물 롤지, 색연필, 사인펜, 필기도구 등

1 모둠원과 다양한 직업에 대해서 알아보고 30년 후 자신의 모습을 상상하여 이야기해 봅시다.

2 롤지를 길게 펼친 후 학급 학생들이 적당하게 나누어 앉습니다.

3 30년 후 자신의 모습을 상상하고 스케치합니다.

4 스케치를 한 다음 색연필과 사인펜으로 색칠을 합니다.

5 모든 학생이 30년 후 자신의 모습을 그린 다음 한 명씩 순서대로 설명합니다.

6 모든 학생의 설명을 들은 뒤 전체 동창회 모습을 살펴보고 친구들과 이야기합니다.

1 과제로 다양한 직업의 모습을 미리 조사해 오도록 합니다.

2 미래의 진로를 생각하지 못한 학생의 경우 친구들의 이야기를 들어 보고 정하도록 해 주세요.

3 그림 그리기를 어려워하는 친구는 인터넷에서 관련 사진이나 그림을 참고하여 그릴 수 있도록 해 주세요.

4 미래의 자신 모습을 발표할 때 어떠한 과정을 거쳐 꿈을 이루게 되었는지 상상하여 발표하도록 해 주세요.

5 30년 후 동창회 모습 그리기는 협동화이기 때문에 그리기가 느린 친구를 도와주도록 격려해 주세요.

활동 모습

자신이 하고 싶은 직업이나 다양한 진로에 대해서 많은 이야기를 할 수 있도록 해 보아요.

책상 위에서도 그려 보아요.

남자와 여자 따로 그려 볼 수도 있어요.

학급 진로 발표회 자료로 활용해 보세요.

1 레시피 변형하기 1

– 학년 프로젝트로 변형하여 한 학년 모든 학급에 30년 후 동창회 모습을 그린 후 학교 벽지에 부착하거나 학교 진로 발표회 자료로 사용할 수 있습니다.

2 레시피 변형하기 2

– 주제를 변형할 수 있습니다. '세계 모든 직업을 그려 보기'. '미래에 사라질 직업 그려 보기', '현재에는 없으나 미래에 생겨날 직업 예상하여 그려 보기' 등 진로에 관련된 주제로 상상하여 그릴 수 있습니다.

레시피를 안전하게!

✔ 그림 그리는 도중 장난치지 않도록 해 주세요.

✔ 학급 친구의 그림을 비난하지 말고 칭찬할 수 있도록 해 주세요.

✔ 자신의 작품을 설명할 때 구체적으로 설명할 수 있도록 해 주세요.

✔ 긴 롤지는 작은 힘에도 찢어질 수 있으니 조심하도록 해 주세요.

레시피 후기

● **선생님**: 30년 후 자신의 모습을 상상하고 다 같이 모였을 때 어떠한 모습인지 상상하여 롤지에 그리기는 실과와 미술을 연계한 활동입니다.

● **학생 1**: 긴 롤지에 30년 후 우리 모습을 그려 보니 우리가 미래에 모여 있는 것 같은 기분이 들었어요.

● **학생 2**: 긴 롤지에 그려서 미래의 친구들의 직업을 살펴보니 서로 관련 있는 직업이 많아서 신기했어요.

나도 발명왕

나날이 발전하는 세계 속에서 더 나은 삶을 위해
발명가가 되어 보는 수업입니다.
기술의 발달과 사회의 변화에 적극적으로 대처하고
적응할 수 있는 기술 시스템 설계 능력을 기를 수 있습니다.

준비물 학생 개인이 들고 온 재활용품들, 가위, 풀, 테이프, 글루건 등

뚝딱! 실과 활동 레시피 

1 영상을 통해 전 세계 초등학생의 발명품에 대해서 알아봅니다.

3 발명품을 만들기 시작합니다.

5 전구가 들어 있는 스탠드와 연필꽂이를 합친 발명품입니다(학생 작품).

7 자신이 만든 발명품을 경매로 판매할 수도 있습니다.

2 각 모둠별로 어떤 발명품을 만들면 좋을지 이야기해 봅니다.

4 서로 도와가며 작품을 완성합니다.

6 자신이 만든 발명품을 친구들에게 설명합니다.

8 가장 비싸게 판 학생이 우승자가 됩니다.

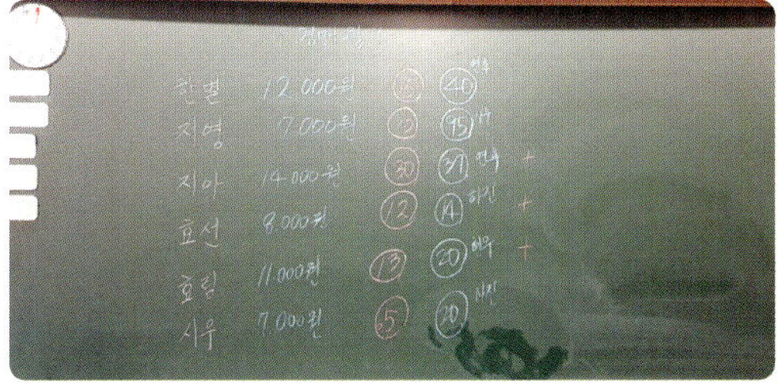

1 더하기, 빼기, 모양 바꾸기, 반대로 하기 등의 방법으로 기존에 있던 물건을 참고하여 발명하도록 합니다.

2 학생의 사소한 발명품도 칭찬을 통해 격려하는 것이 중요합니다.

3 발명품을 소개하고 좀 더 친구들과 의견을 주고받습니다.

4 발명품 경매를 통해 내가 만든 물건의 가치를 친구들에게 인정받을 수 있습니다.

활동 모습

서로 도와 가며 작품을 완성해요.

두 개를 더해 보면 어떨까?

글루건으로 좀 더 단단하게

완성 작품이에요. 예 조립할 수 있는 튜브

1 레시피 변형하기 1

– 학년 전체로 나아가 발명왕을 뽑으면 더욱 수준 높은 작품이 나올 수 있습니다.

2 레시피 변형하기 2

– 발명품을 만들고 특허를 내는 과정까지 연계하여 수업을 진행할 수 있습니다.

레시피를 안전하게!

✔ 가위나 칼을 사용할 때에는 안전에 유의하고 서투른 학생들은 선생님의 도움을 받을 수 있도록 합니다.

✔ 글루건을 사용할 때에는 뜨겁기 때문에 장갑을 끼고 사용합니다.

✔ 송곳으로 구멍을 뚫을 때에는 송곳이 몸의 반대를 향하도록 지도합니다.

레시피 후기

선생님

● **선생님**: 학생들이 실생활에 도움이 될 만한 발명품을 만들어 내어 뿌듯했습니다. 다른 사람의 지식 재산권에 대해서도 학생들이 조금이나마 이해할 수 있는 시간이었습니다.

● **학생 1**: 내가 만든 발명품을 친구가 경매로 비싸게 구입해 줘서 기분이 좋았어요.

● **학생 2**: 다른 친구의 독특한 생각과 기발한 아이디어에서 신기함을 느낄 수 있었어요.

학생

5. 기술 활용
로봇의 기능과 구조

감정 배제 로봇 놀이

기술이 발달하고 사회의 변화에 따라 로봇의 기능 또한 발달함에 따라 점차 로봇과 함께하는 삶을 살아갈 것입니다. 이때 로봇이 과연 사람의 감정 영역까지 도달할 수 있을지에 대해 생각해 보는 수업입니다('기술 활용 능력' 향상을 위한 활동).

준비물 로봇 가면(학생들이 만들어도 됩니다.) 등

1 학생들이 만든 로봇 가면입니다.

2 아이들과 어떤 상황에서 로봇 가면을 쓰고 역할극을 할지 정합니다.

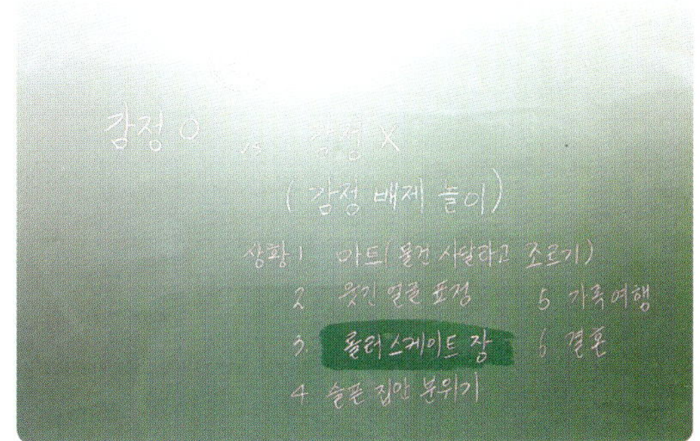

3 우리 모둠은 어떤 주제로 역할극을 할지 상의해서 대본을 작성합니다.

4 로봇이 감정을 느끼지 못하는 장면을 연기하도록 합니다.

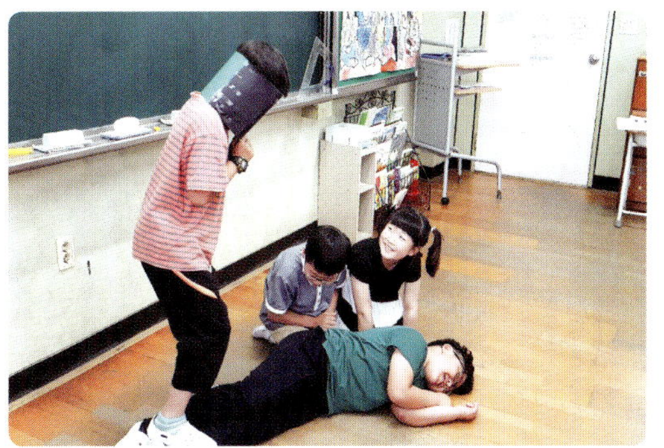

5 로봇 가면을 벗고 감정을 넣어 연기하도록 합니다.

6 어떤 모둠이 가장 감정의 유무를 잘 표현했는지 투표해 봅니다.

1 로봇 가면을 만드는 데 집중하기보다는 로봇 역할극에 초점을 맞춥니다.

2 로봇이 감정을 느끼도록 만들 수 있을지에 대해서 이야기해 보는 시간을 갖습니다.

3 로봇이 감정이 있을 때와 없을 때를 나누어 역할극을 합니다.

4 로봇이 감정을 느끼도록 만들었을 때 어떻게 될지에 대해서도 이야기해 보는 시간을 갖습니다.

활동 모습

오징어 로봇 가면을 쓴 남학생과 연기하는 학생들

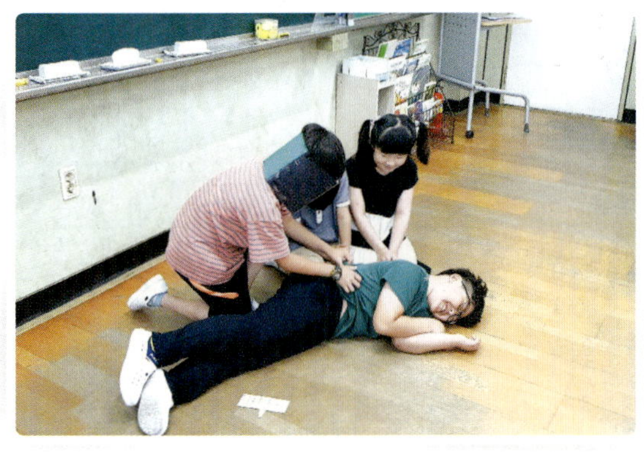

감정이 있는 로봇의 장면을 연기하는 로봇

저희들은 인간이 아닙니다.

로봇을 찾아가 연기하는 남학생

1 레시피 변형하기 1

– 모두 로봇 가면을 쓰고 감정이 있는 로봇과 감정이 없는 로봇을 맞히는 역할극을 해도 좋습니다.

2 레시피 변형하기 2

– 연기 대상 시상식을 열어 연기를 누가 얼마나 잘하는지로 프로젝트를 진행할 수 있습니다.

레시피를 안전하게!

✔ 가면을 통해 볼 수 있도록 눈 부분은 오려 냅니다.

✔ 가면을 만드는 동안 가위와 칼의 사용을 조심합니다.

✔ 역할극을 할 때 지나치게 친구의 몸을 밀거나 때리는 일이 없도록 합니다.

✔ 조용하고 진지하게 역할극을 수행하도록 합니다.

레시피 후기

선생님: 학생들이 점차 로봇에 관심을 두는 것 같아 뿌듯했고, 로봇에 있어서 가장 큰 논점은 감정임을 깨닫는 것 같아 보람 있는 수업이었습니다.

선생님

학생 1: 로봇 가면을 쓰고 감정을 느끼지 못하는 장면을 연기하니 내가 정말 로봇 같다는 생각이 들었어요.

학생 2: 로봇이 점차 우리 생활 속으로 들어오는 느낌이 들어 신기했어요.

학생

창의 기법 활용
아이디어 생성

아이디어를 끌어내기 어려운 학생에게
쉽게 체계화된 아이디어 생성을 할 수 있는 활동입니다
('기술적 문제 해결 능력' 향상을 위한 활동).

준비물 학습지, 펜 등

1 주변에서 볼 수 있는 생활용품을 정합니다.

2 2가지의 장점을 합한 아이디어 제품에는 무엇이 있는지 살펴봅니다.

3 기존 생활용품의 문제점과 개선 방안을 토의한 후 작성합니다.

4 칠판에 그러한 결과물을 붙이고 갤러리 워크를 합니다(436~437쪽 활동지 참고).

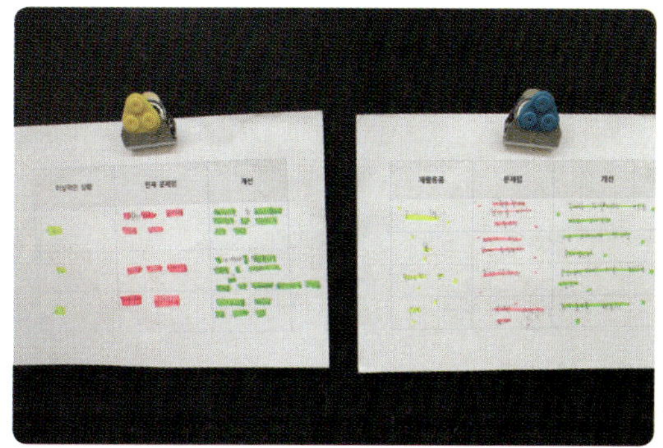

5 친구들과 다양한 아이디어를 공유합니다.

6 모둠별 생활용품의 개선 방안을 활용하여 이상적인 제품으로 개선하는 방법을 찾아봅니다.

1 제시된 다양한 아이디어가 제품에 적용 가능할 수 있음을 알려 줍니다.

2 생활 속에서 문제점을 찾고 이를 해결하기 위해 다양한 방법을 제시하도록 이끌어 줍니다.

3 다른 친구를 비판하지 않고, 다양한 아이디어를 생성할 수 있도록 자유로운 학습 분위기를 조성합니다.

4 새로운 아이디어에 어려움을 느끼면 기존의 제품이나 방법을 조금씩 수정하고 보완하도록 합니다.

활동 모습

친구들과 자유로운 분위기에서 다양한 아이디어를 생각해요.

이 제품의 아이디어는 무엇일까?

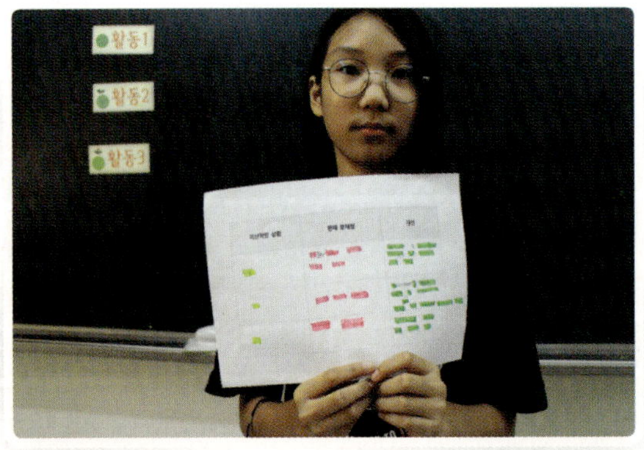

친구들과 자신의 생각을 나누어요.

친구에게 자신의 아이디어를 설명해요.

1 레시피 변형하기 1

– 다양한 창의적 사고 기법을 적용한 발명품 아이디어 경진 대회를 할 수 있어요.

2 레시피 변형하기 2

– 다양한 아이디어를 실제로 종이 모형을 통해서 구현할 수 있도록 미술과 연계하여 진행할 수 있어요.

레시피를 안전하게!

✔ 아이디어 제품을 다룰 때 위험한 부분은 조심해서 다룹니다.

✔ 친구들과 자유롭게 다양한 이야기를 나눌 수 있도록 합니다.

레시피 후기

선생님: 학생들이 창의적인 사고와 아이디어 생성은 어려운 것이 아니라는 생각을 하게 되었습니다.

선생님

학생 1: 다양한 아이디어를 많이 제시해서 기뻤어요.

학생 2: 발명은 우리 생활 속에 있고 어렵지 않다는 것을 알게 되었어요.

학생

난 수건 정리 왕

가정에서 많이 사용하는 수건을 깔끔하게 정리하고 보관하는 활동입니다. 수건 개기를 통해 생활 자원의 중요성을 알아보아요 ('생활 자립 능력' 향상을 위한 활동).

준비물 수건

1 수건을 준비합니다.

2 수건의 양쪽 끝을 대각선으로 접어 삼각형을 만들어 줍니다.

3 삼각형의 위 꼭짓점을 밑변까지 접고 자신의 왼쪽 끝을 접은 삼각형 변에 맞닿게 접어 줍니다.

4 계속 도형을 대각선으로 접어 줍니다.

5 도형을 대각선으로 계속 접어 삼각형끼리 합동이 되게 접어 줍니다.

6 마지막에는 계속 접힌 두꺼운 삼각형과 안 접힌 면만 나오게 되는데 안 접힌 부분을 두꺼운 삼각형으로 접힌 부분 안쪽에 밀어 넣어 줍니다(삼각형 수건 접기).

1 다양한 모양의 수건 개기를 통해 정리의 즐거움을 느끼게 합니다.

2 활동 후에 돌돌 말아 접기, 사각 접기, 삼각 접기 활동을 대회로 진행해 봅니다.

3 모둠별로 수건 개는 방법을 실습하고, 결과를 서로 비교하여 평가해 볼 수 있도록 합니다.

4 스스로 가정에서 자립적인 의생활을 통해 정리하고 보관하려는 태도를 기르도록 중점을 둡니다.

활동 모습

삼각형의 한쪽을 대각선으로 접고, 접힌 도형에서 반으로 아래쪽으로 접어 주고 뒤집어 줍니다.

삼각형이 아닌 부분의 끝에서 안쪽으로 돌돌 말아 줍니다.

끝까지 말게 되면 삼각형 부분의 끝 부분을 돌돌 말린 부분 안쪽으로 집어 넣어 줍니다.

돌돌 말은 깔끔한 수건 접기 완성[돌돌 말은 수건 접기].

이렇게도 할 수 있어요!

1 레시피 변형하기 1

– 수건을 삼각형, 사각형, 원기둥 모양으로 다양하게 접는 방법으로 정리하는 태도를 기를 수 있습니다.

2 레시피 변형하기 2

– 모둠별로 정해진 시간 안에 가장 많은 수건을 접는 모둠을 선발하는 방법으로 진행할 수 있습니다.

레시피를 안전하게!

✔ 모둠별로 수건 개는 실습을 할 수 있는 충분한 공간을 마련해 주세요.

✔ 가져온 수건들은 깨끗하게 활용한 후 다시 가정으로 가져갈 수 있도록 하세요.

레시피 후기

- **선생님**: 아이가 쉽게 정리의 습관을 기를 수 있는 것 중 하나가 수건 접기입니다. 가정에서 부모님을 도와 정리하는 습관을 길러 준 것 같아 뿌듯합니다.

선생님

- **학생 1**: 다양한 모양의 수건 개기를 하면서 정리하는 습관을 기를 수 있을 것 같아요.
- **학생 2**: 집에서 실습해 보니 수건이 잘 정돈되어 쾌적한 환경을 만든 것 같아 뿌듯했어요.

학생

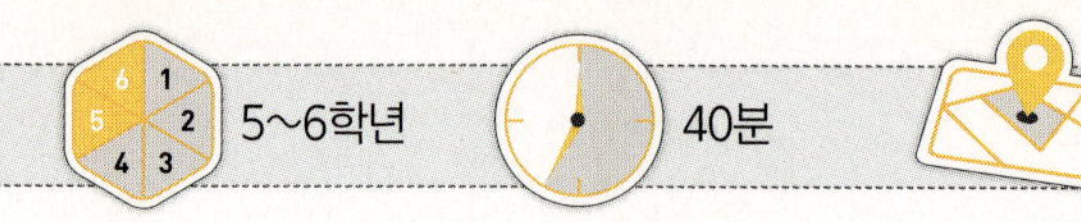

5. 기술 활용
개인 정보와 지식 재산 보호

나만의 캐릭터 저작권

나만의 캐릭터를 그려 보고, 친구의 캐릭터를 베껴 보면서
저작권 등록의 필요성을 깨닫는 활동입니다. 나만의 캐릭터
저작권 활동을 통해 즐겁고 의미 있는 실과 수업을 만들어 보세요.

준비물 활동지, 그리기 도구(연필 포함), 붙임 딱지 등

1 내가 좋아하는 캐릭터의 이름을 쓰고, 간단히 생김새를 그려 봅니다(438~439쪽 활동지 참고).

2 나만의 캐릭터를 상상하여 그리고, 친구들에게 소개합니다.

3 짝의 캐릭터를 베껴서 그리고, 느낌을 나눕니다.

4 저작권 등록의 필요성을 알아보고, 저작권과 관련한 무방식주의가 무엇인지 알아보고 정리합니다(스마트폰 이용).

5 저작권의 등록 절차를 조사해서 작성합니다(스마트폰 이용).

6 학습한 것을 토대로 내가 생각하는 저작권이란 무엇인지 한 단어로 정의해 봅니다.

1 나만의 캐릭터를 그려 보고, 친구의 캐릭터를 베껴서 그려 보며 저작권의 필요성을 깨닫는 활동입니다.

2 나만의 캐릭터를 구상하는 데 시간이 많이 걸릴 수 있으므로 전날에 집에서 구상해 오도록 과제를 내줍니다.

3 교실에 실물 화상기가 있으면 학생이 그린 캐릭터를 실물 화상기를 이용하여 다른 친구들에게 소개할 수 있도록 합니다.

4 저작권 무방식주의와 저작권 등록 절차를 알아볼 때 스마트폰으로 필요한 내용을 검색할 수 있도록 합니다.

5 교실이 아닌 컴퓨터실에서 수업할 수도 있습니다.

활동 모습

내가 좋아하는 캐릭터의 이름을 쓰고, 간단하게 그려 봐요.

친구가 그린 캐릭터를 베껴서 또 다른 캐릭터를 그려 봐요.

짝이 내 캐릭터를 베껴서 그렸을 때, 내가 짝의 캐릭터를 베껴서 그렸을 때 어떤 느낌이나 생각이 들었는지 발표하며 친구와 의견을 나눠요.

스마트폰 또는 컴퓨터를 이용하여 자료를 조사해요.

1 레시피 변형하기 1

– 캐릭터 그리기 대신 작사하기(노래 가사 짓기)나 작곡하기를 통해 저작권의 필요성을 알아볼 수 있습니다.

2 레시피 변형하기 2

– 다른 노래나 작품을 표절하여 문제가 되었던 사례를 찾는 활동을 추가합니다.

레시피를 안전하게!

✔ 친구가 구상하여 그린 캐릭터를 소개할 때 장난을 치거나 비웃지 않도록 주의합니다.

레시피 후기

- **선생님**: 캐릭터 그리기는 미술 수업과 연계, 캐릭터 그리기 대신 작사하기를 할 때에는 국어 수업과 연계, 작곡하기를 할 때에는 음악 수업과 연계할 수 있습니다.

선생님

- **학생 1**: 사소한 것 같아도 친구가 내 캐릭터를 베껴서 그리니 기분이 좋지 않았습니다. 이렇기 때문에 저작권이 필요하구나 싶었습니다.

학생

- **학생 2**: 힘들게 만든 창작물의 권리를 보호받지 못한다면 정말 속상할 것 같아요.

5. 기술 활용
발명과 문제 해결

페트병 전구 만들기

전기 없이 빛을 밝힐 수 있는 전구를 만드는 활동입니다.
재활용 페트병을 이용하여 신기한 발명품을 만들어 보아요.
('기술적 문제 해결 능력'향상을 위한 활동)

준비물 상자, 페트병, 칼, 표백제, 양면테이프, 검은 도화지, 물 등

1 재료를 준비합니다.

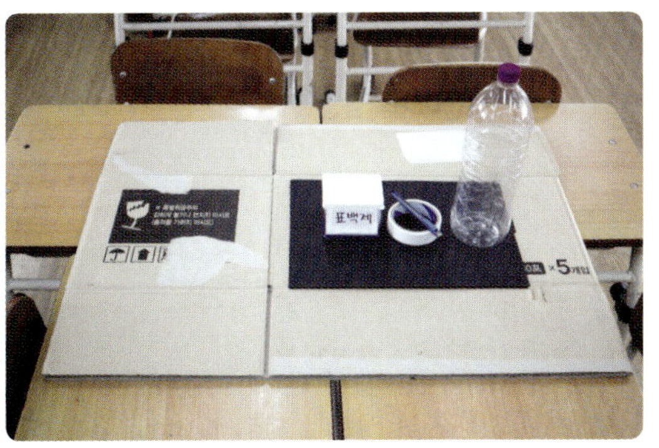

2 페트병(2L)에 물을 넣고, 표백제를 30 mL 를 넣고 잘 섞습니다.

3 큰 상자의 윗부분은 닫고 아랫부분은 상자 를 펼쳐 열어 준 뒤, 테이프로 튼튼하게 이 음새를 붙입니다.

4 상자의 겉면을 검은 도화지로 붙여 줍니다.

5 상자의 윗부분을 페트병 크기에 알맞게 잘 라냅니다.

6 상자의 구멍에 **2**의 페트병을 $\frac{2}{3}$ 정도 넣고 빠지지 않도록 고정하여 완성합니다.

1 물을 넣은 페트병의 크기와 무게를 고려하여 적당한 크기의 두꺼운 상자를 선택하도록 합니다.

2 상자의 겉면에 도화지를 붙이면 구멍이 아닌 다른 부분을 통해 상자로 들어오는 빛을 차단할 수 있고, 외관을 깔끔하게 보이도록 합니다.

3 페트병 넣을 구멍을 뚫을 때에는 페트병의 가장 넓은 부분보다 작은 사이즈로 잘라내야 페트병을 끼우기 편리합니다. 만약, 구멍을 크게 뚫었다면 셀로판 테이프를 덧붙여 페트병의 두께를 조절하거나 글루건으로 고정합니다.

4 완성된 페트병 전구는 햇빛이 비치는 장소에 놓고 내부를 관찰해야 빛이 비치는 모습을 확인할 수 있습니다.

활동 모습

페트병이 들어갈 수 있도록 크기를 재어요.

페트병 구멍 뚫기 완성!

페트병 전구를 햇빛이 비치는 야외에 놓아요.

상자 안을 관찰해 볼까요?

1 레시피 변형하기 1

- 500 mL 크기의 페트병과 이에 알맞은 크기의 상자를 사용하여 소형 페트병 전구를 만들어 볼 수 있어요.

2 레시피 변형하기 2

- 큰 상자를 여러 개 연결하여 사람이 들어갈 수 있는 크기로 상자를 만들고, 페트병 전구를 여러 개 넣어 대형 페트병 전구를 만들어 볼 수 있어요.

레시피를 안전하게!

✔ 페트병 전구를 넣을 구멍을 뚫을 때 칼에 베이지 않도록 조심하세요.

✔ 물과 세제를 넣은 페트병이 새지 않도록 입구를 꽉 닫아 주세요.

레시피 후기

선생님: 페트병 전구는 전력이 부족하여 어두운 실내에서 생활하는 지구촌의 소외된 사람들을 위한 지속 가능한 적정 기술 중 하나입니다. 페트병에 들어온 태양광이 병 안에서 굴절된 후 페트병 안에 담긴 물과 만나 산란하며 실내에 빛을 퍼뜨리는 원리입니다. 간단한 발명품인 페트병 전구를 만들어 봄으로써 적정 기술을 체험해 보는 시간을 가질 수 있습니다.

학생 1: 처음에 페트병 전구를 만든다고 했을 때, 페트병이 어떻게 전구가 될 수 있는지 궁금했는데 직접 만들어 보니 정말 신기했어요.

학생 2: 태양광만으로 형광등처럼 밝은 빛을 내는 페트병 전구를 필요한 사람들에게 나누어 주면 좋을 것 같아요.

친구 그림 빼앗기 놀이

각자 간단한 그림을 그리고 친구의 그림을 자신의 것이고 생각하고
빼앗아 보는 활동입니다. 학생들이 좋아하는 놀이로
재미있는 실과 저작권 보호 수업을 만들어 보세요
('기술 활용 능력' 향상을 위한 활동).

준비물 A4 종이, 실물 화상기, 색연필, 사인펜, 필기도구 등

1 옆 친구가 보지 못하도록 책상 사이를 띄우고 책가방을 올립니다.

2 4등분한 A4 종이를 나누어 주고 각자 10분 동안 자신이 그리고 싶은 그림을 그리도록 합니다.

3 10분이 지난 후 다른 학생들이 보지 못하도록 눈을 감은 다음 그림을 걷습니다.

4 여러 그림 중 하나를 선택하고 그 그림을 그린 학생을 포함하여 5명을 뽑습니다.

5 5명의 학생에게 그림을 보여 주면서 자신의 그림인 척 연기를 하도록 합니다. 이때 왜 자신의 그림인지 구체적으로 설명할 수 있도록 합니다.

6 실물 화상기를 통해서 전체 학생들에게 그림을 보여 주고 한 명씩 나와서 자신의 그림이라고 주장하도록 합니다.

7 설명을 모두 들은 후 누구의 그림인지 다수결로 정합니다.

8 실제로 그림을 그린 학생에게 자신의 그림을 빼앗겼을 때 느낀 점을 이야기해 보도록 합니다.

1 친구의 그림을 보지 않고 자신의 그림을 친구에게 보여 주지 않도록 해 주세요. 그래야 더 재미있습니다.

2 자신이 그림의 주인이라고 주장을 할 때 구체적이고 실감 나게 발표할 수 있도록 해 주세요.

3 자세히 그리는 것이 목적이 아니기 때문에 10분 안에 모두 끝낼 수 있도록 강조를 해 주세요.

4 그림을 그린 학생을 찾았을 때에는 잘 찾았다고 칭찬을 한 후 넘어갑니다. 그림을 그린 학생을 못 찾은 때에는 그림을 실제로 그린 학생의 감정을 들어 보면서 저작권 침해에 대해서 생각해 보도록 합니다.

활동 모습

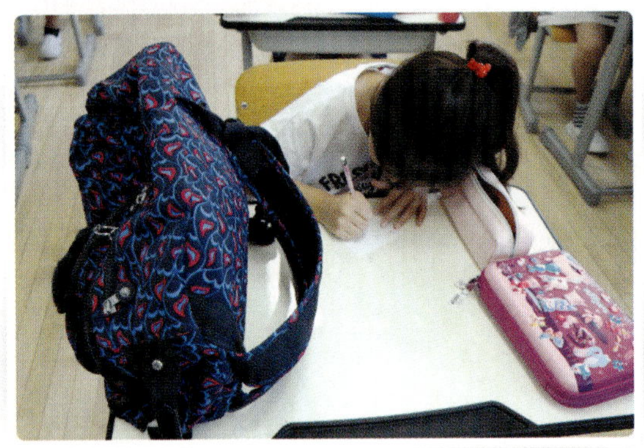

아무도 모르게 그림을 그려 주세요.

그림을 자세히 보면서 특징을 찾도록 해 주세요.

왜 자신의 그림인지 실감 나게 발표하도록 해 주세요.

그림을 실제로 그린 학생의 감정을 듣고 저작권 침해에 대해서 생각해 보아요.

1 레시피 변형하기 1

– 학기 초에 그린 그림을 사용하거나 가정에서 그려 오도록 과제를 내주고 활동을 할 수 있습니다.

2 레시피 변형하기 2

– 그림 대신 간단한 글을 써서 친구 글 빼앗기 놀이를 할 수 있습니다.

레시피를 안전하게!

✔ 친구의 그림을 비난하지 않도록 해 주세요.

✔ 친구가 발표를 잘하지 못하더라도 비난하지 않고 경청할 수 있도록 해 주세요.

✔ 누구의 그림인지 장난으로 맞히지 말고, 발표자의 설명을 잘 듣고 추측할 수 있도록 해 주세요.

레시피 후기

선생님

●**선생님:** 자신이 그린 그림이 다른 사람의 것이 되었을 때 실제로 그림을 그렸던 학생의 느낌을 들어 보면서 저작권을 침해 당한 감정을 생각해 보는 놀이를 구상했습니다.

●**학생 1:** 내 그림이 다른 친구의 그림이 되어서 기분이 좋지 않았어요.

●**학생 2:** 저작권 보호 수업을 놀이로 배우니 재미있었어요.

학생

로봇 손 만들기

재활용 종이상자와 실을 이용하여 로봇 손을 만드는 활동입니다.
자신의 손이 움직이는 원리를 생각해 보고 로봇 손을 만들어 봅시다
('기술적 문제 해결 능력' 향상을 위한 활동).

준비물 종이상자, 칼, 가위, 테이프, 빨대, 실, 고리(작은 것), 색연필, 사인펜 등

1 상자를 펼쳐 손 모양을 그립니다.

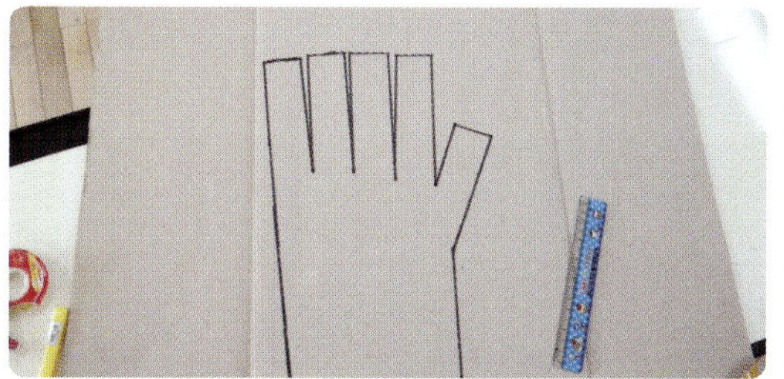

2 그린 손을 가위와 칼로 자른 다음 손 마디 부분을 자로 접습니다.

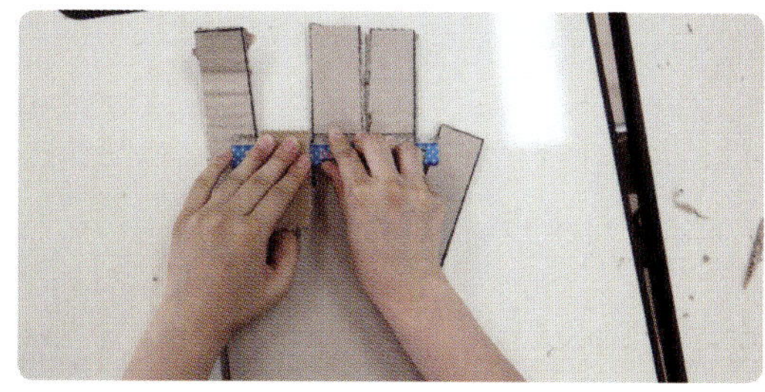

3 빨대를 2cm 정도 잘라 실로 묶은 다음 손 끝 바깥쪽에 테이프로 붙입니다.

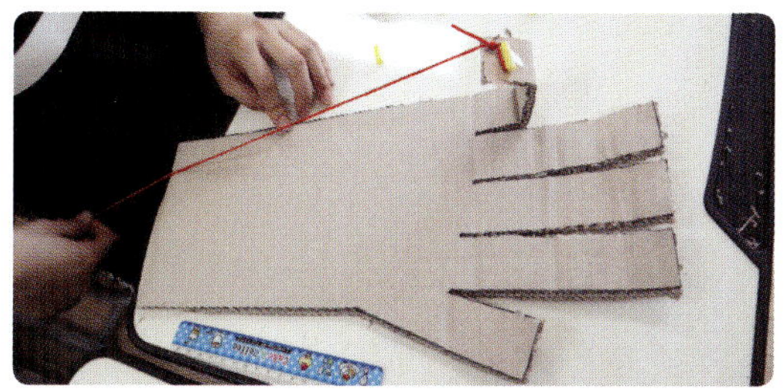

4 빨대를 2cm 정도로 3개 잘라서 손가락 마디 안쪽에 붙이고 빨대 구멍으로 실을 넣습니다.

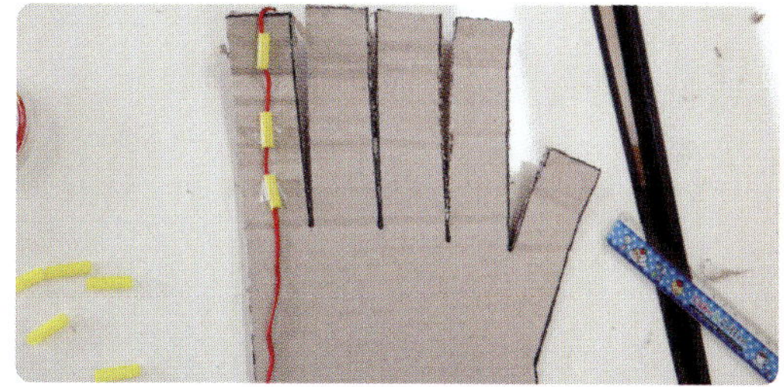

5 모든 손가락에 테이프로 빨대를 붙이고 실을 넣은 다음 잡아당겨서 로봇 손이 움직이는지 확인합니다.

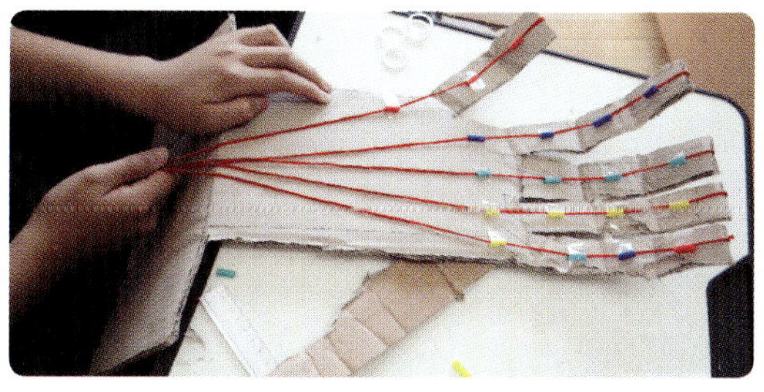

6 실 끝부분에 플라스틱 고리를 묶습니다.

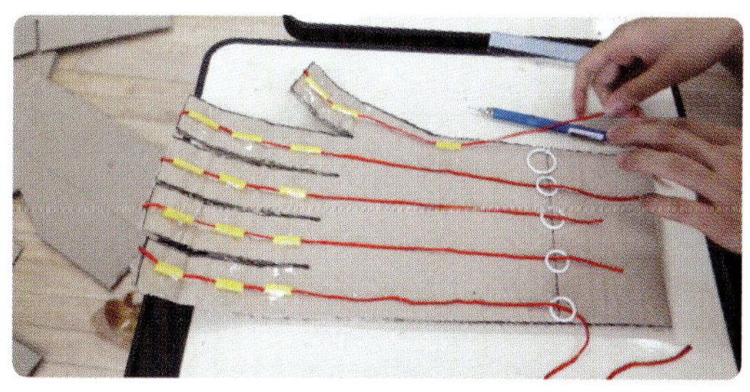

7 고리에 손가락을 넣어서 로봇 손이 움직이는지 확인합니다.

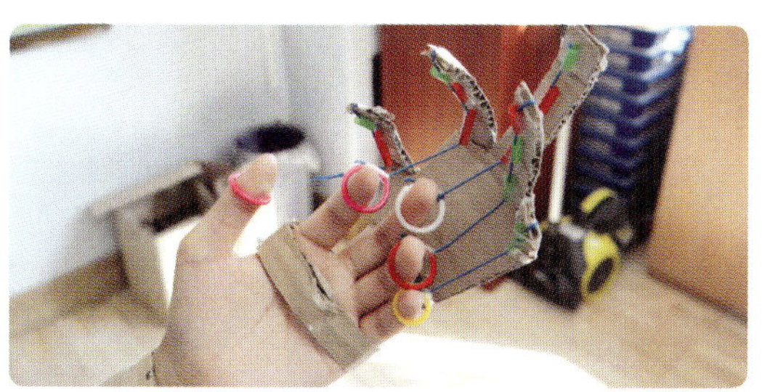

8 로봇 손과 팔 부분을 사인펜으로 꾸밉니다.

1 자신의 손을 관찰하여 손가락 사이가 벌어지지 않도록 그립니다. 손가락 사이가 많이 벌어지면 잘 움직이지 않습니다.

2 실을 잡아당겨서 손을 움직일 때 빨대가 떨어지지 않도록 테이프로 단단하게 고정시킵니다.

3 자를 이용하여 손 마디를 충분히 접어 줍니다.

4 손목과 팔 부분까지 충분히 오립니다. 고리에 손가락을 넣어서 로봇 손이 움직일 때 고정 손목과 팔 부분에 고정시키면 더 잘 움직입니다.

5 고리를 손가락에 넣을 때 손가락 끝 부분만을 넣어야 쉽게 로봇 손을 움직일 수 있습니다.

활동 모습

짝과 함께 친구와 자신의 손과 팔을 관찰해 보아요.

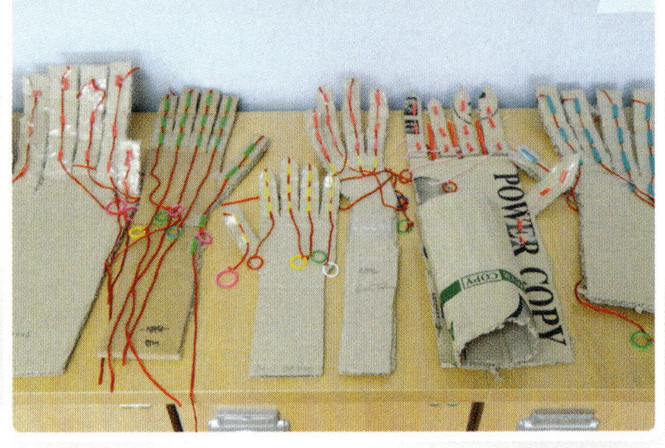

다양한 크기와 모양으로 로봇 팔을 만들어 보아요.

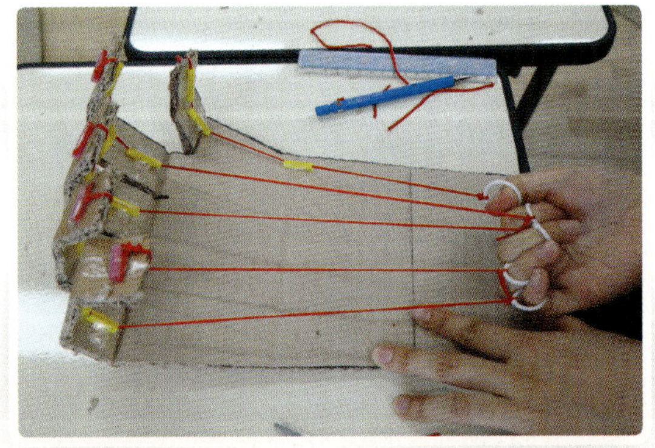

로봇 손이 움직이지는 확인해 보고 다양한 물건을 들어 보아요.

색연필, 사인펜으로 로봇 손과 팔 부분을 멋지게 꾸며 보아요.

1 레시피 변형하기 1

– 로봇 손을 만든 다음 물건을 들고 움직이기, 가위바위보 놀이로 활용할 수 있습니다.

2 레시피 변형하기 2

– 상자를 이용하여 로봇 손과 팔뿐만 아니라 다리 부분과 몸통, 머리 등 신체 모든 부위를 만들어서 로봇을 만들어 보는 활동을 할 수 있습니다.

레시피를 안전하게!

✔ 칼이나 날카로운 도구를 사용할 때에는 더 조심하세요.

✔ 다른 친구의 작품을 비난하지 말고 칭찬하고 응원해 주세요.

✔ 완성된 작품으로 다른 친구들과 장난치지 않도록 해 주세요.

레시피 후기

● **선생님**: 로봇 손이 움직이는 원리를 알고 종이상자로 로봇 손을 만들어 보는 활동이 목적이니 학생들이 어려워해도 격려해 주세요.

선생님

● **학생 1**: 로봇 손이 움직이는 원리를 이해하고 직접 만들어 보니 신기했어요.

● **학생 2**: 내가 만든 로봇 손으로 가위바위보 놀이를 하니 즐거웠어요.

학생

리코타 치즈 만들기

축산업을 통해 얻은 우유로 리코타 치즈를 만드는 활동입니다.
유제품을 직접 가공해 보는 재미있는 경험을 해 보세요
('농업 생산물 가공 활동 능력' 향상을 위한 활동).

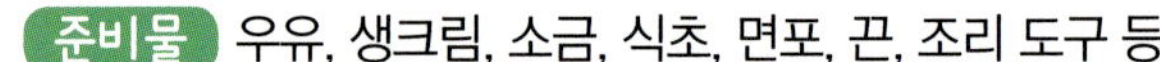

준비물 우유, 생크림, 소금, 식초, 면포, 끈, 조리 도구 등

뚝딱! 실과 활동 레시피 

1 재료를 준비합니다.

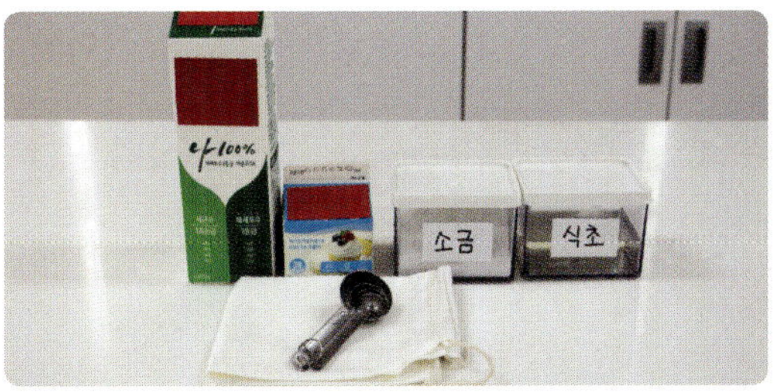

2 그릇에 식초 4테이블스푼(60 mL), 소금 1테이블스푼(15 mL)을 섞습니다.

3 냄비에 우유 1 L를 넣습니다.

4 **3**의 냄비에 생크림 500 mL를 넣습니다.

5 **4**의 냄비를 중불로 가열하다 냄비 가장자리에 거품이 생기며 끓기 시작하면 약불로 하고, **2**의 용액을 넣어 줍니다.

6 몽글몽글 뭉쳐지도록 8~10분 정도 끓인 뒤, 면포 위에 붓습니다.

7 면포를 오므리고 끈으로 묶어준 뒤, 수분이 빠질 수 있게 걸어 둡니다.

8 30분 이상 지난 뒤 면포를 풀어 주면 부드러운 리코타 치즈 완성!

1 식초와 소금의 비율은 개인 취향에 따라 달리 할 수 있으나 식초의 양이 너무 적으면 뭉쳐지지 않을 수 있으니 주의합니다.

2 식초와 소금 용액을 너무 늦게 넣으면 냄비가 갑자기 끓어 넘칠 수 있으므로 끓기 시작하는 초반에 용액을 고르게 넣어 주세요.

3 끈으로 묶은 면포를 걸어 두는 시간을 늘리면 리코타 치즈가 좀 더 단단해집니다.

활동 모습

생크림은 우유 양의 절반 정도 양이 좋아요.

언제쯤 끓기 시작하는지 자세히 관찰해요.

뜨거울 수 있으므로 면포를 조심히 오므려요.

천천히 수분이 빠질 수 있도록 걸어 두어요.

1 레시피 변형하기 1

– 식초 대신 직접 레몬을 짜서 즙을 만들어 넣거나 판매용 레몬즙을 사용할 수 있어요.

2 레시피 변형하기 2

– 우유에 녹차 가루, 블루베리 가루 등과 같은 첨가물을 넣어 녹인 뒤 조리하면 다양한 맛을 느낄 수 있어요.

레시피를 안전하게!

✔ 휴대용 가스렌지의 사용 방법에 따라 안전하게 사용해요.

✔ 뜨거운 냄비로 인해 화상을 입지 않도록 조심하세요.

✔ 냄비를 면포에 부을 때 뜨거우므로 손이 데이지 않도록 주의하세요.

✔ 조리의 기본은 위생입니다. 청결한 상태로 조리 실습을 해 주세요.

레시피 후기

선생님

●**선생님:** 리코타 치즈는 치즈를 만들 때 나오는 부산물인 유청을 원료로 하여 만든 이탈리아 치즈입니다. 본 레시피는 가정이나 학교에서 쉽고 간단하게 만들 수 있는 방법으로 유제품을 직접 가공해 보는 새로운 경험을 제공해 줍니다. 리코타 치즈를 활용하여 샐러드와 같은 조리를 해 보는 것도 좋은 방법입니다.

●**학생 1:** 리코타 치즈를 처음 만들어 보았는데 생각했던 것보다 맛이 부드럽고 고소했어요.

●**학생 2:** 양이 많을 줄 알았는데 면포로 걸러 내니 치즈 양이 적었어요, 다음에는 더 많이 만들어 보고 싶어요.

학생

5. 기술 활용
생활 속의 농업 체험

오렌지 마멀레이드 만들기

오렌지의 과육과 껍질로 잼을 만드는 활동입니다.
달콤한 잼을 만들어 다양한 음식에 곁들여 먹어 보세요.
('농업 생산물 가공 활동 능력' 향상을 위한 활동)

준비물 오렌지, 설탕, 베이킹소다, 소금, 조리 도구 등

뚝딱! 실과 활동 레시피 

1 재료를 준비합니다.

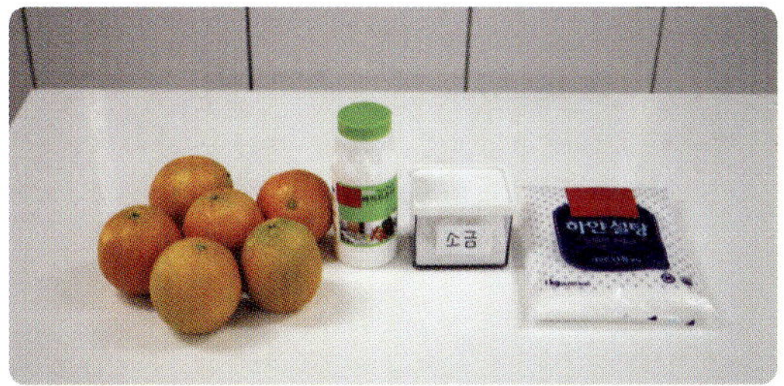

2 볼에 따뜻한 물을 넣고, 소금을 넣고 섞은 뒤 오렌지를 1차로 씻어 줍니다.

3 볼에 물을 넣고, 베이킹소다를 넣고 섞은 뒤 오렌지를 2차로 씻어 줍니다.

4 오렌지의 껍질을 야채 깎는 칼로 얇게 벗기고, 하얀 껍질은 따로 벗겨 냅니다.

5 껍질은 얇게 채를 치고, 과육 부분을 적당한 크기로 자릅니다.

6 과육을 믹서기로 적당히 갈아 줍니다.

7 냄비에 **6**의 과육을 넣고 설탕을 오렌지 무게의 $\frac{1}{2}$만큼 넣고 섞은 뒤, 껍질을 넣고 끓여 줍니다.

8 점성이 높아져 걸쭉해질 때까지 졸이고 상온에서 식혀 주면 완성!

1 오렌지의 껍질을 이용하기 때문에 소금과 베이킹소다로 최대한 깨끗하게 씻어 주는 것이 중요합니다.

2 오렌지 껍질의 하얀 부분이 들어가면 쓴맛이 강해지므로 최대한 얇게 벗겨 내도록 합니다.

3 믹서기가 없으면 과육을 칼로 잘게 다져서 넣어도 됩니다.

4 너무 오래 졸이면 식은 뒤에 잼이 너무 단단해질 수 있습니다. 찬물에 한두 방울 떨어뜨렸을 때 퍼지지 않고 뭉쳐 있을 때까지만 졸이면 됩니다.

활동 모습

오렌지를 깨끗하게 씻어요!

껍질은 최대한 얇게 벗겨 내요.

오렌지의 하얀 껍질을 벗겨 내요.

오렌지를 믹서기에 넣어 볼까요?

1 레시피 변형하기 1

– 오렌지 과육과 껍질에 설탕을 넣을 때, 레몬즙을 조금 넣어 주면 더욱 상큼한 맛을 느낄 수 있습니다.

2 레시피 변형하기 2

– 오렌지 외에 레몬, 귤, 자몽 등 마멀레이드가 가능한 과일을 사용하여 다양하게 수제 잼을 만들 수 있어요.

레시피를 안전하게!

✔ 칼이나 날카로운 조리 도구를 사용할 때는 조심하세요.

✔ 휴대용 가스렌지의 사용 방법에 따라 안전하게 사용해요.

✔ 뜨거운 냄비는 맨손으로 만지지 않아요.

✔ 조리의 기본은 위생입니다. 청결한 상태로 조리 실습을 해 주세요.

레시피 후기

● **선생님:** 마멀레이드는 감귤류의 껍질과 과육에 설탕을 넣어 조린 젤리 모양의 잼으로, 본 레시피에서는 오렌지를 이용하여 마멀레이드를 만들어 보았습니다. 오렌지 껍질의 식감과 특유의 향으로 풍미를 느낄 수 있었습니다. 만든 잼은 빵에 바르거나 요리에 첨가하여 먹을 수 있습니다.

● **학생 1:** 가족과 함께 다른 재료로 집에서도 마멀레이드를 만들어 보고 싶어요.

● **학생 2:** 오렌지의 껍질을 얇게 벗겨 내고 자르는 것이 힘들었지만 만들고 난 뒤 달콤한 맛과 향이 좋았어요.

태양열 조리기 만들기

상자형 태양열 조리기를 만들어 간단한 음식을 조리해 보는 활동입니다.
지속 가능하고 친환경적인 활동을 통해 즐겁고 의미 있는
실과 수업을 만들어 보세요.

준비물 상자, 칼(가위), 풀(목공용), 테이프, 알루미늄 포일,
랩, 빨대, 펜, 자, 조리할 음식 등

1 재료(상자, 칼, 가위, 목공용 풀, 테이프, 알루미늄 포일, 랩, 빨대, 펜, 자)를 준비합니다.

2 상자 윗부분에 ㄷ자를 그리고 칼(가위)로 잘라 뚜껑을 만듭니다.

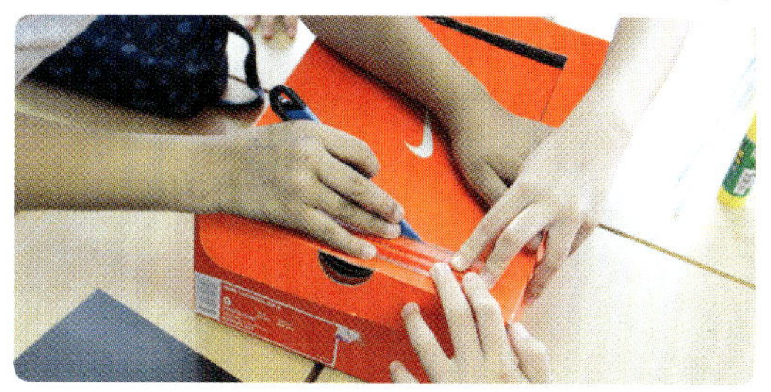

3 뚜껑 안쪽에 목공용 풀을 이용하여 알루미늄 포일을 붙여 반사판을 만듭니다.

4 테이프를 이용하여 상자의 뚫린 부분에 랩을 앞뒤로 붙여 줍니다.

5 상자 안쪽에 알루미늄 포일을 붙입니다.

6 상자 안쪽 바닥에 검은색 종이를 붙입니다.

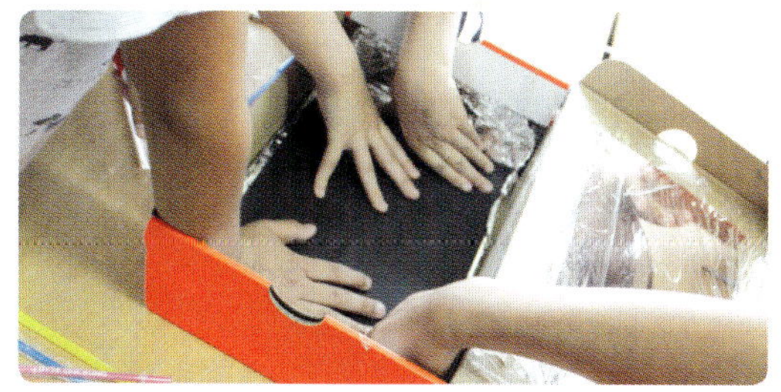

7 빨대를 이용하여 반사판을 고정시킵니다.

8 태양열 조리기에 조리할 음식을 넣고, 햇빛이 잘 드는 곳에 놓고 조리되기를 기다립니다.

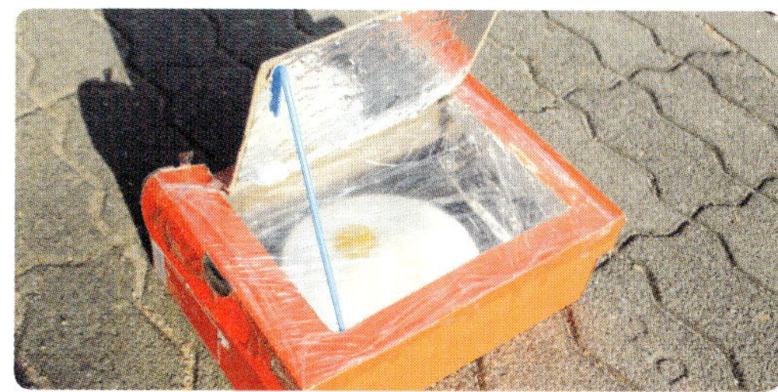

1 상자형 태양열 조리기를 만들어 보면서 지속 가능하고 친환경적인 발전에 대해 경험해 보는 활동입니다.

2 2교시 때 태양열 조리기를 만든 후 3교시 전 쉬는 시간에 태양열 조리기를 햇빛이 잘 드는 곳에 배치해서 11시~2시 사이에 조리하는 것이 좋습니다.

3 태양열 조리기 중 가장 단순한 형태로 온실 효과를 이용하여 조리합니다. 상자형 태양열 조리기는 포물선형 태양열 조리기, 쉐플러 태양열 조리기 등 다른 태양열 조리기에 비해 조리 효과는 떨어지지만 만들기는 가장 쉽습니다.

4 날씨와 주변 환경에 조리 효과가 영향을 많이 받기 때문에 햇볕이 강한 날에 하는 것이 좋고, 수시로 조리기를 살펴봐서 위치를 조정해야 합니다.

활동 모습

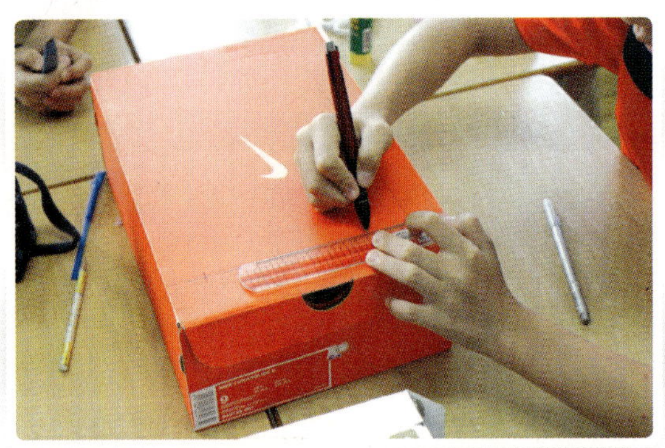

적당한 폭의 테두리를 남기고, ㄷ자형으로 그린 후 잘라 주세요.

가능하면 목공용 풀을 사용하고, 알루미늄 포일을 최대한 평평하게 붙여 주세요.

랩도 최대한 평평하게 붙여 주세요.

태양열로 달걀 익히기 성공!

1 레시피 변형하기 1

– 반사판을 따로 2~3개 더 만들어서 붙여 주면 더 많은 양의 태양열을 모을 수 있어서 **빠른 시간**에 간단한 음식을 조리할 수 있습니다.

2 레시피 변형하기 2

– 종이 상자 대신 스티로폼 상자를 사용하거나 상자형 태양열 조리기 상자 안에 단열재를 넣은 후 상자 하나를 더 넣으면 더욱 효과적인 태양열 조리가 가능합니다.

레시피를 안전하게!

✔ 칼이나 가위를 쓸 때 다치지 않도록 주의해서 사용하세요.

✔ 음식을 조리할 때에는 위생이 가장 중요하므로 위생에 신경 쓰도록 합니다.

레시피 후기

선생님

- **선생님**: 상자형 태양열 조리기는 조리하는 데 많은 시간이 걸려서 달걀을 익히려면 2시간 이상 걸립니다. 따라서 조리를 한다기보다는 조리된 음식을 데우는 데 사용하면 좋습니다.

- **학생 1**: 가스나 전기 없이 태양열만으로 음식을 조리할 수 있다는 것이 신기하다.
- **학생 2**: 이번 활동을 하면서 환경을 가능한 한 훼손하지 않고 살아가는 방법에 대해서 고민해 보았다.

학생

콩 고기 만들기

식물성 단백질이 풍부한 콩을 이용하여 고기를 만드는 활동입니다.
만든 콩 고기를 찌거나 구워 먹으면 색다른 맛을 느낄 수 있어요.
('농업 생산물 가공 활동 능력' 향상을 위한 활동)

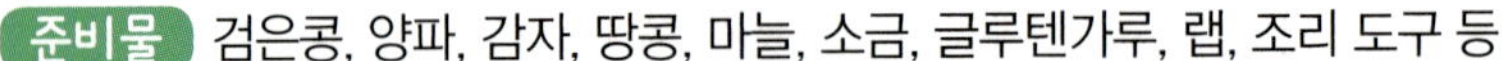
준비물 검은콩, 양파, 감자, 땅콩, 마늘, 소금, 글루텐가루, 랩, 조리 도구 등

1 재료를 준비합니다.

2 큰 볼에 콩(1컵)을 넣고 물을 두 배(2컵) 정도 부은 뒤, 8시간 이상 충분히 불립니다.

3 불린 콩을 냄비에 5분 정도 삶아 줍니다.

4 감자 $\frac{1}{2}$개, 양파 $\frac{1}{2}$개를 강판에 갈아 줍니다.

5 마늘 3~4쪽은 작게 잘라 줍니다.

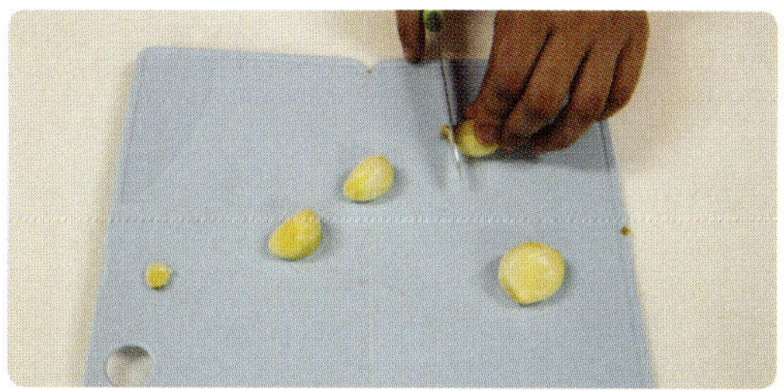

6 3의 콩을 믹서에 어느 정도 갈아 준 뒤, 감자, 양파, 마늘, 땅콩 한 줌을 넣고 함께 믹서로 갈아 줍니다.

7 6에 글루텐가루를 1컵 붓고 소금을 조금 넣은 뒤, 잘 뭉쳐질 때까지 반죽합니다.

8 반죽을 한 덩어리씩 떼어 내어 랩에 감싸 주면 콩 고기 완성!

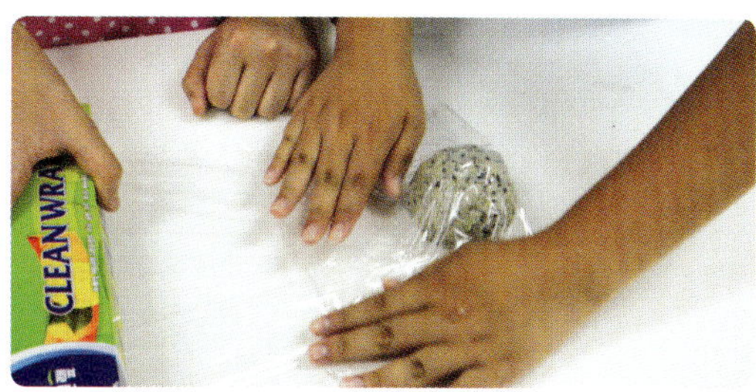

1 콩은 미리 준비하여 충분히 불려 놓아야 시간을 절약할 수 있습니다.

2 콩과 재료를 믹서에 갈 때, 잘 갈리지 않으면 물을 조금 넣어 고르게 섞어 갈아 줍니다.

3 반죽을 할 때는 바닥에 반죽이 들러붙지 않도록 충분히 반죽합니다.

4 랩으로 포장한 콩 고기는 냉장고에 보관하여 조리할 때 꺼내어 먹으면 됩니다.

활동 모습

삶은 콩을 믹서에 갈아요.

재료가 잘 뭉칠 때까지 열심히 반죽해요.

콩 고기를 프라이팬에 구워 볼까요?

콩 고기 조리 완성!

1 레시피 변형하기 1

- 검은콩 대신 흰콩을 사용할 수 있습니다.

- 콩 껍질을 벗기고 갈아도 됩니다.

2 레시피 변형하기 2

- 야채류와 견과류는 취향에 따라 종류와 양을 달리할 수 있습니다. 재료의 배합에 따라 다양한 맛을 느낄 수 있습니다.

레시피를 안전하게!

✔ 휴대용 가스레인지의 사용 방법에 따라 안전하게 사용해요.

✔ 뜨거운 냄비로 인해 화상을 입지 않도록 조심하세요.

✔ 강판에 채소를 갈 때, 손이 다치지 않도록 주의하세요.

✔ 조리의 기본은 위생입니다. 청결한 상태로 조리 실습을 해 주세요.

레시피 후기

선생님

선생님: 콩 고기는 쉽게 구할 수 있는 것이 아니므로 학생들과 직접 만들어 보기에 흥미로운 활동입니다. 실제 만들어 보니 직접 만든 콩 고기가 음식점에서 만든 것만큼의 식감은 아니었지만 농산물 가공식품 만들기 체험으로 재미있는 활동이었습니다.

학생 1: 콩을 별로 좋아하지 않는데 이렇게 만들어 보니 생각했던 것보다 맛있었어요.

학생 2: 콩 고기가 있다는 것은 알았지만, 만들어 본 것은 처음이에요. 만든 모습을 보니 신기했어요.

학생

친환경 녹차 비누 만들기

인체에 무해한 천연 재료로 친환경 비누를 만드는 활동입니다.
직접 친환경 녹차 비누를 만드는 활동을 통해
즐겁고 의미 있는 실과 수업을 만들어 보세요.

준비물 CP 비누(Cold Process Soap, 저온법 비누) 베이스(2 kg에 20개 제조. 학생 수에 맞게 준비), 녹차 농축액, 면장갑, 가스레인지 또는 핫플레이트, 집게, 냄비 (가스레인지 사용 시), 스테인리스 비커(1000 mL 권장), 비누 틀(몰드) 등

1 재료(CP 비누 베이스, 가스레인지 또는 핫플레이트, 비누 틀, 냄비, 스테인리스 비커, 녹차 농축액, 면장갑, 집게 등)를 준비합니다.

2 깍둑썰기한 CP 비누 베이스를 중탕하여 녹입니다(온도는 70~80°C 정도).

3 CP 비누 베이스가 다 녹으면 녹차 농축액을 넣고, 잘 섞어 줍니다.

4 잘 섞인 비누액을 비누 틀(몰드)에 천천히 붓습니다.

5 비누가 빨리 굳을 수 있도록 냉동실에 넣습니다(20~30분 정도).

6 비누 틀(몰드)에서 비누를 꺼낸 후 종이로 포장합니다.

1 계면 활성제 없이 코코넛, 포도씨 등의 순수 식물성 오일과 가성 소다(수산화나트륨), 에탄올 등을 이용하여 만든 CP 비누 베이스를 사용하기 때문에 만드는 과정이 간편하고, 몸에 해롭지 않습니다. 비누를 굳힌 후 그늘에서 일주일 정도 건조시키면 에탄올 성분이 날아갑니다.

2 CP 비누 베이스 1kg이면 일반적인 크기의 비누 10개를 만들 수 있으므로 반의 학생 수를 고려하여 CP 비누 베이스의 양을 준비한다.

3 시간을 절약하기 위해 녹차 농축액과 깍둑썰기한 CP 비누 베이스는 쉬는 시간이나 아침 자습 시간을 활용하여 미리 준비해 놓습니다.

4 비누 틀(몰드)을 따로 구입하지 않더라도 종이컵이나 우유갑 등을 이용하여 비누를 만들 수 있습니다.

활동 모습

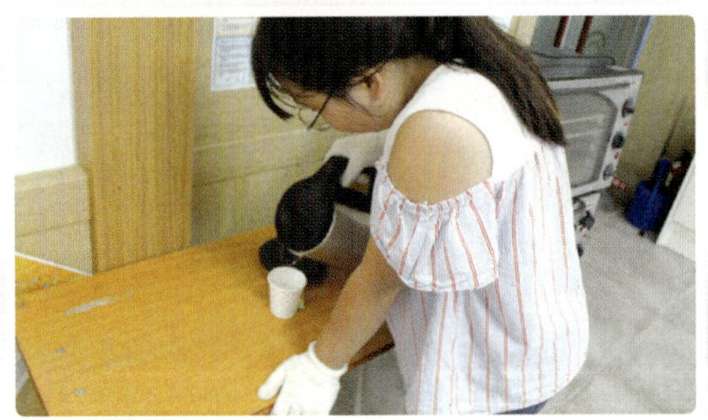

끓인 물 10~20 mL에 녹차 티백을 2개 넣어서 녹차 농축액을 미리 만들어요.

CP 비누 베이스를 빨리 녹이기 위해 미리 깍둑썰기하여 준비해요.

비누 베이스가 비커 바닥에 눌러 붙지 않도록 계속 저어 주세요.

비누 틀(몰드)은 시중에 파는 것 외에 종이컵이나 우유갑을 이용해도 좋아요.

1 레시피 변형하기 1

– 녹차 농축액 대신 다른 과일 등의 농축액 또는 분말을 사용해도 좋습니다. 또는 시중에서 파는 천연 에센셜 오일을 첨가제로 써도 됩니다.

2 레시피 변형하기 2

– 핫플레이트를 사용하면 안전하지만 가열되는 시간이 더 오래 걸립니다.

– 비누액을 부을 때 기포가 생길 수 있는데, 이를 없애기 위해 에탄올을 뿌려 줍니다.

레시피를 안전하게!

✔ 칼을 이용해 CP 비누 베이스를 자를 때 다치지 않도록 항상 주의하고, 가능하면 교사가 미리 잘라 놓으세요.

✔ CP 비누 베이스에 에탄올이 포함되었기 때문에 녹일 때 화재가 나지 않도록 주의하세요. 에탄올 성분이 있어 전자레인지에 돌리는 것은 위험하므로 사용하지 마세요.

✔ CP 비누 베이스를 녹일 때 에탄올 증기를 흡입하지 않도록 유의하세요.

✔ 가스레인지를 사용할 때 화재의 위험이 있으므로 소화기가 준비된 과학실에서 안전에 유의하여 불을 사용하세요.

✔ 화상을 입지 않도록 반드시 장갑을 끼고, 필요에 따라 집게를 사용하세요.

레시피 후기

●**선생님**: 학생들이 직접 친환경 비누를 만들어 보면서 지속 가능한 친환경 발전에 더욱 관심을 갖게 되었습니다.

선생님

●**학생 1**: 친환경 비누와 같이 친환경 제품을 더 만들어 사용하면 환경을 보존하는 데 도움이 될 것 같아요.

●**학생 2**: 친환경 비누를 만드는 과정이 생각보다 어렵지 않고 재미있었어요.

학생

가족 관계 곡선

학년   반   번

이름 :

우리 가족 일주일 동안의 관계 곡선을 만들어 봅시다.

1. 좋은 관계일 때는 위 쪽 , 안 좋은 관계일 때는 아래쪽에 점을 찍거나 표시 후 선으로 연결합니다.

2. 점을 찍은 곳에 사건/일의 명칭을 기록합니다.

소중한 내 이름 파헤치기

_____학년 _____반 _____번

이름 :

내 이름은?(끝에서부터)	내 이름 한자로 쓰기	한자 뜻을 적어 봅시다. (이름이 한자가 아닌 학생은 한글의 의미를 적어 봅시다.)

1. 평소 내 이름에 대한 나의 생각을 적어 볼까요?

2. 소중한 내 이름을 지어준 사람은 누구인가요?

3. 부모님께서 소중한 내 이름을 불러 주시면서 어떤 사람으로 성장하길 바라셨는지 여쭤 볼까요?

4. 부모님과 이름에 대한 대화를 나눈 후, 자신의 이름이 어떤지 다시 한 번 적어 볼까요?

5. 내가 어른이 되어서 자녀가 생긴다면 어떤 이름을 지어 주면 좋을까요?
   (남자와 여자로 나누어 이름을 지어 봅시다.)

남자 이름?(끝에서부터)	한자로 지었다면 한자를 적어 봅시다.	한자 뜻을 적어 봅시다. (이름이 한자가 아닌 학생은 한글의 의미를 적어 봅시다.)

여자 이름?(끝에서부터)	한자로 지었다면 한자를 적어 봅시다.	한자 뜻을 적어 봅시다. (이름이 한자가 아닌 학생은 한글의 의미를 적어 봅시다.)

나는야 집안일 전문가!

생각 떠올리기

1. 평소 우리 집에서 하는 집안일을 생각나는 대로 모두 적어 봅시다.

집안일

2. 부모님께서 하시는 집안 일 중 가장 힘들어 보이는 일은 어떤 일인가요?

3. 내가 도와주면 좋은 집안 일에는 어떤 것들이 있을까요?

나는야 집안일 전문가!

집안일 실천하기

1. 집안일 중 내가 할 수 있는 집안일을 2가지 선택하여 1주일 간 실천해 봅시다.

집안일 종류	요일	실천 여부(실천한 집안일)
	월	
	화	
	수	
	목	
	금	
	토	
	일	

2. 내가 한 집안일을 사진, 글과 그림으로 표현하고 친구들에게 그 일을 잘하는 비법을 말해 봅시다.
   (사진을 붙여도 좋습니다.)

내가 한 집안일의 비법	

3. 1주일 간 집안일을 실천한 소감을 적어 봅시다.

주제

자동차 혹은 자전거 등의 수송 수단을 타면서 불편했던 경험이 있나요? 혹은 장치, 기능 등 더 필요한 것은 없었나요? 스캠퍼 법을 활용하여 자신의 경험과 생각을 더해 새로운 수송 수단을 만들어 봅시다.

부분을 바꾸면?

다른 것과 합치면?

수정, 확대, 축소하면?

제거하면?

수송 수단 딩고 게임

1. 수송 수단의 종류, 특징, 장·단점

수단	특징	장점	단점

2. 수송수단 딩고 카드 만들기

3. 수송수단 딩고 게임 규칙 확인 및 게임하기

1) 참가자는 바둑알 3개, 무작위 카드 5장을 갖는다. (인원 수=카드 종류의 수)

2) 게임이 시작하여 리더가 '하나, 둘, 셋!'을 외치면 각자 자신의 카드 중 1장을 골라 오른쪽 사람에게 안 보이게 넘긴다.

3) 왼쪽 사람에게 받은 카드를 재빨리 확인하고, 필요 없는 카드를 리더의 구령에 맞춰 전달한다.

4) 누군가 **같은 종류의 카드 5장**을 모았다면 '딩고'라고 외치며 손을 책상 원하는 위치에 놓는다.

5) 다른 사람들은 '딩고'를 외친 사람 손 위에 자신의 손을 포갠다.

6) 제일 늦게 포갠 사람은 자신의 바둑알 1개를 그 판의 승리자에게 주고, 누군가 자신의 바둑알 3개를 모두 잃으면 게임이 끝난다.

7) 그 판의 승리자는 다음 판의 리더가 되어 구령을 외친다.

8) 민악 가드를 받은 후 같은 종류의 기드 5장이 아니라면 누군기 그 조건을 달성할 때까지 카드 넘기기를 반복한다.

4. 소감 발표하기

재능 기부 프로젝트(생각 편)

생각 떠올리기

1. 평소 내가 잘하는 것은 어떤 것이 있는지 마인드 맵(글, 그림)으로 나타내어 볼까요?
   (아주 작은 것, 사소한 것도 좋습니다.)

내가 잘하는 것?

2. 내가 잘하는 것 중 친구들에게 가르쳐 주거나 보여주고 싶은 것을 적어 볼까요?

3. 그것을 왜 선택했는지 적어 볼까요?

재능 기부 프로젝트(계획 편)

___학년 ___반 ___번
이름 :

재능 기부 계획하기

1. 재능 기부할 내용을 어떤 방법으로 할지 구체적으로 적어 봅시다.

선택하기		시간	내용
개인	단체	분	
		준비물	
영상	직접		

2. 발표 시나리오를 작성해 봅시다(혹은 영상 제작 과정).

1.

2.

3.

4.

5.

6.

7.

재능 기부 프로젝트(소감 편)

◆ 실과 레시피

재능 기부를 한 후 소감 말하기

1. 재능 기부를 하고 난 소감을 적어 봅시다.

2. 자신이 한 재능 기부에 만족하나요? 잘한 점, 아쉬운 점, 다시 한다면 어떻게 보완할지 적어 봅시다.

잘한 점	아쉬운 점	개선점

3. 자신이 한 재능 기부에 만족하나요? 잘한 점, 아쉬운 점, 다시 한다면 어떻게 보완할지 적어 봅시다.

넌 장점이 많은 친구야!

⇨ 다른 장점 찾아 주기

⇨ 단점을 장점으로 표현해 보기

개선			
문제점			
재활용품			

개선			
현재 문제점			
이상적인 상황			

나만의 캐릭터 저작권

___학년 ___반 ___번
이름 :

1. 내가 좋아하는 캐릭터는?

이름	생김새(간단히)

2. 나만의 캐릭터 그리기 및 소개하기

이름	
생김새	
소개	

4. 저작권과 관련한 무방식주의는 무엇일까요?

> _________가 자신의 _________에 대한 저작권의 취득 및 행사에 있어서 그 어떤 _________ 요건
> 이나 _________ 절차를 갖추지 않아도 _________으로 그 저작권이 _________ 된다는 입장이나 제도.

5. 나의 창작물에 대한 저작권을 등록하려면?

1) 저작권 등록이란?

2) 등록 방법은?

3) 등록 절차는?

1단계	2단계	3단계	4단계	5단계	6단계

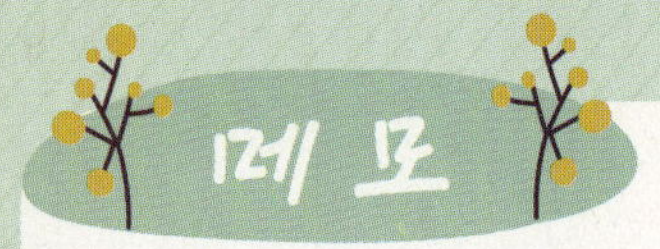